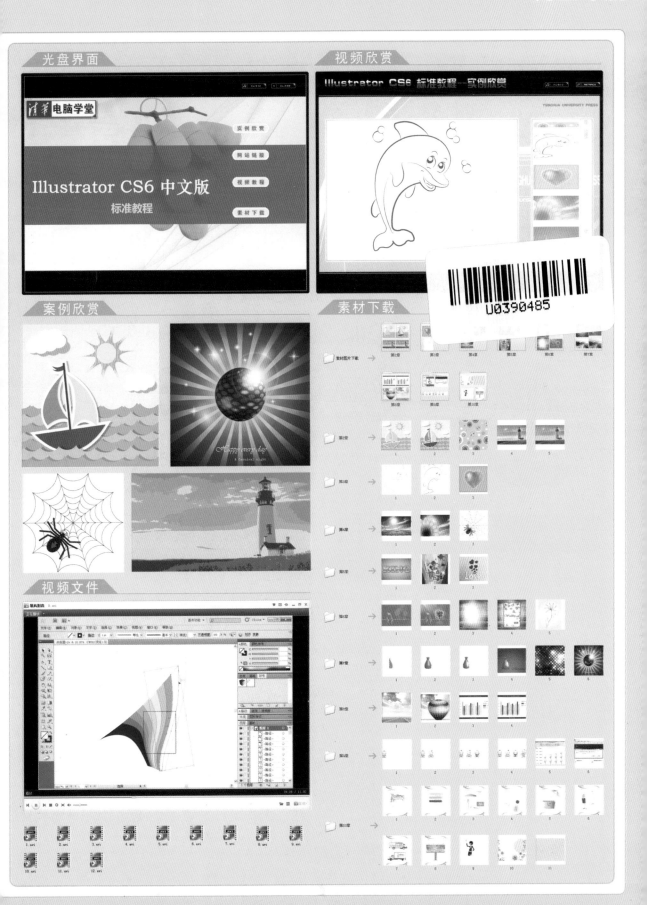

案例欣赏

更改图像颜色

绘制线形花朵

制作婴儿成长记录表

婴儿成长记录表

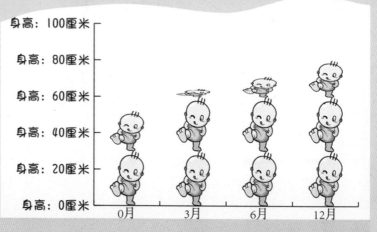

身高：100厘米

身高：80厘米

身高：60厘米

身高：40厘米

身高：20厘米

身高：0厘米

0月　　3月　　6月　　12月

制作成绩统计表

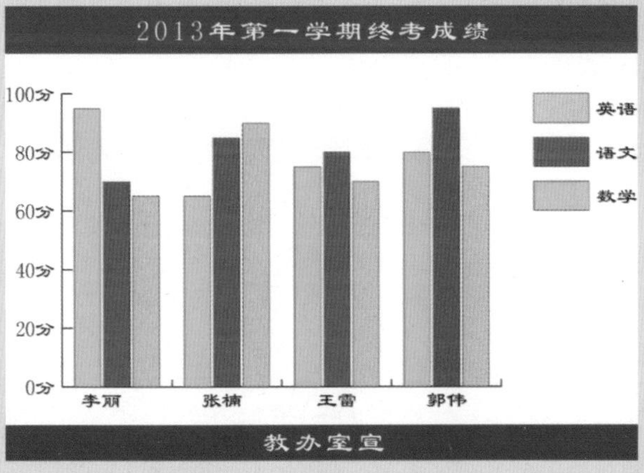

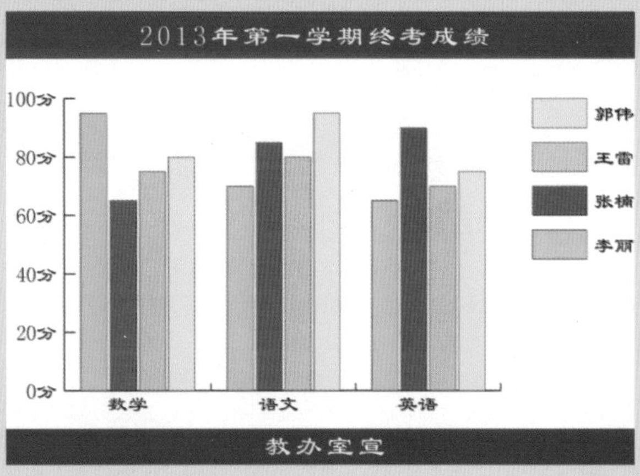

2013年第一学期终考成绩
100分
80分
60分
40分
20分
0分
李丽
张楠
王雷
郭伟
英语
语文
数学
教办室宣

2013年第一学期终考成绩
100分
80分
60分
40分
20分
0分
数学
语文
英语
郭伟
王雷
张楠
李丽
教办室宣

VI设计应用

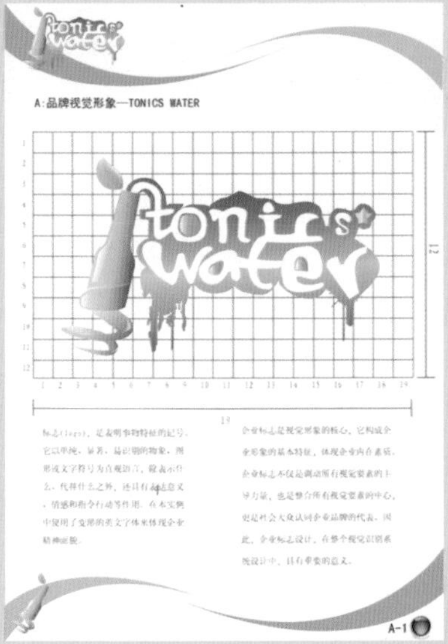

A:品牌视觉形象—TONICS WATER
A-1

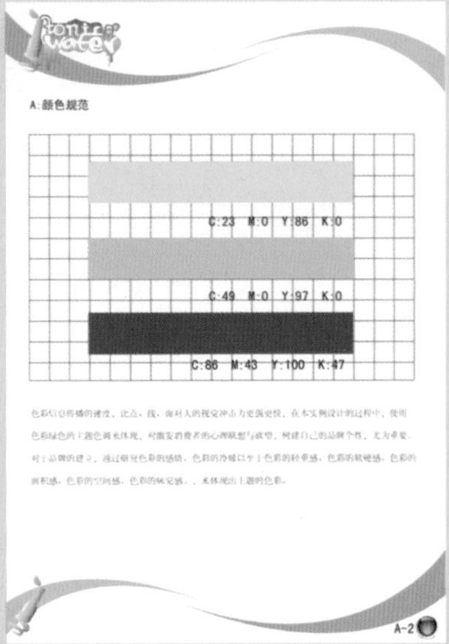

A:颜色规范
C:23 M:0 Y:86 K:0
C:49 M:0 Y:97 K:0
C:86 M:43 Y:100 K:47
A-2

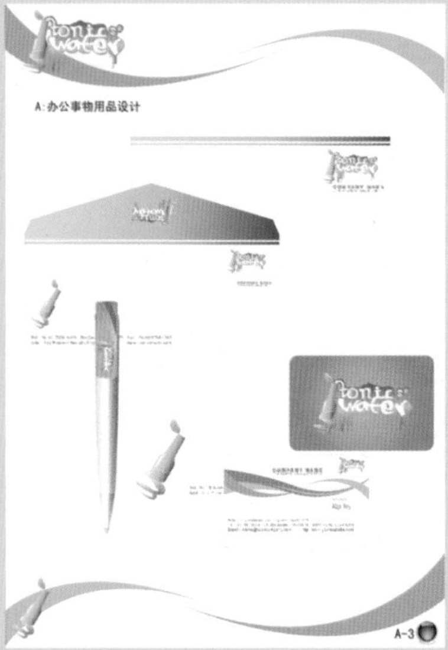

A:办公事物用品设计
A-3

A:办公事物用品设计
A-4

A:员工服装
A-5

A:企业车体外观设计
A-6

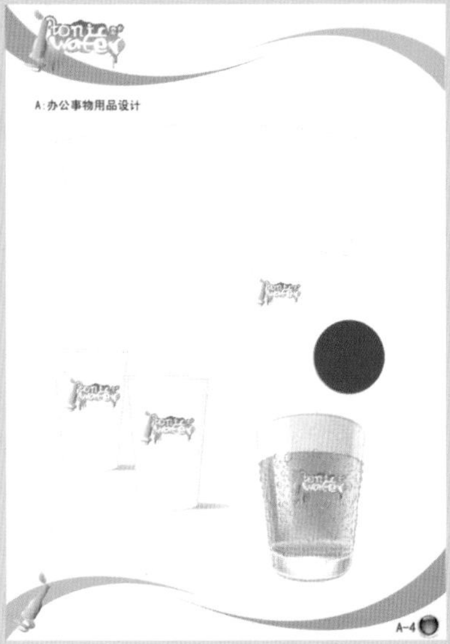

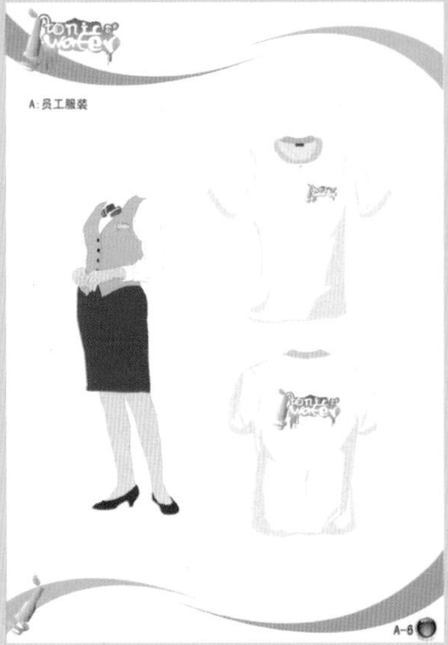

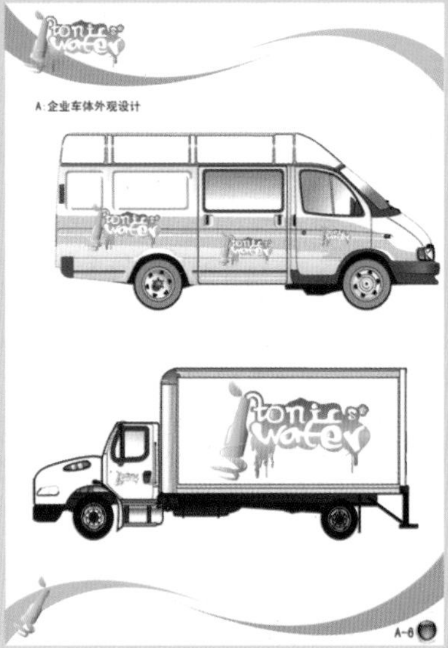

制作时尚杂志装饰画

输出PDF文件

咖啡标志欣赏.pdf（已加密）- Adobe Reader

文件(F) 编辑(E) 视图(V) 窗口(W) 帮助(H)

1 / 9   50%   工具 签名 注释

页面缩略图

1

14.109 x 10.582 厘米

清华电脑学堂

Illustrator CS6 中文版
标准教程

唐有明　佟凤义　等编著

清华大学出版社
北　京

内 容 简 介

Illustrator 是出版、多媒体和 Web 图像的工业标准矢量绘图软件。Illustrator CS6 是该软件的最新版本，本书全面介绍该软件的操作技能与制图技巧。全书共分 10 章，讲解 Illustrator CS6 的绘图工具、填充工具与面板、对象编辑命令与面板、文本输入与编辑组织对象面板与命令、各种效果命令，以及 Illustrator 特有的符号与图表功能。本书最后还介绍了 3 种不同风格、不同应用的实例制作。

全书结构编排合理，实例丰富，突出 Illustrator CS6 的基础知识和操作，可作为高等院校相关专业和平面制作培训班的教材，也可作为学习 Illustrator CS6 平面制作的参考资料。

图书在版编目（CIP）数据

Illustrator CS6 中文版标准教程/唐有明等编著. —北京：清华大学出版社，2014
（清华电脑学堂）
ISBN 978-7-302-34290-8

Ⅰ. ①I… Ⅱ. ①唐… Ⅲ. ①图形软件-教材 Ⅳ. ①TP391.41

中国版本图书馆 CIP 数据核字（2013）第 251620 号

责任编辑：冯志强
封面设计：吕单单
责任校对：徐俊伟
责任印制：李红英

出版发行：清华大学出版社
　　网　　　址：http://www.tup.com.cn，http://www.wqbook.com
　　地　　　址：北京清华大学学研大厦 A 座　　　　邮　　编：100084
　　社 总 机：010-62770175　　　　　　　　　　　邮　　购：010-62786544
　　投稿与读者服务：010-62776969，c-service@tup.tsinghua.edu.cn
　　质 量 反 馈：010-62772015，zhiliang@tup.tsinghua.edu.cn
印 装 者：北京密云胶印厂
经　　销：全国新华书店
开　　本：185mm×260mm　印　张：19.25　插　页：2　字　数：481 千字
　　　　　附光盘 1 张
版　　次：2014 年 6 月第 1 版　　　　　　　　　印　　次：2014 年 6 月第 1 次印刷
印　　数：1～3500
定　　价：49.00 元

产品编号：055140-01

前　言

Illustrator 是 Adobe 公司推出的专业矢量绘图工具，是出版、多媒体和在线图像的工业标准矢量插画软件。它以便捷的操作、强大的图像处理功能，在平面设计和计算机绘图领域占据着非常重要的地位，被广泛地应用到广告设计、插画设计、CI 设计、网页设计、印刷排版等很多领域。而 Illustrator CS6 版本的推出，不仅增加了很多新的功能，而且还优化了其中的部分功能与面板，使绘制过程更加方便。

1．本书主要内容

本书涉及 Illustrator CS6 各个层面的知识点，具体内容如下。

第 1 章从工作环境、新增功能、应用领域以及基本操作等方面来认识 Illustrator CS6，并且介绍了图像基础知识。

第 2～4 章分别从线条与几何图形绘制、填充与描边以及图形对象编辑等图形对象的形成要求来讲解图形对象的形成过程，并且搭配相关的实例，使其操作更加熟练。

第 5 章介绍文本创建的多种方式，以及不同形式文本的不同属性编辑，从而灵活掌握作品中文本的各种效果设置。

第 6 章分别从图层、混合对象、混合模式、剪切蒙版、不透明蒙版、不透明度等方式来介绍多个图形对象的组合方式。

第 7 章根据不同的图形格式分别讲解特殊效果的制作方法，特别详细讲解了 3D 立体效果的制作方法。

第 8 章详细介绍 Illustrator 特有的符号与图表对象，并且制作了相关的实例，以帮助读者更加了解其应用性。

第 9 章详细讲解 Illustrator 图形对象的各种输出方式，比如位图、动画、网页，以及打印与 PDF 的创建方法。

第 10 章分别从不同风格、应用、质感方面安排了 3 个综合实例。在这些作品中，综合使用 Illustrator CS6 的各项技术，使读者在学习的过程中，既可以了解在进行各类设计作品时如何操作该软件，也可以学习到如何合理、巧妙地使用各类工具和命令进行工作。

2．本书主要特色

❑ **课堂练习**　本书每一章都安排了丰富的"课堂练习"，以实例形式演示 Illustrator CS6 的操作知识，便于读者模仿学习操作，同时方便了教师组织授课内容。

❑ **彩色插图**　本书制作了大量精美的实例，读者通过彩色插图可以看到逼真的矢量图像实例效果，从而迅速掌握 Illustrator CS6 的应用。

❑ **思考与练习**　复习题测试读者对本章所介绍内容的掌握程度；上机练习理论结合实际，引导学生提高上机操作能力。

3. 随书光盘内容

为了帮助读者更好地学习和使用本书，本书配带了多媒体学习光盘，提供了本书实例源文件、最终效果图和全程配音的教学视频文件。本光盘使用之前，需要首先安装光盘中提供的 tscc 插件才能运行视频文件。其中 example 文件夹提供了本书主要实例的全程配音教学视频文件；downloads 文件夹提供了本书实例素材文件。

4. 本书使用对象

本书由专业图像制作和设计人员执笔编写，内容详略得当，逻辑结构合理，实例丰富。在编写时充分考虑了图形图像培训市场的需要，从内容到体例都精心设计，可以满足教师授课和学生需要。本书是针对平面图像制作培训班学员编写的，同时也可以作为高等院校相关专业的教材。

参与本书编写的除了封面署名人员外，还有王敏、马海军、祁凯、孙江玮、田成军、刘俊杰、赵俊昌、王泽波、张银鹤、刘治国、何方、李海庆、王树兴、朱俊成、康显丽、崔群法、孙岩、倪宝童、王立新、王咏梅、辛爱军、牛小平、贾栓稳、赵元庆、郭磊、杨宁宁、郭晓俊、方宁、王黎、安征、亢凤林、李海峰等人。由于时间仓促，水平有限，疏漏之处在所难免，欢迎读者朋友登录清华大学出版社的网站 www.tup.com.cn 与我们联系，以帮助我们改进提高。

编　者

目　　录

第 1 章

初识 Illustrator CS6

   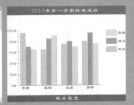

　　矢量图形越来越多地应用到各行各业，其无损坏的无限放大功能更加便于作品的展示。矢量图形可以通过不同的软件来绘制，其中 Illustrator CS6 是 Adobe 公司开发的主要基于矢量图形的优秀软件。

　　在该章节中，首先介绍了有关绘图方面的相关专业知识，其次是 Illustrator CS6 的基本工作环境、新增功能以及应用领域等软件概述，使其更加方便地绘制出符合美学的平面作品。

本章学习要点：

➢ 工作环境

➢ 新增功能

➢ 应用领域

➢ 基本操作

平面作品是由形状和色彩组合而成，所以在绘制作品之前，首先要了解图像的基本知识，例如图像格式与图像颜色。在使用 Illustrator 绘制矢量图形之前了解图像的基本概念，对于深入学习和理解 Illustrator 的功能都有很大帮助。

1.1.1 矢量和像素

由于在 Illustrator 中不但可以绘制各种精美的矢量图形，而且可对导入的位图进行一些特殊的处理，因此，了解两类图形间的差异，对于学习 Illustrator CS6 是很有必要的。

1. 矢量图形

矢量图形是一种面向对象的基于数学方法的绘图方式，在数学上定义为一系列由线连接的点，用矢量方法绘制出来的图形叫做矢量图形。在矢量文件中的图形元素称为对象，每一个对象都是一个独立的实体，它具有大小、形状、颜色、轮廓等一些属性，由于每一个对象都是独立的，那么在移动或更改它们的属性时，就可维持对象原有的清晰度和弯曲度，并且不会影响到图形中其他的对象。

矢量图形是由一条条的直线或曲线构成的，在填充颜色时，将按照用户指定的颜色沿曲线的轮廓边缘进行着色，矢量图形的颜色和它的分辨率无关，当放大或缩小图形时，它的清晰度和弯曲度不会改变，并且其填充颜色和形状也不会更改，这就是矢量图的特点，如图1-1 所示。

图 1-1 矢量图形

2. 位图图像

位图也称为点阵图像，它由大量的像素点组成，每个像素点都具有特定的位置和颜色值，位图图像的显示效果与像素点是紧密相关的，它通过多个像素点不同的排列和着色来构成整幅图像。图像的大小取决于这些像素点的多少，图像的颜色也是由各个像素点的颜色来决定的。

位图图像与分辨率有关，即图像包含的一定数量的像素，当放大位图时，可以看到构成整个图像的无数小方块（即放大后的像素点），如图 1-2 所示。扩大位图的大小时将增加像素点的数量，它使图像显示更为清晰、细腻；而

图 1-2 位图

缩小位图时，则会减少相应的像素点，从而使线条和形状显得参差不齐，由此可看出，对位图进行缩放时，实质上只是对其中的像素点进行了相应的操作，而在进行其他的操作时也是如此。

1.1.2　色彩基础知识

色彩可以激发人的感情，它产生的对比效果，使得图像显得更加美丽。对于图像设计者来说，创建完美的色彩是至关重要的。当颜色运用不正确的时候，图像可能不会成功地表达它的信息。

1.　颜色三要素

色彩可分为无彩色和有彩色两大类。前者如黑、白、灰，后者如红、黄、蓝等七彩色。自然界的色彩虽然各不相同，但任何有彩色的色彩都具有色相、亮度、饱和度这三个基本属性，也称为色彩的三要素。

色相是指色的相貌，这个相貌是依据可见度的波长来决定的。波长给人眼的感觉不同，就会有不同的色相，最基本的色相是太阳光通过三棱镜分解出来的红、橙、黄、绿、蓝、紫这6个光谱色，其他各种色相都以这六个基本色相为基础，如图1-3所示。

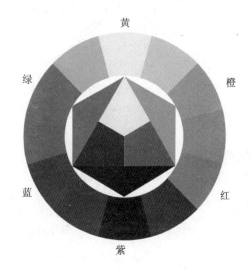

图 1-3　色相

明度指颜色的明暗程度，或指颜色的深浅程度、颜色的含白含黑程度、颜色的亮暗程度等。在有彩色系中，各种颜色都有各自不同的明度，如将太阳光经过三棱镜分解出来的红、橙、黄、绿、蓝、紫放在一起作比较，其中黄色明度最高，橙色次之，绿色为中间明度，蓝色为较低明度，红色和紫色为最低明度，如图1-4所示。

图 1-4　明度

纯度指某色相纯色的含有程度或指光的波长单纯的程度。也有人称之为饱和度、鲜艳度、鲜度、艳度、彩度、含灰度等。纯度取决于该色中含色成分或者消色成分（黑、白、灰）的比例，含色成分越大，纯度就越大；消色成分越大，饱和度就越小。也就是说，向任何一种色彩中加入黑、白、灰都会降低它的纯度，加得越多降得就越低，如图1-5所示。

图 1-5　纯度

2．颜色模式

颜色模式是一种用来确定显示和打印电子图像色彩的模式，即一幅电子图像用什么样的方式在计算机中显示或打印输出。Illustrator中包括多种颜色模式，每种模式的图像描述，重现色彩的原理及所能显示的颜色数量各不相同。

灰度模式的图像由 256 级灰度颜色组成，它是没有彩色信息的。而彩色的图像转换为灰度模式后，其色彩信息都将被删除，如图 1-6 所示。

CMYK 模式由青（Cyan）、品红（Magenta）、黄（Yellow）和黑（Black）4 种基本颜色组成。它是一种印刷模式，被广泛应用在印刷分色处理上，如图 1-7 所示。

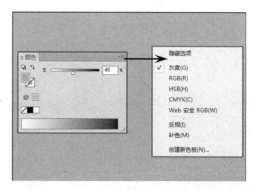

图 1-6　灰度模式

注　意

CMYK 属于减色模式，由光线照到有不同比例的 C、M、Y、K 油墨的纸上，部分光谱被吸收后，反射到人眼的光产生颜色。在混合成色时，随着 C、M、Y、K 四种成分的增多，反射到人眼的光会越来越少，光线的亮度会越来越低。

RGB 模式由红（Red）、绿（Green）和蓝（Blue）3 个基本颜色组成。每一种颜色都有 256 种不同的亮度值，因此可以产生共 1670 余万种颜色（256×256×256），该颜色主要用于屏幕显示，如图 1-8 所示。

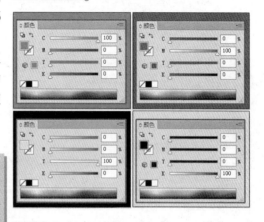

图 1-7　CMYK 模式

1.2　Illustrator CS6 概述

虽然 Illustrator 能够绘制出不同风格的矢量图形，但是前提是须熟悉 Illustrator 的工作环境，以及符合 Illustrator 的各种文件格式。特别是 Illustrator CS6 中的新增功能，这样才能够更加熟练地运用 Illustrator 绘制各种矢量图形。

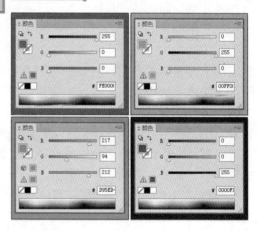

图 1-8　RGB 模式

1.2.1　Illustrator 支持的文件格式

Illustrator 支持的文件非常多，除了常见的一些位图图像格式外，还支持 Flash 的 SWF 格式、纯文本格式文件等，下面对该软件所支持的文件格式进行介绍。

❑ **AI**

Adobe Illustrator 的专用格式，现已成为业界矢量图的标准。可在 Illustrator、CorelDRAW、Photoshop 中打开编辑。在 Photoshop 中打开编辑时，将由矢量格式转换为位图格式。

❑ **PSD 格式**

这是 Adobe 公司的图像处理软件 Photoshop 的专用格式（Photoshop Document，PSD）。PSD 其实是 Photoshop 进行平面设计的一张"草稿图"，里面包含有各种图层、通道、蒙版等多种设计的样稿，以便于下次打开文件时可以修改上一次的设计。

❑ **JPEG 格式**

JPEG 也是常见的一种图像格式，它由联合照片专家组（Joint Photographic Experts Group）开发并命名为"ISO 10918-1"，JPEG 仅仅是一种俗称而已。JPEG 文件的扩展名为 jpg 或 jpeg，其压缩技术十分先进，它用有损压缩方式去除冗余的图像和彩色数据，以获得极高压缩率的同时能展现较为生动的图像。

因为 JPEG 格式的文件尺寸较小，下载速度快，使得 Web 页有可能以较短的下载时间提供大量美观的图像，JPEG 同时也就顺理成章地成为网络上最受欢迎的图像格式。

❑ **BMP 格式**

BMP 是英文 Bitmap（位图）的简写，它是 Windows 操作系统中的标准图像文件格式，能够被多种 Windows 应用程序所支持。这种格式的特点是包含的图像信息较丰富，几乎不进行压缩，但由此导致了它与生俱来的缺点——占用磁盘空间过大。

❑ **TIFF 格式**

TIFF（Tag Image File Format）是 Mac 中广泛使用的图像格式，它由 Aldus 和微软联合开发，最初是出于跨平台存储扫描图像的需要而设计的。它的特点是图像格式复杂、存储信息多。正因为它存储的图像细微层次的信息非常多，所以图像占用磁盘空间也较大。

❑ **GIF 格式**

GIF 是英文 Graphics Interchange Format（图形交换格式）的缩写。它的特点是压缩比高，磁盘空间占用较少，所以这种图像格式迅速得到了广泛的应用。最初的 GIF 只是简单地用来存储单幅静止图像（称为 GIF87a），后来随着技术发展，可以同时存储若干幅静止图像进而形成连续的动画，使之成为支持 2D 动画为数不多的格式之一（称为 GIF89a），目前 Internet 上大量采用的彩色动画文件多为这种格式的文件。

但 GIF 有个小小的缺点，即不能存储超过 256 色的图像。尽管如此，这种格式仍在网络上大行其道，这和 GIF 图像文件短小、下载速度快、可用许多具有同样大小的图像文件组成动画等优势是分不开的。

❑ **PNG 格式**

PNG（Portable Network Graphics）是一种新兴的网络图像格式。PNG 一开始便结合 GIF 及 JPG 两家之长，打算一举取代这两种格式。1996 年 10 月 1 日由 PNG 向国际网络联盟提出并得到推荐认可标准，并且大部分绘图软件和浏览器开始支持 PNG 图像浏览。

PNG 是目前保证最不失真的格式，它汲取了 GIF 和 JPG 二者的优点，存储形式丰富，兼有 GIF 和 JPG 的色彩模式。它的另一个特点能把图像文件压缩到极限以利于网络传输，但又能保留所有与图像品质有关的信息，因为 PNG 是采用无损压缩方式来减少文件的大小，这一点与牺牲图像品质以换取高压缩率的 JPG 有所不同。它的第三个特点是显示速度很快，只需下载 1/64 的图像信息就可以显示出低分辨率的预览图像。第四，PNG 同样支持透明图像的制作，透明图像在制作网页图像的时候很有用，我们可以把图像背景设为透明，用网页本身的颜色信息来代替设为透明的色彩，这样可让图像和网页背景很和谐地融合在一起。

❑ **SWF 格式**

该格式使用 Flash 创建，是一种后缀名为 SWF（Shockwave Format）的动画文件，这种格式的动画图像能够用比较小的体积来表现丰富的多媒体形式。在图像的传输方面，不必等到文件全部下载才能观看，而是可以边下载边看，因此特别适合网络传输，特别是在传输速率不佳的情况下，也能取得较好的效果。事实也证明了这一点，SWF 如今已被大量应用于 Web 网页进行多媒体演示与交互性设计。此外，SWF 动画是基于矢量技术制作的，因此不管将画面放大多少倍，画面不会因此而有任何损害。

❑ **SVG 格式**

SVG 可以算是目前最火热的图像文件格式了，它的英文全称为 Scalable Vector Graphics，意思为可缩放的矢量图形。它是基于 XML（Extensible Markup Language），由 World Wide Web Consortium（W3C）联盟进行开发的。严格来说应该是一种开放标准的矢量图形语言，可设计出高分辨率的 Web 图形页面。用户可以直接用代码来描绘图像，可以用任何文字处理工具打开 SVG 图像，通过改变部分代码来使图像具有互交功能，并可以随时插入到 HTML 中通过浏览器来观看。

SVG 文件比 JPEG 和 GIF 格式的文件要小很多，因而下载也很快。可以相信，SVG 的开发将会为 Web 提供新的图像标准。

❑ **DXF 格式**

DXF（Autodesk Drawing Exchange Format）是 AutoCAD 中的矢量文件格式，它以 ASCII 码方式存储文件，在表现图形的大小方面十分精确。许多软件都支持 DXF 格式的输入与输出。

❑ **WMF 格式**

WMF（Windows Metafile Format）是 Windows 中常见的一种图元文件格式，属于矢量文件格式。它具有文件短小、图案造型化的特点，整个图形常由各个独立的组成部分拼接而成，其图形往往较粗糙。

❑ **EMF 格式**

EMF（Enhanced Metafile）是微软公司为了弥补使用 WMF 的不足而开发的一种 Windows 32 位扩展图元文件格式，也属于矢量文件格式，其目的是欲使图元文件更加容易接受。

❑ **TGA 格式**

TGA（Tagged Graphics）文件是由美国 True Vision 公司为其显示卡开发的一种图像文件格式，已被国际上的图形、图像工业所接受。TGA 的结构比较简单，属于一种图形、图像数据的通用格式，在多媒体领域有着很大影响，是计算机生成图像向电视转换的一种首选格式。

❑ **CAD 格式**

它是用于存储 AutoCAD 中创建的矢量图形的标准文件格式。AutoCAD 交换文件是用于导出 AutoCAD 绘图或从其他应用程序导入绘图的绘图交换格式。

❑ **CDR 格式**

著名的图形设计软件——CorelDRAW 的专用格式，属于矢量图形，最大的优点是体积较小，并且可以再处理。

❑ **PDF 格式**

PDF 是一种通用的文件格式，这种文件格式保留在各种应用程序和平台上创建的字体、图像和版面。Adobe PDF 是对全球使用的电子文档和表单进行安全可靠的分发和交换的标准。Adobe PDF 在印刷出版工作流程中非常高效。

1.2.2 Illustrator CS6 工作环境

图形对象的绘制是通过不同工具、不同命令以及不同面板中的选项结合来完成的，所以 Illustrator CS6 工作环境的认识非常重要。当启动 Illustrator CS6 后，可以看到，该窗口具有 Windows 窗口的一些特性，如标题栏、控制按钮、菜单栏等，其他的组件包括工具箱、面板等，其中最重要的是绘图窗口，所有图形的绘制和编辑都将在该窗口中进行，如图 1-9 所示。

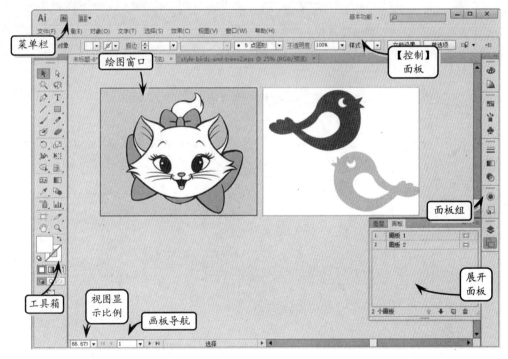

图 1-9　Illustrator CS6 工作环境

❑ **菜单栏**

菜单栏是 Illustrator CS6 中的一个重要组件，很多重要的操作都是通过该部分来实现的。在其中包括 9 个菜单命令，在每个菜单中包含了一系列的子命令，在使用菜单中的命令时，要先选定对象，然后执行相应的命令即可。

❏ **工具箱**

启动 Illustrator CS6 后，默认状态下工具箱是嵌入在屏幕的左侧的，用户可根据需要拖动到任意位置。其中提供了大量具有强大功能的工具，绘制路径、编辑路径、制作图表、添加符号等内容都可以通过这里来实现。在原来 Illustrator CS5 的基础上，新版本优化了几个工具的功能，熟练地运用这些工具，可创建出许多精致的美术作品。

❏ **面板**

面板是 Illustrator 中用于管理并编辑对象的组件，在编辑图形对象时，结合相应的面板，可大大地方便用户的操作。默认状态下，各面板以面板组的形式出现，并嵌入在屏幕的右侧。

❏ **控制面板**

【控制】面板放置在菜单的下方，用来显示当前所选工具的选项，并提供用于调整对象属性的一些常用选项。

❏ **绘图区域**

创建和编辑图形的位置。在其中可以配合使用工具、面板、菜单命令等内容来创建和处理文档和文件。绘图区域、工具箱、面板、【控制】面板等元素的组合称为工作区，可以针对在其中执行的任务对其进行自定。在工作区域中，可以创建多个画板。

> **提 示**
>
> 要隐藏或显示面板、工具箱和【控制】面板，按下 Tab 键；要隐藏或显示工具箱和【控制】面板以外的所有其他面板，按下 Shift+Tab 键。可以执行下列操作以暂时显示通过上述方法隐藏的面板：将指针移到应用程序窗口边缘，然后将指针悬停在出现的条带上，工具箱或面板组将自动弹出。

1.2.3　Illustrator 绘图模式

正常情况下要填充的对象是所有矢量对象中最上方的对象，在 Illustrator 中，除了正常模式外，还能够在背面绘图模式与内部绘图模式中绘制图形。选择不同的绘图模式，可以在矢量对象的下方或者内部绘制其他矢量图形对象。

1．正常模式

在默认情况下，绘图模式为正常模式。也就是说，当画板中存在矢量对象，并再绘图其他对象时，会显示在原有对象的上方，如图 1-10 所示。

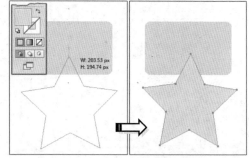

2．背面模式

如果在绘制矢量对象之前，单击工具箱

● **图 1-10**　在正常绘图模式下绘制图形

底部的【背面绘图】按钮，这时绘制的矢量对象会显示在画板中原有对象的下方，如图 1-11 所示。

3. 内部模式

当单击工具箱底部的【内部绘图】按钮，并且在画板中绘制矢量对象后，该对象只会在原有对象的内部显示出来，如图 1-12 所示。在使用该模式进行绘图之前，必须先选中画板中的封闭对象。否则，该按钮不可用。

W: 193.06 px
H: 185.38 px

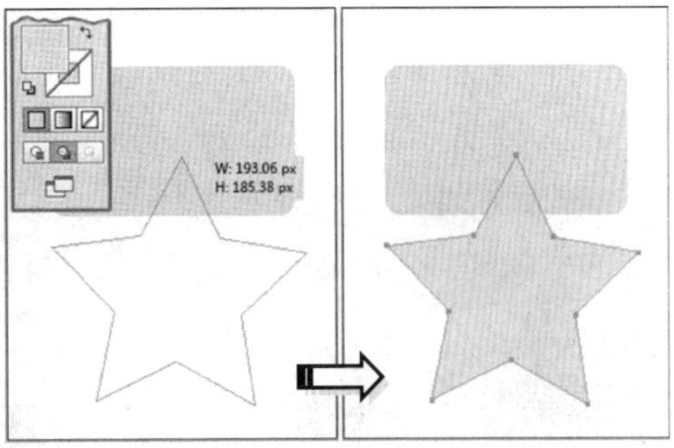

图 1-11 在背面绘图模式下绘制图形

W: 230.16 px
H: 223.59 px

图 1-12 在内部绘图模式下绘制图形

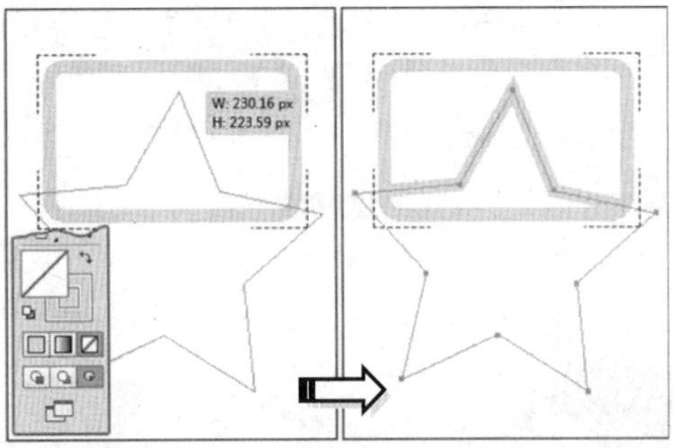

1.2.4 新增功能介绍

新版的 Illustrator CS6 虽然在操作界面上没有明显的改进，但是用户界面经过简化，效率和配置性更高，带来更加愉悦的 Illustrator 使用体验，比如可更改配置亮度级别和相应的画布颜色。

1. 描边渐变

将渐变应用于描边功能，提供了三种类型的可应用于描边的渐变。这样就不必再扩展描边进行填充，然后将渐变应用于描边。而描边渐变同样包括不同类型的渐变效果，如图 1-13 所示。

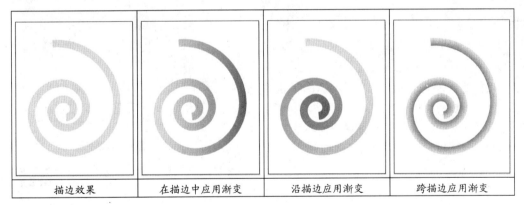

描边效果
在描边中应用渐变
沿描边应用渐变
跨描边应用渐变

图 1-13 描边渐变

2. 图案创建

图案创建和编辑任务经过了简化，这样便可免除数小时重复而烦琐的工作。新【图案选项】面板提供了一套容易操作的选项来对设计进行试验和修改，直到选到自己心仪的图案为止，如图 1-14 所示。

3．图像描摹

对栅格图像进行矢量化的工作流程，现在可以生成更清晰的描摹。与早期版本中的【实时描摹】功能相比，输出中的路径和锚点更少，颜色识别效果更好，如图 1-15 所示。

4．高斯模糊的增强功能

新的【高斯模糊】效果快捷而高效，也就是说执行【效果】|【模糊】|【高斯模糊】命令后，在弹出的【高斯模糊】对话框中，启用【预览】复选框，即可实时查看应用于图稿的高斯模糊，如图 1-16 所示。

1.3 Illustrator 应用领域

Illustrator 是出版、多媒体和在线图像的工业标准矢量插画软件。无论是生产印刷出版线稿的设计者和专业插画家、生产多媒体图像的艺术家、还是互联网页或在线内容的制作者，都会发现 Illustrator 不仅仅是一个艺术产品工具，能适合大部分小型设计到大型的复杂项目。

1．VI 设计

VI 全称为 Visual Identity，即企业 VI 视觉设计，是企业形象系统的重要组成部分。企业可以通过 VI 设计实现不同的目的，比如对内获得员工的认同感、归属感，加强企业凝聚力；对外树立企业的整体形象、整合资源等，如图 1-17 所示。

2．平面广告

平面广告就其形式而言，只是传递信息的一种方式，是广告主与受众间的媒介，其

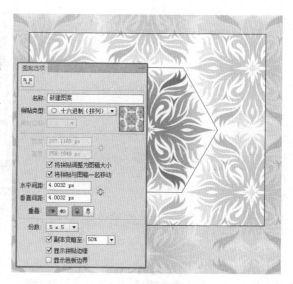

图 1-14　无缝拼贴图案效果

图 1-15　图像描摹

图 1-16　高斯模糊效果

图 1-17　VI 设计

结果是为了达到一定的商业目的。在媒体广告中，平面广告包括招贴广告、POP 广告、报纸杂志广告等，如图 1-18 所示。

3. 插画

插画的概念非常广泛，人们平常所看的报纸、杂志、各种刊物或儿童图画书里，在文字间所插入的图画，统称为插画，如图 1-19 所示。插画通常情况下为矢量图形，而绘制矢量图形的最佳软件就是 Illustrator。

4. 产品造型设计

产品造型设计是传统工业设计的核心，它是针对人与自然的关联中产生的工具装备的需求所作的响应。其中包括针对为了使生存与生活得以维持与发展所需的诸如工具、机械和产品等物质性装备所进行的设计，如图 1-20 所示。

5. 网页设计

网页设计作为一种视觉语言，特别讲究编排和布局。虽然主页的设计不等同于平面设计，但它们有许多相近之处。而越来越多的网站，无论是网页整体还是网页局部，都偏向于矢量图形的运用，如图 1-21 所示。

图 1-18　平面广告

图 1-19　插画效果

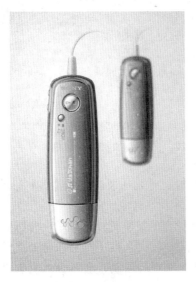

图 1-20　产品造型设计

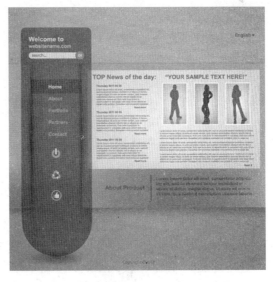

图 1-21　网页设计

1.4 Illustrator CS6 的基本操作

绘制任何矢量图形对象之前，首先要对 Illustrator CS6 的基本操作有所了解。比如文件的新建、打开与保存；画板的新建与编辑等。其中在一个 Illustrator 文件中，能够创建出多个不同尺寸的画板。

1.4.1 文件与画板的新建

在 Illustrator 中，既可以根据应用创建文档，也可以根据颜色模式创建文档，还可以直接创建模板文档。而当文件创建后，就可以在文件中创建新画板。

1. 创建不同颜色模式的文档

启动 Illustrator CS6 后，执行【文件】|【新建】命令（快捷键 Ctrl+N），打开【新建文档】对话框，如图 1-22 所示。在该对话框中可设置与新文件相关的选项。

> **技 巧**
>
> 在新建一个文件时，在键盘上按下 Ctrl+Alt+N 快捷键，可新建文件，而不会打开【新建文档】对话框，并且其文件属性与上一个相同。

❑ **名称** 定义新文件的名称。

❑ **大小** 在其下拉列表中有多种常用尺寸的选项。

❑ **宽度和高度** 输入数值，自定义绘图页面的大小。

❑ **单位** 下拉列表中包括 Picas（派卡）、Inches（英寸）等单位，用户可根据需要选择合适的单位。

❑ **取向** 用来设置绘图页面的显示方向，单击按钮即可在横向和纵向之间进行切换。

❑ **颜色模式** 在下拉列表中包括 CMYK 和 RGB 两种颜色模式，用户可根据需要进行选择。

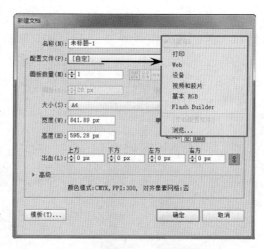

图 1-22 【新建文档】对话框

❑ **栅格效果** 为文档中的栅格效果指定分辨率。准备以较高分辨率输出到高端打印机时，将此选项设置为【高】尤为重要。

❑ **预览模式** 为文档设置预览模式，可随时使用【视图】菜单更改此选项。"默认"模式在矢量视图中以彩色显示在文档中创建的图稿，放大或缩小时将保持曲线的平滑度；"像素"模式显示具有栅格化（像素化）外观的图稿，它不会对内容进行栅格化，而是现实模拟的预览，就像内容是栅格一样；"叠印"提供油墨预览，模拟混合、透明和叠印在分色输出中的显示效果。

在【新建文档】对话框中，【新建文档配置文件】选项是用来决定文档的颜色模式。在该下拉列表中包括了多个选项，可以根据不同的创建目的来进行选择，如图 1-23 所示。

- □ **打印文档**　使用默认 Letter 大小画板，并提供各种其他预设打印大小以从中进行选择。如果准备将此文件发送给服务商以输出到高端打印机，可以使用此配置文件。
- □ **Web**　文档提供为输出到 Web 而优化的预设选项。
- □ **移动和设备文档**　创建一个较小的文件大小，它是为特定移动设备预设的。可以从【大小】下拉列表中选择设备。
- □ **视频和胶片文档**　提供几个特定于视频和特定于胶片的预设裁剪区域大小。
- □ **基本 CMYK 文档**　使用默认 Letter 大小画板，并提供各种其他大小以从中进行选择。
- □ **基本 RGB 文档**　使用默认 800×600 大小画板，并提供各种其他打印、视频以及特定于 Web 的大小以从中进行选择。

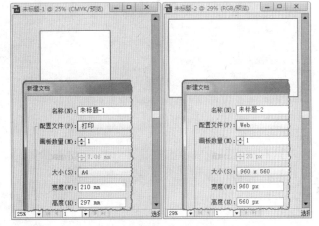

图 1-23　创建不同颜色模式文档

2. 创建模板文档

在新建文档中，除了可以创建空白文档外，还可以使用预设的模板文档，快速制作相应的图形。

执行【文件】|【从模板新建】命令，在弹出的【从模板新建】对话框中选择模板文件后，即可创建带有模板的文档，如图 1-24 所示。

3. 画板新建与编辑

任何颜色模式的文档的创建，均可以根据要求，在文档中创建多个画板。方法是，打开【新建文档】对话框，在【画板数量】文本框中输入数字，即可创建相应的画板文档，如图 1-25 所示。

图 1-24　创建模板文档

提　示

当设置多个画板数量后，【间距】和【行数】选项同时被启用。这两个选项能够设置画板之间的距离以及排列方式。

当建立的文档中画板数量无法满足需要时，可以单击工具箱中的【画板工具】按钮，在视图窗口单击并拖动，创建新的画板，如图 1-26 所示。

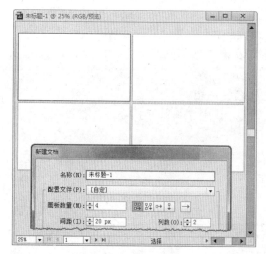

图 1-25 创建多个画板

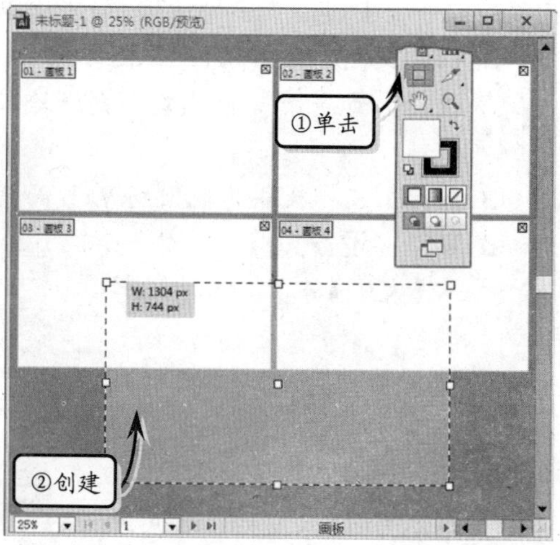

图 1-26 创建新画板

这时在视图窗口中，通过单击选中某个画板，按 Delete 键可以删除该画板；也可以通过单击并拖动画板边缘，来改变画板的尺寸，如图 1-27 所示。

1.4.2 文件打开与保存

虽然 Illustrator 是专门绘制矢量图形对象，但是还是能够在其中打开位图。而在 Illustrator 中绘制或者编辑图形对象后，不仅能够保存为 Illustrator 专用格式，还能够保存为位图格式。

1. 打开文件

启动 Illustrator 后，既可以打开已保存的文件，也可以打开位图文件。方法是，执行

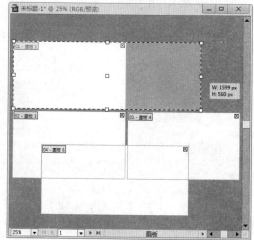

图 1-27 编辑画板

【文件】|【打开】命令，或者按下 Ctrl+O 快捷键，即可打开【打开】对话框。从中找到需要的文件，然后可将其打开，如图 1-28 所示。如果多次使用某些文件，程序会在【文件】|【最近打开的文件】菜单中自动添加这些文件的名称，选择相应的文件名称可将其打开。

2. 保存文件

无论是打开的图形对象，还是绘制的矢量图形，要想再次打开该文件，就需要将其保存下来。对于打开并编辑后的文件，只需要按 Ctrl+S 快捷键即可；而对于在空白文档中绘制的矢量图形，执行【文件】|【存储】命令（快捷键 Ctrl+S），在弹出的【存储为】

对话框中，设置【文件名】选项，然后单击【保存】按钮即可，如图 1-29 所示。

图 1-28　打开不同格式文件

注　意

当 Illustrator 中的图形对象为保存后的文件，那么执行【文件】|【存储为】命令（快捷键 Ctrl+Shift+S），弹出【存储为】对话框，设置【文件名】选项后，保存为另外一个文件。

1.4.3　关于首选项

在 Illustrator CS6 中绘制图形时，可以使用众多的辅助功能来配合作图。而辅助功能选项的设置，均在【首选项】对话框中。执行【编辑】|【首选项】命令，其中包括十多个子命令。选择不同的子命令，均能够打开【首选项】对话框，并且在其中切换子命令，从而进行相关设置，如图 1-30 所示。

1．单位

任何一个文档都具有一个默认的单位，在定义所有文档的标尺单位时，可以执行【编辑】|【首选项】|【单位】命令，打开【首选项】对话框，如图 1-31 所示。在左侧列表中提供了多种常用的单位。而即使设置了默认单位，在创建新文档时，还是能够重新设置单位。

图 1-29　保存文件

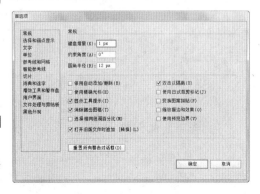

图 1-30　【首选项】对话框

文档中的标尺，是根据所建文档属性来决定的。执行【视图】|【显示标尺】命令（快捷键 Ctrl+R），打开标尺。右击标尺能够显示并改变标尺的单位。而参考线的建立，则是通过拖动标尺来建立的，如图 1-32 所示。

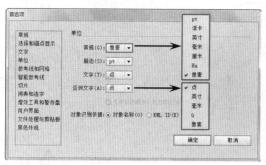

◙ 图1-31 单位选项

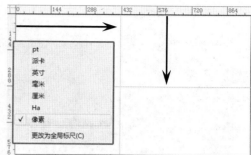

◙ 图1-32 打开标尺

由于能够创建多个画板，所以在视图窗口中除了能够显示标尺外，还能够显示当前画板的标尺。而在新版本中，默认情况下标尺显示的是全局标尺。当执行【视图】|【标尺】|【更改为画板标尺】命令（快捷键 Ctrl+Alt+R），标尺中的单位即可根据选中的画板为基准，如图 1-33 所示。

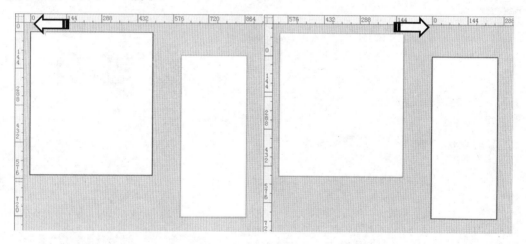

◙ 图1-33 画板标尺显示

技 巧

当工作区域中显示的为画板标尺时，同样的快捷键 Ctrl+Alt+R 命令更改为【更改为全局标尺】命令。

当执行【视图】|【标尺】|【显示视频标尺】命令，在当前选中的画板左上角显示标尺；如果选中其他画板，画板标尺则显示在选中的画板左上角，如图 1-34 所示。

2. 参考线和网格

网格是用来辅助作图的一种辅助功能。在默认状态下，网格是未显示的，当用户需要在文档窗口中显示网格时，可以执行【视图】|【显示网格】命令（快捷键 Ctrl+"），使视图中显示网格，效果如图 1-35 所示。默认状态下，网格显示在所有图形的下侧。

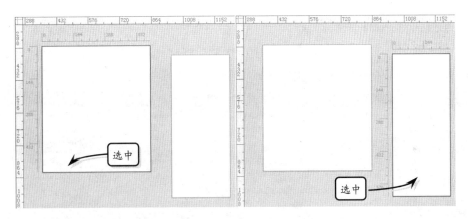

图1-34 画板标尺

除了能够显示网格外，还能够显示类似 Photoshop 中的透明背景的网格。执行【视图】|【显示透明度网格】命令（快捷键 Ctrl+Shift+D），即可在图形对象下方显示透明网格，如图 1-36 所示。

无论是标尺、网格还是透明度网格，显示与隐藏的命令与快捷键是相同的。其中，只有标尺的单位能够任意设置，而网格的颜色、样式与间隔，以及参考线段的颜色与样式，均是在【首选项】对话框的【参考线和网格】选项组中设置的，如图 1-37 所示。

❏ **颜色** 单击【颜色】下拉列表，从中可选择需要使用的网格颜色。

❏ **样式** 该下拉列表框中提供了两种类型的网格，即【直线】和【点线】选项，当选择【点】选项时，网格线由一些圆点组成，这时网格会呈虚线显示。

❏ **网格线间隔** 该参数栏用来设置主要网格线之间的距离。

❏ **次分隔线** 该参数栏用来设置细分的网格数。

❏ **网格置后** 该复选框在默认状态下处于选定状态，这表示网格将处于所有图形的后面，当取消该复选框的选择后，则网格会处于所有图形的前面。

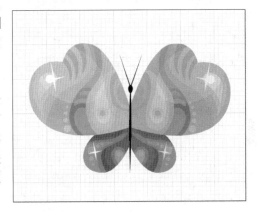

图1-35 显示网格

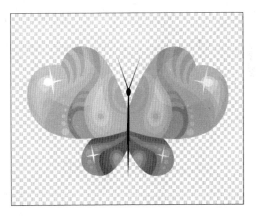

图1-36 显示透明网格

3. 智能参考线

智能参考线是个较为实用的辅助功能。执行【视图】|【智能参考线】命令（快捷键 Ctrl+U），智能参考线将被打开，当鼠标移动到对象上时，系统会提示当前鼠标所处的位

置，在创建、对齐或者变换对象时，可以帮助用户精确地确定对象的位置，被操作的对象将会自动捕捉对象，或者是被锁定的图层中的对象。当用户需要对其参数进行设置时，可以使用【首选项】对话框，如图 1-38 所示。

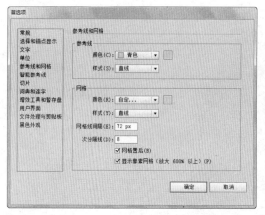

图 1-37　【参考线和网格】选项组

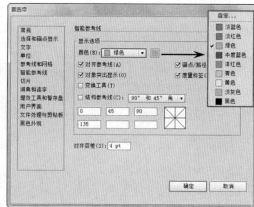

图 1-38　智能参考线设置

1.4.4　设置透视视图

虽然 Illustrator 主要是用来绘制矢量图形，也就是平面图形。但是由于透视视图的添加，可以使用矢量格式来更加精确地绘制具有三维空间的图形对象。

在任何画板中，选择工具箱中的【透视网格工具】，画板中即可显示透视网格，而默认的是两点透视网格效果，如图 1-39 所示。

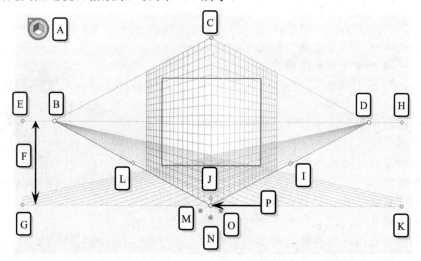

图 1-39　两点透视网格

A—平面切换构件；B—左侧消失点；C—垂直网格长度；D—右侧消失点；E—水平线；F—水平高度；
G—地平线；H—水平线；I—网格长度；J—网格单元格大小；K—地平线；L—网格长度；
M—右侧网格平面控制；N—水平网格平面控制；O—左侧网格平面控制；P—原稿

要想改变画板中的透视方式，可以执行【视图】|【透视网格】命令中的子命令即可。比如执行【一点透视】|【一点-正常透视】命令，可以将透视图切换为一点透视；执行【三点透视】|【三点-正常透视】命令，可以将透视图切换为三点透视。要隐藏透视网格，执行【视图】|【透视网格】|【隐藏网格】命令（快捷键 Ctrl+Shift+I）即可。

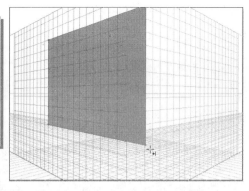

　　要在透视中绘制对象，可以在网格可见时使用线段组工具或矩形组工具，绘制三维图形对象，如图 1-40 所示。在使用矩形组工具或线段组工具时，可以通过按住 Ctrl 键切换到透视选区工具。

图 1-40　绘制三维图形

1.5　思考与练习

一、填空题

1. _____是一种面向对象的基于数学方法的绘图方式，在数学上定义为一系列由线连接的点。

2. _____也称为点阵图像，它由大量的像素点组成，每个像素点都具有特定的位置和颜色值。

3. 色彩可分为无彩色和_____两大类。

4. _____指颜色的明暗程度，或指颜色的深浅程度、颜色的含白含黑程度、颜色的亮暗程度等。

5. _____指某色相纯色的含有程度或指光的波长单纯的程度。

二、选择题

1. 灰度模式的图像由_____级灰度颜色组成，它是没有彩色信息的。

　　A. 256

　　B. 216

　　C. 285

　　D. 276

2. _____是一种印刷模式，被广泛应用在印刷的分色处理上。

　　A. RGB 模式

　　B. CMYK 模式

　　C. 灰度模式

　　D. HSB 模式

3. _____是 Adobe Illustrator 的专用格式。

　　A. CDR

　　B. PSD

　　C. AI

　　D. PDF

4. 在新建一个文件时，在键盘上按下_____快捷键，可新建文件，而不会打开【新建文档】对话框，并且其文件属性与上一个相同。

　　A. Ctrl+N

　　B. Alt+N

　　C. Ctrl+Shift+N

　　D. Ctrl+Alt+N

5. 在【新建文档】对话框中，可以创建_____画板。

　　A. 1 个

　　B. 2 个

　　C. 3 个

　　D. 多个

三、问答题

1. 简要概述矢量与位图之间的区别？

2. 色彩三要素分别是什么？

3. Illustrator CS6 中包括哪些新增功能？

4. 文档中的画板数量除了通过新建方式外，还可以通过什么方式？

5．如何更改参考线的颜色？

四、上机练习

1．创建多画板文档

在 Illustrator 中创建空白文档时，要基于某种目的，这样才能够使文档中的属性符合要求。当需要在新建文档中使用多个画板时，只要在【新建文档】对话框中，设置【画板数量】参数值，即可同时设置【间距】和【列数】参数值，从而得到多画板的新文档，如图 1-41 所示。

2．设置网格外观

在默认情况下，文档中的网格是以浅灰色显示，并且网格线间隔为 72px。而网格的这些属性是可以任意设置的，只要执行【编辑】|【首选项】|

【参考线和网格】命令，即可在弹出的【首选项】对话框中，设置网格的【颜色】、【样式】、【网格线间隔】与【次分割线】等选项，从而改变网格的外观效果，如图 1-42 所示。

图 1-41 多画板文档

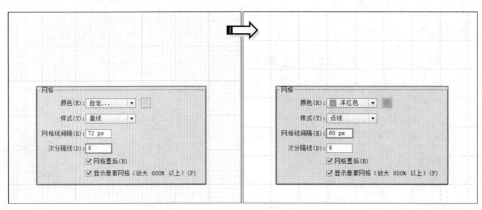

图 1-42 设置网格外观

第 2 章

绘制图形对象

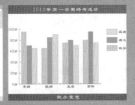

在了解 Illustrator 的工作环境以及基础的颜色设置后，就可对图形对象进行绘制。Illustrator 中的绘制工具多种多样，其中主要包括线条类工具、矩形工具、椭圆工具、多边形工具、钢笔工具以及该软件特有的光晕工具等。

在该章节中，详细介绍了各种绘图工具的使用方法，以及图形路径简单的调整方法，使其能够快速地掌握矢量图形的基本绘制方法。

本章学习要点：

➤ 线条图形绘制方法
➤ 几何图形绘制方法
➤ 自由图形绘制方法
➤ 图形路径调整方式

2.1 关于路径

　　所有使用矢量绘制软件或矢量绘制工具制作的线条，原则上都可以成为路径。而 Illustrator 中的图形对象，其图形效果与路径同时存在。也就是说，图形对象的边缘可以随时调整，而不必刻意调出路径。

2.1.1 路径的基本概念

　　路径由一个或多个直线或曲线线段组成，每个线段的起点和终点由锚点（类似于固定导线的销钉）标记。路径可以是闭合的（例如，圆圈）；也可以是开放的并具有不同的端点（例如，波浪线）。因此，路径在平面创作过程中，其用处是非常广泛的。

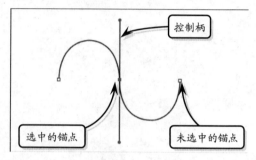

图 2-1 开放的路径和封闭的路径

1．路径

　　路径分为开放的路径和封闭的路径。路径中每段线条开始和结束的点称为锚点，选中的锚点显示一条或两条调节杆，可以通过改变调节杆的方向和位置来修改路径的形状。两个直线段间的锚点没有调节杆，如图 2-1 所示。

2．贝赛尔曲线

　　一条贝赛尔曲线是由 4 个点定义的，如图 2-2 所示，其中 P0 和 P3 定义曲线的起点和终点，又称为节点。P1 和 P2 用来调节曲率的调节点。一般可以通过调节节点和控制曲率来满足实际需要。

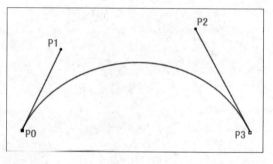

图 2-2 贝赛尔曲线

> **提 示**
>
> "贝赛尔曲线"由法国数学家 Pierre Bezier 所构造的一种以"无穷相近"为基础的参数曲线，由此为计算机矢量图形学奠定了基础。它的主要意义在于无论是直线或曲线都能在数学上予以描述，使得设计师在计算机上绘制曲线就像使用常规作图工具一样得心应手。

　　通常情况下，仅由一条贝赛尔曲线往往不足以表达复杂的曲线区域。为了构造出复杂的曲线，往往使用贝赛尔曲线组的方法来完成，即将一段贝赛尔曲线首尾进行相互连接，如图 2-3 所示。

3．平滑点和角点

锚点分为平滑点和角点。平滑点是指临近的两条曲线为平滑曲线，它位于线段中央，当移动平滑点的一条调节杆时，将同时调整该点两侧的曲线段。两条曲线路径相接为尖锐的曲线路径时，相接处的锚点称为角点。比如直线段与曲线段相接处的锚点就是角点。当移动角点的一条节杆时，只调整与控制柄同侧的曲线段，如图 2-4 所示。

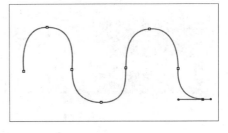

图 2-3　贝赛尔曲线组

2.1.2　路径的填充与描边色设定

通常情况下，图形的填充色、描边色以及路径是分开的，并且图形路径是首先需要建立的，然后才是填充色与描边色的设置。

而 Illustrator 中的图形，在默认情况下只要建立路径，即可同时显示图形的填充颜色（白色）以及描边色（黑色），如图 2-5 所示。

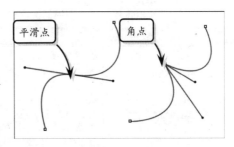

图 2-4　平滑点和角点

当使用鼠标选中画板中的图形对象后，就会自动显示该图形对象的路径，如图 2-6 所示。

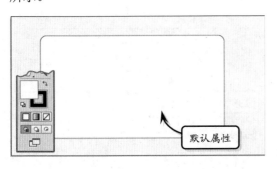

图 2-5　默认图形颜色

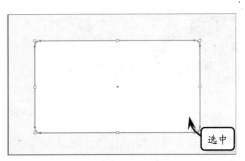

图 2-6　图形对象路径显示

当图形对象被选中时，工具箱中的【填色】与【描边】色块显示的就是该图形对象的填充色与描边色。双击任何一个色块，打开【拾色器】对话框，均可改变图形对象的颜色。

通过【拾色器】选择色域和色谱、定义颜色值，选择对象的填充颜色或描边颜色。双击【填色】色块，打开【拾色器】对话框。在该对话框中可以按照 HSB、RGB、CMYK或者十六制颜色值中的任何一种颜色模式进行设置，或者直接在色域中间单击选择颜色，如图 2-7 所示。其中，对话框中的选项以及作用如表 2-1 所示。

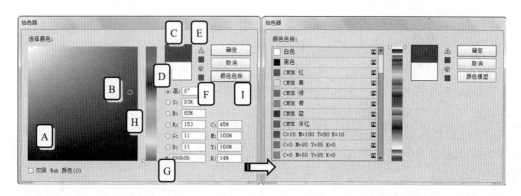

图 2-7   【拾色器】对话框

表 2-1   【拾色器】对话框中的选项以及作用

字母	选 项	作 用
A	色彩区域	在该区域中显示颜色范围
B	选取点	在色彩区域中单击得到的选取点即是要设置的颜色
C	当前选取颜色	显示确定的颜色
D	上次选取颜色	显示上次的颜色
E	溢色警告	当选取的颜色不是印刷颜色时即可显示该图标，单击该图标颜色可转换为最为接近该颜色的印刷色
F	Web 颜色警告	当显示区的颜色不是网页颜色时即可显示该图标，单击该图标颜色可转换为最为接近该颜色的网页安全颜色
G	颜色十六进制	颜色的十六进制显示
H	色谱条	单击色谱条可以改变色彩区域中的颜色范围
I	颜色色板	单击该按钮，对话框切换到印刷色

提 示

在【拾色器】对话框中，启用左下角的【仅限 Web 颜色】选项，即可选择用于网页设计的颜色。

通常来说，选择颜色最简单的方法是在【拾色器】对话框中，单击竖直渐变条，选择用户想要的基本颜色。然后在左边那个大正方形区域中单击并拖动鼠标来选择颜色，如图 2-8 所示。

在【拾色器】对话框中，启用左下角的【只有 Web 颜色】复选框，然后在拾色器中选取任何颜色，都是 Web 安全颜色，如图 2-9 所示。这对于用于网页的图形绘制，能够更好地确定颜色。

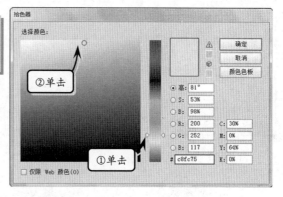

图 2-8   选取颜色

当绘制的图形对象被选中时，通过双击【填色】色块弹出【拾色器】对话框后，并选取颜色。单击【确定】按钮，即可改变图形对象的填充颜色，如图 2-10 所示。

Illustrator CS6 中文版标准教程

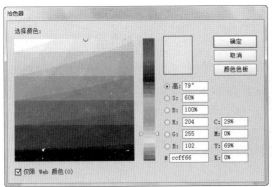

图 2-9 　只选取 Web 安全颜色

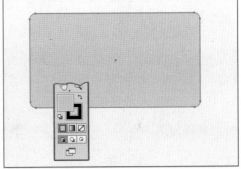

图 2-10 　改变填充颜色

　　要想改变图形对象的描边颜色，首先在工具箱下方单击【描边】色块，使其显示在【填色】色块上方并被启用。然后双击【描边】色块，弹出相同的【拾色器】对话框，使用上述方法选取颜色，改变描边的颜色，如图 2-11 所示。

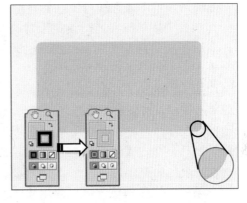

图 2-11 　改变描边颜色

　　在色块下方的三个色块，由左至右分别为【颜色】、【渐变】和【无】。当【填色】色块处于被启用时，单击【无】色块，那么选中的图形对象则会没有填充颜色；反之当【描边】色块处于被启用时，单击【无】色块，那么选中的图形对象则会没有描边颜色，而图形对象只显示路径，如图 2-12 所示。

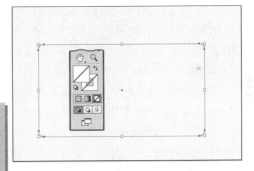

图 2-12 　无填充与无描边效果

> **提　示**
>
> 当画板中存在图形对象，并且选中该对象时，工具箱中的【填色】与【描边】色块显示的则是该图形对象的颜色属性。这时如果按 D 键，将工具箱中的【填色】和【描边】恢复为默认颜色，那么被选中的图形对象其填充颜色与描边同时被修改。

2.2　基本图形绘制

　　任何图形对象均能够由基本的几何图形演变而来，所以学会绘制简单几何图形尤为重要。在 Illustrator CS6 中，不仅能够自由地绘制几何图形，还可以精确地绘制几何图形，而且能够直接绘制出光晕效果的图形。

2.2.1 线条图形

线条分为直线段、弧线以及各种由线条组合的各种图形。根据要求选择不同的线条工具，能够进行各种线条的绘制。

1. 直线段图形

要绘制直线，可以通过两种方式，即使用鼠标拖动绘制直线和通过对话框设置参数值绘制直线。

方法是，单击【直线段工具】／，移动光标到画板中，单击并拖动设定直线的开始点，然后拖动到直线的终止点松开，即可绘制一条直线，如图 2-13 所示。

选择【直线段工具】／后，在画板的空白处单击鼠标，可以打开【直线段工具选项】对话框。在打开的对话框中设置直线的长度、倾斜角度后，单击【确定】按钮即可绘制精确的直线段，如图 2-14 所示。如果需要以当前填充颜色对线段填色，可以启用【线段填色】复选框。

当选择【直线段工具】／后，【控制】面板中则显示该工具的各种选项。其中，【描边粗细】选项是用来设置直线段图形的宽度，如图 2-15 所示。而直线段的宽度无论在绘制前，还是绘制后均能够进行设置。

弧线和螺旋线都是一种圆弧形状的曲线。通常，使用它们来绘制一些规则的或不规则的曲线形状。例如绘制矢量美女的嘴唇、绘制弹簧形状的发丝等。

绘制弧线与绘制直线的方式相似，同样可以通过两种方式来实现。首先单击【弧形工具】／，在画板中单击指定开始点，然后拖动鼠标到弧线终止点，即可创建一条弧线，如图 2-16 所示。

或者在画板的空白处单击，在弹出的【弧线段工具选项】对话框中，设置弧线的主要参数，比如轴长度、类型、基线轴、斜率

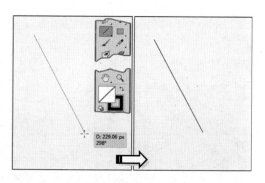

图 2-13　绘制直线段

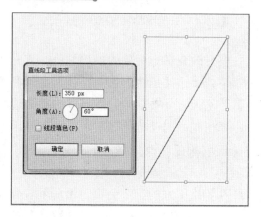

图 2-14　精确绘制直线段

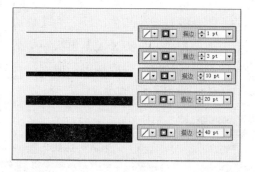

图 2-15　描边粗细效果

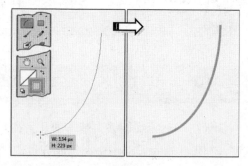

图 2-16　绘制弧线

等，从而得到不同效果的弧线图形，如图 2-17 所示。

该对话框中各个选项的含义如下所示。

- ❑ **X 轴长度和 Y 轴长度** 这两个参数栏分别用于指定弧线的宽度和高度。
- ❑ **类型** 此下拉列表框用于指定对象为开放路径还是封闭路径。
- ❑ **基线轴** 此下拉列表框用于指定弧线方向。根据需要沿【水平（X）轴】或【垂直（Y）轴】绘制弧线基线，以选择 X 轴或 Y 轴。
- ❑ **斜率** 该参数栏可以指定弧线斜率的方向。对凹下（向内）斜率输入负值，对凸起（向外）斜率输入正值，斜率为"0"将创建直线。
- ❑ **弧线填色** 启用该复选框可以使用当前填充颜色为弧线填色。

绘制螺旋线与绘制弧线的方法相似，也是通过两种方式，即单击【螺旋线工具】🌀，在画板中拖动鼠标即可绘制螺旋线，如图 2-18 所示。

或者在画板中单击鼠标，弹出【螺旋线】对话框。通过设置螺旋线的主要参数，比如半径、衰减、段数、样式等，绘制不同效果的螺旋线，如图 2-19 所示。

对话框中各选项的含义如下所示。

- ❑ **半径** 该参数栏用于指定从中心到螺旋线最外点的距离。
- ❑ **衰减** 此参数栏用于指定螺旋线的每一螺旋相对于上一螺旋应减少的量。
- ❑ **线段** 此参数栏用于指定螺旋线具有的线段数。螺旋线的每一完整螺旋由四条线段组成。
- ❑ **样式** 这两个单选按钮可以指定螺旋线的方向。

2. 网格图形

使用网格工具可快速绘制矩形网格和极坐标网格，网格工具组包括【矩形网格工具】▦和【极坐标网格工具】🌐。

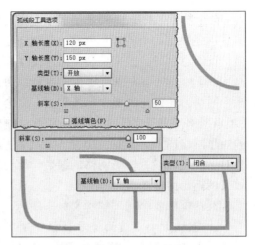

图 2-17 绘制不同效果的弧线

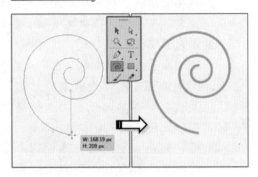

图 2-18 绘制螺旋线

图 2-19 不同效果的螺旋线

【矩形网格工具】▦是使用指定数目的分隔线创建指定大小的矩形网格。要创建矩形网格，可通过两种方式来实现。即单击【矩形网格工具】▦按钮，在画板中拖动鼠标即可创建矩形网格；而只在画板中单击鼠标，将会打开【矩形网格工具选项】对话框，从而绘制精确的矩形网格图形，如图2-20所示。其中，通过此对话框可以设置矩形网格的参数，得到不同效果的矩形网格图形。

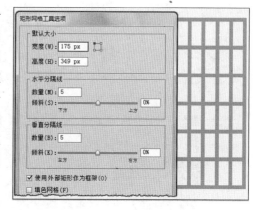

对话框中各个选项的含义如下所示。

□ **默认大小** 这两个参数栏分别用于指定整个网格的宽度和高度。

图 2-20 绘制矩形网格图形

□ **水平分隔线** 指定希望在网格顶部和底部之间出现的水平分隔线数量。【倾斜】决定水平分隔线从网格顶部或底部倾向于左侧或右侧的方式。

□ **垂直分隔线** 指定希望在网格左侧和右侧之间出现的垂直分隔线数量。【倾斜】决定垂直分隔线倾向于左侧或右侧的方式。

□ **使用外部矩形作为框架** 启用该复选框则以单独矩形对象替换顶部、底部、左侧和右侧线段。

□ **填色网格** 启用该复选框则以当前填充颜色填色网格（否则，填色设置为无）。

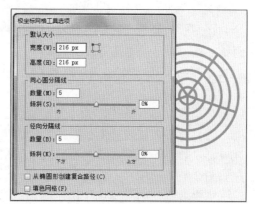

【极坐标网格工具】◉能够创建具有指定大小和指定数目分隔线的同心圆，常用于绘制射击使用的镖靶或靶心。

创建极坐标网格与创建矩形网格的方式相似，也可以通过两种方式来实现。即选择【极坐标网格工具】◉，在画板中拖动鼠标即可创建极坐标网格，如图 2-21 所示。

图 2-21 绘制极坐标网格图形

在画板中单击鼠标，在打开的【极坐标网格工具选项】对话框中可以设置其参数。其中，在启用【填色网格】选项之前，必须设置【填色】色块，如图2-22所示。

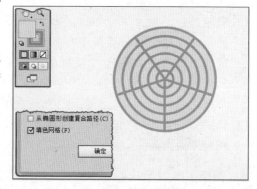

对话框中各个选项的含义如下所示。

□ **默认大小** 这两个参数栏分别用于指定整个网格的宽度和高度。

□ **同心圆分隔线** 指定希望出现在网格中的圆形同心圆分隔线数量。

图 2-22 绘制带有填充色的极坐标网格图形

【倾斜】值决定同心圆分隔线倾向于网格内侧或外侧的方式。

□ **径向分隔线**　指定希望在网格中心和外围之间出现的径向分隔线数量。【倾斜】
值决定径向分隔线倾向于网格逆时针或顺时针的方式。

□ **从椭圆形创建复合路径**　将同心圆转换为独立复合路径并每隔一个圆填色。

□ **填色网格**　以当前填充颜色填色网格（否则，填色设置为无）。

2.2.2　几何图形

各种几何图形，在 Illustrator 中可以轻松的绘制，那是因为该软件中包括了各种图形
的绘制工具，比如矩形、椭圆、多边形等。而这些图形的绘制方法也基本相似，均是包
括自由绘制与精确建立。

1．绘制矩形

使用【矩形工具】■可以绘制各种各样
的矩形，其绘制方法较为简单。一种是选择
【矩形工具】■，在画板中单击并拖动鼠标
即可创建矩形，如图 2-23 所示。

当选择【矩形工具】■后，在画板中单
击，弹出【矩形】对话框。这时，可以设置
矩形的宽度和高度，如图 2-24 所示。

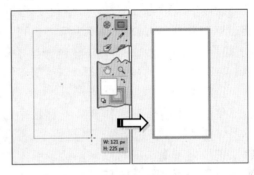

图 2-23　自由绘制矩形图形

> **技　巧**
>
> 正方形的绘制方法，既可以通过【矩形】对话框设
> 置，也可以在自由绘制的同时按住 Shift 键来完成。

2．绘制圆角矩形

绘制圆角矩形的方法与绘制矩形相似，
同样可以通过单击并拖动绘制矩形，也可以
使用【圆角矩形工具】■在画板中单击，弹
出【圆角矩形工具】对话框。通过对话框设
置圆角矩形的宽度、高度和圆角半径，如图
2-25 所示。

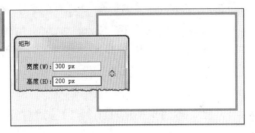

图 2-24　绘制精确矩形图形

> **技　巧**
>
> 要在拖动时更改圆角半径，可以按上、下箭头键；
> 要创建方形圆角，按向左箭头键；要创建最圆的圆
> 角，按向右箭头键。

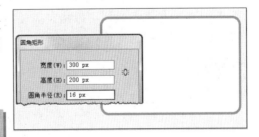

图 2-25　绘制圆角矩形图形

3．绘制椭圆图形

使用【椭圆工具】■可以创建椭圆形和圆形，其操作方法与矩形图形的操作方法相

似。选择该工具后，在通过单击弹出的对话框中，可以设置椭圆的宽度和高度，如图 2-26 所示。

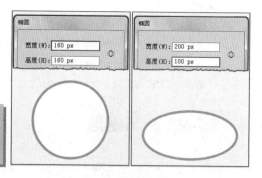

图 2-26　绘制椭圆图形

4．绘制多边形

绘制多边形的操作方法与绘制矩形相似，通过单击并拖动可以绘制多边形，也可使用【多边形工具】◉，在画板中单击弹出【多边形】对话框。在打开的对话框中，设置多边形的半径和边数，如图 2-27 所示。

使用【多边形工具】◉，在画板中通过单击并拖动绘制多边形图形的过程中，按向上箭头键或向下箭头键可以向多边形中添加或从中删除边，如图 2-28 所示。

虽然星形图形也是多边形的一种，但是由于边角的方向不同，需要使用特有的【星形工具】★来绘制星形。星形的绘制方法与绘制多边形相似，在使用【星形工具】★单击并打开的对话框中，可以设置星形的【半径（1）】、【半径（2）】和【角点数】选项。

其中，对话框中的【半径1】参数栏可以指定从星形中心到星形最内点的距离；【半径2】参数栏可以指定从星形中心到星形最外点的距离；【角点数】参数栏可以指定需要星形具有的点数，如图 2-29 所示。

2.2.3　光晕图形

使用【光晕工具】◙，可以创建具有明

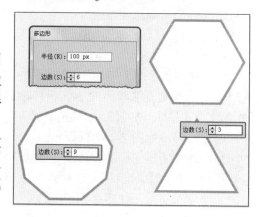

图 2-27　绘制多边形

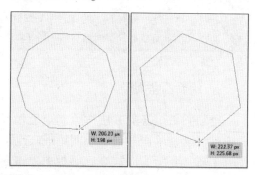

图 2-28　改变边数

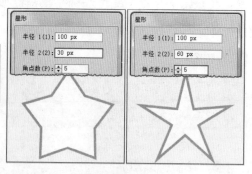

图 2-29　绘制五角星图形

亮的中心、光晕、射线及光环的光晕对象。光晕由中央手柄、末端手柄、射线、光晕、光环五个组成部分，光晕各部分的名称，如图 2-30 所示。

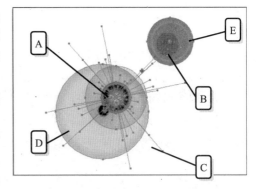

光晕的创建方式有两种，即单击【光晕工具】 🔍 ，在画板中单击并拖动即可创建光晕；而在画板中单击可以打开【光晕工具选项】对话框，通过设置对话框中的参数，即可创建自定义光晕的效果，如图 2-31 所示。对话框中各个选项的含义如下所示。

图 2-30　光晕图形

A—中央手柄；B—末端手柄；C—射线
（为清晰起见显示为黑色）；D—光晕；E—光环

❏ **居中**　设置直径、不透明度和光晕中心的亮度。

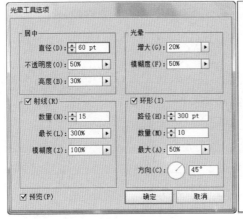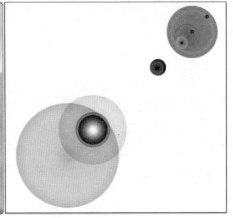

图 2-31　自定义光源图形

❏ **光晕**　设置光晕向外淡化和模糊度的百分比。低的模糊度可得到干净明快的光晕。

❏ **射线**　设置射线的数量、最长的射线长度和射线的模糊度。如果不想要射线，为【数量】输入"0"。

❏ **环形**　设置光晕的中心和最远环的中心之间的路径距离；环的数量、最大环的大小和环的方向。

当光晕图形学下方显示任何单色的图形后，光晕颜色会根据下方图形的填充色有所变化，如图 2-32 所示。即使其下方为白色的图形，也会与下方无图形对象的显示有所不同。

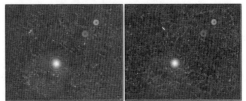

图 2-32　光晕不同效果

2.3　自由图形绘制

基本图形工具虽然能够绘制各种基本形状，但是对于较为复杂的图形，绘制起来步骤还是会较为繁琐。而 Illustrator 中的自由绘制工具，则可以解决这一问题。

2.3.1　钢笔工具

在 Illustrator 中，【钢笔工具】是创建路径最常用的工具，使用该工具可以绘制任意的开放路径或闭合路径，并可对路径进行编辑。

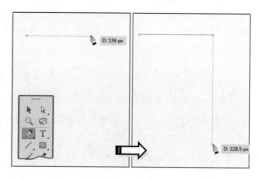

1. 绘制直线段

使用【钢笔工具】绘制的最简单路径是直线。选择【钢笔工具】，移动鼠标到画板空白处，单击建立路径起始点后，在画板任意位置单击，即可绘制一条直线，如图 2-33 所示。

2. 绘制弧线段

当创建路径起始点后，在画板任意位置单击并拖动鼠标，能够得到具有弧度的线段，如图 2-34 所示。

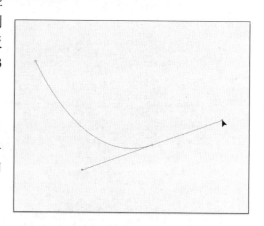

图 2-34　绘制弧线段

3. 绘制封闭路径

无论是直线段还是弧线段，都可以分为开放式与封闭式路径。要想绘制封闭式路径，只要选择【钢笔工具】后，在画板空白处指定路径的起始点，移动鼠标继续绘制多个锚点，最后在绘制的起始点上单击即可创建一个闭合路径，如图 2-35 所示。

2.3.2　铅笔工具

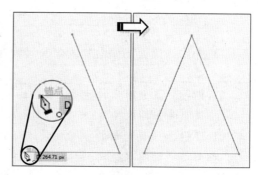

图 2-35　绘制封闭路径

【铅笔工具】虽不像【钢笔工具】能创建精确的直线，但是它是一条单一路径，可以任意绘制沿着光标移过的路线。

选择【铅笔工具】，使用鼠标在画板中指定开始点，任意拖动鼠标到线段终止点，即可创建一条路径，如图 2-36 所示。或者双击【铅笔工具】按钮，打开【铅笔工具首选项】对话框。通过此对话框，可以设置铅笔的主要参数。该对话框中各选项的含义如下所示。

❑ **保真度**　拖动滑块可以控制曲线偏离，使用鼠标绘制的点线的程度（以像素为计量单位）。低保真度值导致更加锐利的角；高保真度值导致较平滑的曲线。最低的保真度数是 0.5 像素，最高是 20 像素，默认值是 2.5 像素。

- ❑ 平滑度　以百分比为测量单位，平滑度值决定了铅笔对线条的不平和不规则控制的程度，低的平滑度值导致一条航道似的有角路径，而高的平滑度值导致更加平滑的路径，且锚点也较少。
- ❑ 填充新铅笔描边　启用此复选框时，将一个填充应用于新的铅笔描边；不启用时，则不应用任何填充。

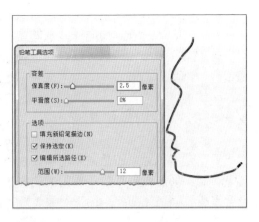

图 2-36　随意绘制线条

- ❑ 保持选定　启用此复选框时，保持绘制的最后一条路径选定，以防止对刚绘制的路径进行编辑或做任何更改。
- ❑ 编辑所选路径　如果启用该复选框，就可以使用【铅笔工具】编辑路径。如果没有启用该复选框，仍然可以编辑，但必须使用【选择工具】 ▶。
- ❑ 范围　拖动滑块可以设置要有多接近，才能使绘图匹配现有路径以进行编辑；启用【编辑所选路径】复选框时，该选项才可使用。

提　示

使用【铅笔工具】 ✐ 绘制时，当光标返回起始点时，按下 Alt 键可以绘制一条闭合路径。

2.3.3　平滑工具

【平滑工具】 ✐ 可以编辑任何路径，不管创建路径的是什么工具。可以通过以下两种方式来使用【平滑工具】 ✐。

单击【平滑工具】 ✐，在画板中选择需要编辑的路径，并在选定的路径上拖动鼠标，以平滑线条。双击【平滑工具】 ✐，可以打开【平滑工具首选项】对话框，通过此对话框可以设置平滑工具的参数，如图 2-37 所示。

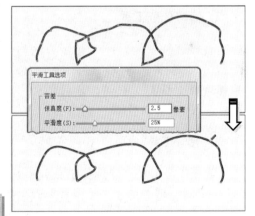

图 2-37　平滑线条

提　示

有关保真度和平滑度的更多信息，可以参阅使用【铅笔工具】一节；使用铅笔工具时，将 Alt 按键保持按下状态，可以切换到平滑工具。

2.4　调整路径形状

Illustrator 中的矢量图形对象，除了填充颜色与描边颜色外，还包括图形路径。所以无论是基本图形对象还是自由图形对象，只要将光标指向该对象，均能够显示其路径。而所有的路径调整工具都可以对其进行路径调整。

2.4.1 选择工具

无论是编辑对象还是锚点，都要先将其选中。而不同的图形对象，使用的选择工具也会有所不同，比如整个图形对象、单个路径或者单个锚点等。

1. 选择工具和编组选择工具

【选择工具】 可以以整个对象单元或组的形式选择对象，在选择对象时，可以通过单击的方法选择，也可以使用鼠标拖动形成矩形框选择对象，如图 2-38 所示。

使用【编组选择工具】 单击编组对象可以选择编组中的子对象；若双击，则选择的对象变为组合本身，如图 2-39 所示。如果组合对象本身是由许多子组合合成在一起的，则单击时选择的是一个子组合；在选择的过程中，按下 Shift 键可以加选或减选对象。

2. 直接选取工具

【直接选择工具】 的使用方法与【选择工具】 的操作方法相似，不同之处在于【直接选择工具】 还可以选择单独的路径或锚点，如图 2-40 所示。

3. 套索工具

【套索工具】 与【选择工具】 相似，唯一的不同点是【套索工具】 所画出的选择区域是不规则的。选择【套索工具】 ，单击鼠标并拖出一个不规则的选择区域，在这些区域中的对象都被选中，如图 2-41 所示。

4. 魔棒工具

【魔棒工具】 用来选择具有相似属性的一组对象。选择【魔棒工具】 在图形对

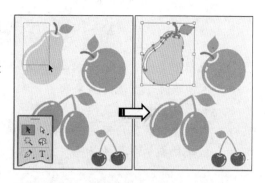

图 2-38 选择单个对象

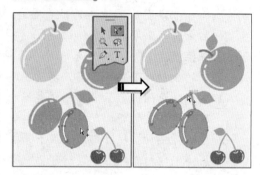

图 2-39 选择组对象

图 2-40 选择锚点

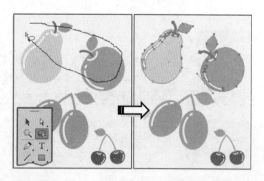

图 2-41 选择不规则区域

象上单击，则与所单击区域具有同样属性的对象都被选中，如图 2-42 所示。

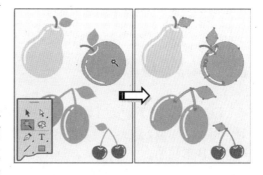

2.4.2 钢笔调整工具

使用不同的选择工具选中的是图形对象的不同区域，而选中不同对象后，【控制】面板中的选项也会随之变化。其中，当选中锚点后，【控制】面板中显示的是能够设置路径的选项，如图 2-43 所示。

图 2-42 选择相似颜色对象

单个锚点选项
多个锚点选项

图 2-43 锚点【控制】面板

提 示

【控制】面板中的选项是根据所选中的锚点个数来决定的，当选中一个锚点时，除了显示转换锚点的选项外，还显示该锚点的坐标；当选中两个或两个以上锚点后，那么除了显示转换锚点的选项外，还显示对齐锚点的各个选项。

1．添加锚点

在路径上使用【钢笔工具】或者是【添加锚点工具】，单击要添加锚点的地方即可添加锚点。如果添加锚点的路径是直线段，则添加的锚点必是直角点；如果添加锚点的地方是曲线段，则添加的锚点必是平滑点，如图 2-44 所示。

2．删除锚点

当选择【删除锚点工具】后，将光标指向路径中的某个锚点进行单击。这时被单击的锚点被删除，并且图形的路径也发生相应的改变，如图 2-45 所示。

3．转换锚点类型

选择锚点，使用【将所选锚点转换为尖角】和【将所选锚点转换为平滑】，即可使锚点在平滑与直角间转换。也可使用【转

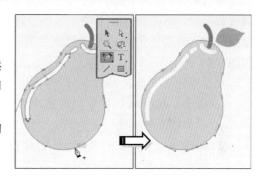

图 2-44 添加锚点

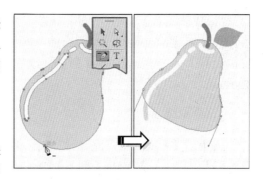

图 2-45 删除锚点

换锚点工具】 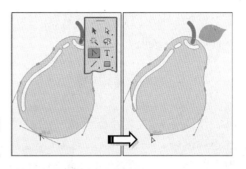 ，转换锚点类型，如图 2-46 所示。

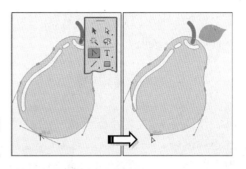

2.4.3 擦除工具

【橡皮擦工具】 📝 与【路径橡皮擦工具】 ✏️ 的使用方法相似，都是通过在路径上反复拖动来调整路径形状的。

1. 使用【路径橡皮擦工具】擦除路径

在画板中选择路径，使用【路径橡皮擦工具】 ✏️ ，拖动穿过路径的一个区域，将会删除所经过的区域，如图 2-47 所示。

2. 使用橡皮擦工具擦除路径

选择路径，单击【橡皮擦工具】 📝 ，拖动该工具穿过路径区域，将会删除在上面拖动过的区域，如图 2-48 所示。

如果双击【橡皮擦工具】按钮 📝 ，在打开的【橡皮擦工具选项】对话框中可以设置其角度、圆度和直径。不论是开放路径还是闭合路径，经过橡皮擦工具擦除的路径都将会变为闭合路径，如图 2-49 所示。

对话框中各个选项的含义如下所示。

❑ **角度** 此参数栏用于指定橡皮擦工具在水平线上的角度。

❑ **圆度** 此参数栏用于指定橡皮擦的圆度。

❑ **直径** 此参数栏用于指定橡皮擦的笔触大小。

对于封闭性图形对象来说，【橡皮擦工具】 📝 与【路径橡皮擦工具】 ✏️ 的不同之处在于，使用【橡皮擦工具】 📝 擦除过的路径是闭合的，而使用【路径橡皮擦工具】 ✏️ 擦除过的路径则是开放的，如图 2-50 所示。

3. 分割路径

擦除工具在改变图形路径的同时，也改变图形本身。而【剪刀工具】 ✂️ 与【刻刀】 🔪 只是改变图形路径，图形本身则是通过调整路径进行改变，所以说【剪刀工具】 ✂️ 与【刻刀】 🔪 是用来分割路径的。

图 2-46　转换锚点

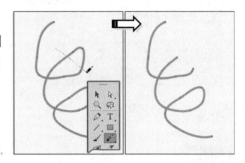
图 2-47　擦除路径

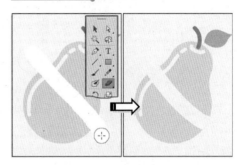
图 2-48　擦除局部对象

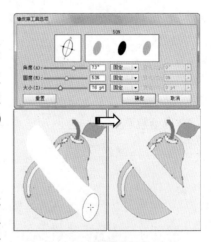
图 2-49　改变橡皮擦外形

使用【剪刀工具】✂可以将闭合路径分裂成为开放路径，也可以将开放路径进一步分裂成为两条开放路径。方法是，选择【剪刀工具】✂，将鼠标移动到路径上的某点并单击即可。如果单击的地方为路径，则系统便会在单击的地方产生两个锚点，如图 2-51所示。当然也可以选择要分割路径的锚点，然后单击【控制】面板中的【在所选锚点处剪切路径】按钮🔀。这时在锚点处分割路径时，新锚点将出现在原锚点的顶部，并会选中一个锚点。

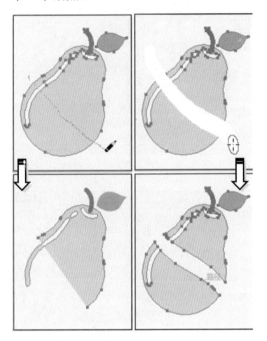

图 2-50　区别效果

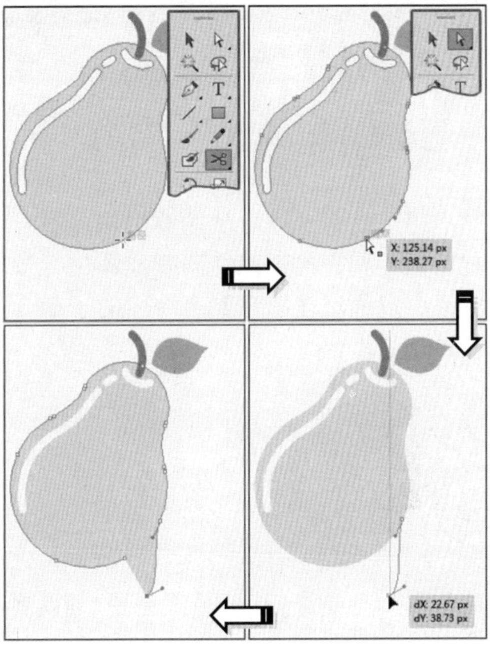

图 2-51　剪刀工具分割路径

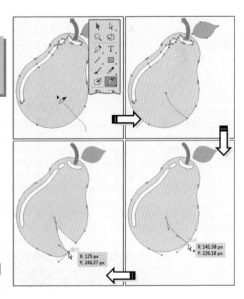

注　意

如果要将封闭路径分割为两个开放路径，必须在路径上的两个位置进行切分。如果只切分封闭路径一次，则将获得一个其中包含间隙的路径。

当选择【刻刀】✐后，在图形对象中单击并拖动鼠标，即可在图形对象上添加路径。这时使用【直接选择工具】▷单击并拖动新锚点，则发现图形外观发生变化，如图 2-52 所示。

除了使用工具分割路径外，还可以使用命令分割路径，但是其分割后的效果就会发生巨大的改变。方法是，使用【直接选择工具】▷选择路径后，执行【对象】|【路径】|【分割为网格】命令。在弹出的【分割为网格】对话框中，设置将要分割成网格的【数量】、【高度】以及【栏间

图 2-52　刻刀分割路径

第 2 章　绘制图形对象

37

距】等选项，然后单击【确定】按钮即可，如
图2-53所示。

提　示

若要设置每行或每列的大小，可设置【高度】和【宽
度】选项值。若要设置行间和列间距，可设置【间距】
选项值。若要更改对象的整个网格的尺寸，可设置【总
计】选项值。若要沿行边缘和列边缘添加参考线，可
启用【添加参考线】选项。

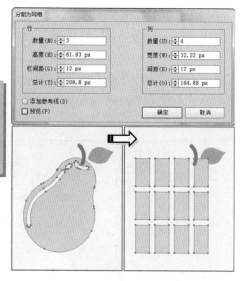

图2-53　将图形分割为网格

2.4.4　编辑路径

上述工具与选项除了能够对锚点进行编辑
外，与锚点相连接的路径同样能够进行编辑。
并且还可以通过【路径】命令中的子命令来对
路径进行编辑。

1. 连接路径

无论是同一个路径中的两个端点，还是两
个开放式路径中的端点，均可以将其连接在一
起。前者能够得到封闭式路径，后者则将两个
开放式路径连接成一个开放式路径，而两者的
连接方法相同。

当画板中存在一个开放式路径时，使用
【直接选择工具】，直接扩选该路径的两个
端点。然后在【控制】面板中单击【连接所选终点】按
钮，使其进行连接，形成封闭式路径，如图2-54所示。

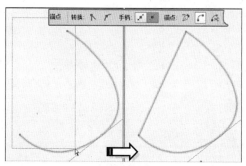

图2-54　链接锚点

2. 简化路径

简化命令可以用来简化所选图形中的锚点，在满足
路径造型需要的同时尽量减少锚点的数目，达到减少系
统负荷的目的。

选择路径，执行【对象】|【路径】|【简化】命令，
在弹出的【简化】对话框中可以设置【简化】的参数，
如图2-55所示。其中的选项以及相对应的作用如表2-2
所示。

图2-55　【简化】对话框

表2-2　【简化】对话框中的选项以及相关作用

选　　项	作　　用
曲线精度	输入0%和100%之间的值设置简化路径与原始路径的接近程度。越高的百分比将创建越多点并且越接近。除曲线端点和角点外的任何现有锚点将忽略

选 项	作 用
角度阈值	值输入 0°和 180°间的值以控制角的平滑度。如果角点的角度小于角度阈值，将不更改该角点。如果"曲线精度"值低，该选项有助于保持角锐利
直线	在对象的原始锚点间创建直线。如果角点的角度大于"角度阈值"中设置的值，将删除角点
显示原路径	显示简化路径背后的原路径

当在【简化】对话框中设置参数值后，单击【确定】按钮，即可在不影响路径形状的同时，减少所选路径中的多余锚点，如图2-56 所示。

3．偏移路径

【偏移路径】命令可以在现有路径的外部，或者内部新建一条新的路径。其操作方法是，选择路径，执行【对象】|【路径】|【偏移路径】命令，在打开的【位移路径】对话框中设置其参数，如图 2-57 所示。

4．轮廓化路径

图形路径只能够进行描边，不能够进行填充颜色。要想对路径进行填色，需要将单路径转换为双路径，而双路径的宽度，是根据选择路径描边的宽度来决定的。方法是选择路径，执行【对象】|【路径】|【轮廓化描边】命令，可以使路径变为轮廓图形，如图 2-58 所示。

提 示

路径中锚点与路径段的编辑，同一效果可以通过不同的工具或者选项来完成。在编辑过程中，要灵活运用路径编辑工具与【控制】面板中的选项，从而快速完成路径的编辑。

2.5 图像描摹

使用图像描摹功能，可快速准确地将照片、扫描图像或其他位图图像转换为可编辑与可缩放的矢量图形。Illustrator CS6 中的图像描摹功能，与早期版本中的【实时描摹】功能相比，制作过程更加直接。

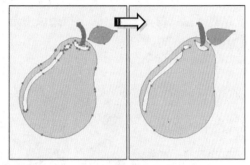
图 2-56 简化路径锚点

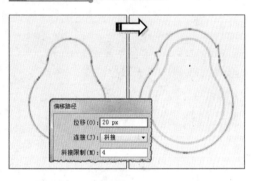
图 2-57 偏移路径

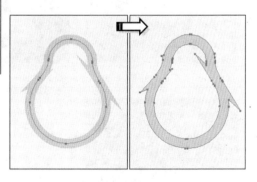
图 2-58 轮廓化路径

2.5.1 预设图像描摹

描摹对象是将位图图像打开或将位图置入到 Illustrator 中，然后使用【图像描摹】功能描摹对象。当描摹结果符合需求时，可将描摹转换为矢量路径或【实时上色】对象。例如，数字照片始终是一些位图图像，从不是矢量图像，如果需要使用数字照片，就可以使用【图像描摹】功能来转换它。

当选中画板中置入的位图图像后，单击【控制】面板中的【图像描摹】按钮 图像描摹 右侧的下拉三角。在弹出的下拉列表中选择不同的描摹选项，即可得到相应的描摹效果，如图 2-59 所示。

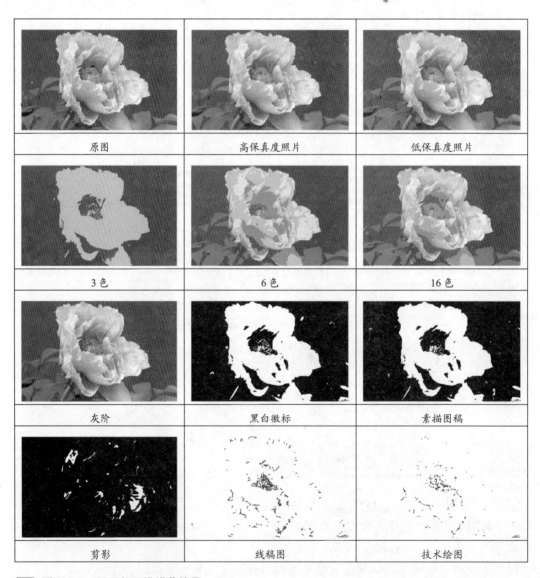

图 2-59 不同的预设描摹效果

2.5.2 【图像描摹】面板

在 Illustrator CS6 中，既能够使用预设描摹选项直接将位图转换成矢量图形，也能够在【图像描摹】面板中设置各种选项，从而得到自定义效果的描摹图像。执行【窗口】|【图像描摹】命令，弹出【图像描摹】面板，如图 2-60 所示。在该面板中，默认情况下显示的是基本选项，单击【高级】选项左侧的三角按钮 ▶，即可弹出该面板的其他高级选项。

1. 预设与视图选项

【图像描摹】面板中的【预设】下拉列表中的预设选项，与【控制】面板中的【图像描摹】下拉列表中的预设选项相同，只要选择某个选项即可将选中的位图转换为其预设效果，而面板顶部的图像也是预设效果选项。

【视图】选项是指定描摹对象的视图。描摹对象由以下两个组件组成：原始源图像和描摹结果（为矢量图稿）。当选择某个预设效果后，还可以选择查看描摹结果、源图像、轮廓以及其他选项。如图 2-61 所示，为选择预设中的【6 色】选项后的不同视图效果。

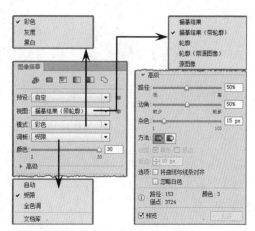

图 2-60　【图像描摹】面板

> **提 示**
>
> 当选择某个视图选项后，单击眼睛按钮 👁 可临时在源图像上叠加所选视图。

描摹效果	描摹效果（带轮廓）	轮廓
轮廓（带源图像）	源图像	单击眼睛按钮效果

图 2-61　视图效果

41

2．模式选项

虽然预设效果有其自身的模式效果，但是还能够重新设置模式选项。而当改变【模式】选项后，【预设】选项列表中则将显示【自定】选项。如图 2-62 所示，为预设为【3色】选项后的不同模式效果。

| 彩色 | 灰度 | 黑白 |

图 2-62　不同模式效果

3．调板与颜色选项

【调板】选项指定用于从原始图像生成颜色或灰度描摹的调板，该选项仅在【模式】设置为"颜色"或"灰度"时可用。要让 Illustrator 确定描摹的颜色，可选择"自动"子选项；要使用文档色板作为描摹的调板，可选择"文档库"子选项。

而【颜色】选项则根据【调板】选项设置而有所变化，当然也可以重新设置【颜色】选项参数。如图 2-63 所示为【颜色】参数分别为 5、8、12 的描摹效果。

图 2-63　不同【颜色】参数效果

4．高级选项组

【图像描摹】面板中的基本选项是根据预设选项而有所变化的，而该面板中的【高级】选项组中的选项设置，则是为了帮助后期矢量图形的编辑方便。其中，各个选项与其含义如下所示。

- □ **路径**　控制描摹形状和原始像素形状间的差异。较低的值创建较紧密的路径拟和；较高的值创建较疏松的路径拟和，如图 2-64 所示。

- ❏ **边角**　指定侧重角点，值越大则角点越多。
- ❏ **杂色**　指定描摹时忽略的区域（以像素为单位），值越大则杂色越少。
- ❏ **方法**　指定一种描摹方法。选择邻接创建木刻路径，而选择重叠则创建堆积路径。

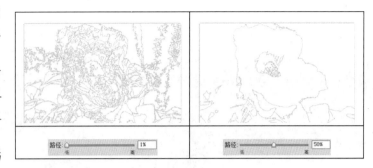

图 2-64　不同【路径】选项效果

- ❏ **创建**　该选项包括两个子选项：填色指在描摹结果中创建填色区域；描边指在描摹结果中创建描边路径。
- ❏ **描边**　指定原始图像中可描边的特征最大宽度。大于最大宽度的特征在描摹结果中成为轮廓区域。
- ❏ **将曲线与线条对齐**　指定略微弯曲的曲线是否被替换为直线。
- ❏ **忽略白色**　指定白色填充区域是否被替换为无填充。

提　示

如果希望放弃描摹但保留原始置入的图像，可释放描摹对象；如果要手动编辑矢量图稿，可执行【对象】|【图像描摹】|【扩展】命令，将描摹对象转化为路径。

2.6　课堂练习：快速制作矢量图

Illustrator 是用来绘制矢量图形的，也就是说需要从无到有，一步一步的绘制。要想快速地绘制矢量图形，唯一的方法就是将位图转换为矢量图。如图 2-65 所示的就是将位图转换为矢量图的前后对比图。

图 2-65　位图与矢量图对比

操作步骤：

1　新建一个横版的空白文档后，执行【文件】 | 【置入】命令，将位图 "灯塔.jpg" 导入画

板。并且按住Shift键成比例缩小,如图2-66
所示。

图 2-66　导入并缩小位图

2 执行【窗口】|【图像描摹】命令,弹出【图
像描摹】面板。选择【预设】下拉列表中的
"6 色"选项,单击【描摹】按钮,得到矢
量效果,如图2-67 所示。

3 为了能够得到可以编辑的矢量图形对象,继
续【选择工具】 选中该图形,单击【控
制】面板中的【扩展】按钮 扩展 ,使其

转换为路径,如图 2-68 所示。

图 2-67　设置描摹选项

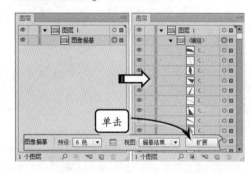

图 2-68　转换为路径

2.7　课堂练习:更改颜色

由于在工具箱中的【填色】与【描边】色块中,既可以显示所选图形对象的颜色属
性,也可以进行颜色的重新选取,所以为图形对象更换颜色非常简单。通过更改画面的
局部颜色,从而得到和谐的色彩效果,如图2-69 所示。

图 2-69　更改颜色前后对比效果

操作步骤：

1. 在 Illustrator 中，按 Ctrl+O 快捷键打开素材文档"海上的小船.ai"。默认情况下，使用【编组选择工具】选中背景图形，如图 2-70 所示。

图 2-70　选择背景

提 示

这里的更改颜色并不是对画面中所有的图形对象，而是有选择地更改。将认为不和谐或者不好看的颜色进行更改，从而得到理想的色彩效果。

2. 双击工具箱中的【填色】色块，打开【拾色器】对话框，显示该矩形的填充颜色。向上拖动色谱条滑块至"蓝色"位置，改变色相。单击【确定】按钮后，改变选中图形的填充颜色，如图 2-71 所示。

技 巧

在更改颜色时，为了不改变整个画面的明暗效果，在【拾色器】对话框中只改变色谱中的色相，不改变选取点的位置即可。

3. 按照上述方法，使用【编组选择工具】选择画板中深色的海浪图形对象，双击工具箱中的【填色】色块，在【拾色器】对话框中选择"蓝色"，单击【确定】按钮后，改变

海浪图形的颜色，如图 2-72 所示。

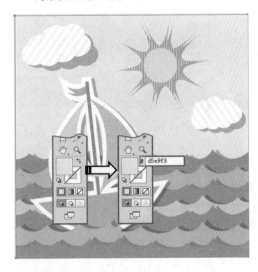

图 2-71　改变色相

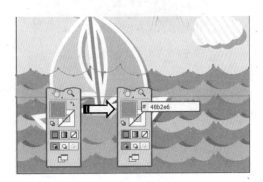

图 2-72　改变海浪颜色

注 意

由于文件中的图形对象进行了编组，所以在选择时，使用的是能够进行编组中的子对象选择的【编组选择工具】。

4. 改变相同海浪颜色后，使用【编组选择工具】选择画板中浅色海浪图形对象，逐一改变其颜色，这样画面的环境颜色更改完成，如图 2-73 所示。

5. 按照上述方法，使用【编组选择工具】依次改变小船船身、船帆与旗帜的颜色。其颜色参数值如图 2-74 所示。

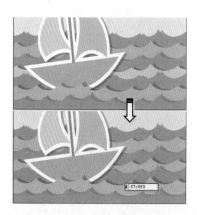

图 2-73 更改浅色海浪颜色

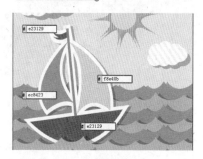

图 2-74 更改小船颜色

6 使用【编组选择工具】 单击旗杆图形对象，创建工具箱中的【描边】色块。在弹出的【拾色器】对话框中设置颜色参数值，改变线条颜色，如图 2-75 所示。至此，画面中的颜色更改完成。

图 2-75 更改旗杆颜色

2.8 课堂练习：绘制卡通背景

几何图形是所有图形效果的基础，而几何图形的单纯组合，同样能够绘制出具有主题的图形效果。本实例就是通过单一的几何绘制工具，绘制出具有卡通效果的背景图形。在绘制过程中，几何图形的绘制非常简单，主要是几何图形之间的组合，如图 2-76 所示。

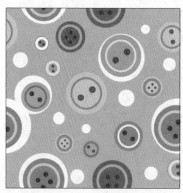

图 2-76 卡通背景

操作步骤：

1 执行【文件】|【新建】命令，弹出【新建】对话框，在对话框中设置【名称】为"卡通

背景"，分别设置【宽度】和【高度】选项均为 470px，如图 2-77 所示。

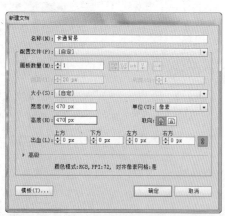

图 2-77 新建文档

2 选择工具箱中的【矩形工具】▢，设置【描边】为"无"，【填色】为"草绿色"，绘制与画板尺寸相同的矩形图形，如图 2-78 所示。

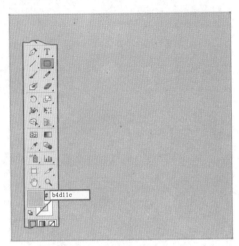

图 2-78　绘制矩形

3 选择工具箱中的【椭圆工具】◯，设置【描边】为"无"，【填色】为"白色"，按住 Shift 键，在画板中绘制不同直径的正圆图形，如图 2-79 所示。

图 2-79　绘制不同直径的正圆

提示

由于不用限制圆形图形对象的尺寸，所以不用精确绘制圆形对象。只要按住 Shift 键绘制出正圆即可。而圆形对象的位置也不需要精确摆放，因为绘制在画板外围的图形对象在输出时不会显示。

4 设置工具箱底部的填色色块为"棕黄色"，在"白色"圆形之间绘制无边框正圆，如图 2-80 所示。

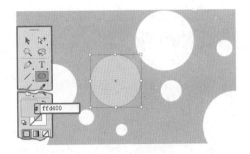

图 2-80　绘制棕黄色正圆

5 然后设置【填色】为"无"，【描边】为"5pt，棕红色"，绘制无填色圆环图形。最后在圆环内部绘制两个"深红色"正圆，形成笑脸图形，如图 2-81 所示。

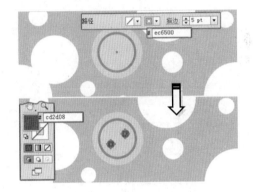

图 2-81　绘制圆环与正圆

6 使用上述方法，并采用相同的【填色】或者【描边】颜色，绘制不同显示方向，以及略有变化的笑脸图形，如图 2-82 所示。

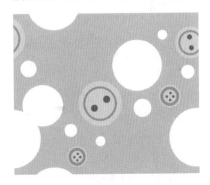

图 2-82　绘制不同的笑脸

7 按照笑脸绘制方法，采用蓝色调的【填色】或者【描边】颜色，在空白画板区域绘制纽扣图形对象。接着采用相同色调，绘制不同显示方向的纽扣图形对象，如图 2-83 所示。

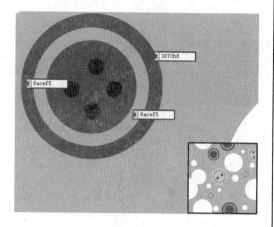

图 2-83 绘制纽扣图形

8 在画板右上角白色圆形内部，采用绿色调颜色，绘制笑脸图形对象。然后使用相同颜色，分别在画板两端绘制小尺寸图形，并且设置【描边粗细】为"8pt"，如图 2-84 所示。

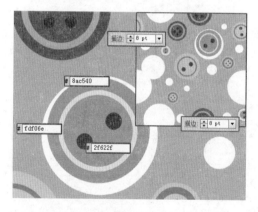

图 2-84 绘制绿色笑脸

9 在画板两端空白区域，分别绘制紫色调笑脸图形对象。并且根据图形尺寸，设置【描边粗细】选项，如图 2-85 所示。

10 采用红色调与黄色，分别在画板中的空白圆形内部绘制纽扣图形对象，并设置显示方向，如图 2-86 所示。

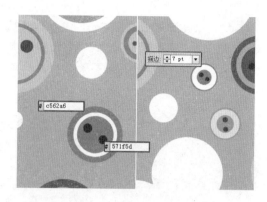

图 2-85 绘制紫色笑脸

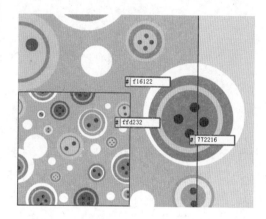

图 2-86 绘制红黄色

11 最后采用湖蓝色调，分别在白色圆形内部与画板空白区域，绘制不同尺寸的笑脸图形，完成整体效果的绘制，如图 2-87 所示。

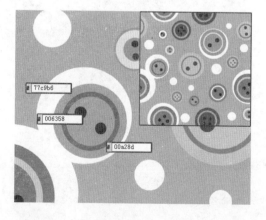

图 2-87 绘制湖蓝色调

2.9　思考与练习

一、填空题

1．一条路径至少有_____个锚点。

2．快速绘制弧度线条的工具是_____。

3．光晕是由_____、末端手柄、_____、光晕、光环五个组成部分。

4．在 Illustrator 中，使用_____可以选择编组后的对象。

5．_____命令能够将线条路径转换为区域路径。

二、选择题

1．使用_____能够直接绘制出五角星图形。

　A．【多边形工具】 ⬡

　B．【星形工具】 ★

　C．【圆角矩形工具】 ▢

　D．【光晕工具】 ◉

2．使用_____能够直接绘制出光晕效果。

　A．【多边形工具】 ⬡

　B．【星形工具】 ★

　C．【圆角矩形工具】 ▢

　D．【光晕工具】 ◉

3．绘制随意的路径可以使用_____。

　A．【钢笔工具】 ✎

　B．【平滑工具】 ✏

　C．【铅笔工具】 ✐

　D．【画笔工具】 🖌

4．图形锚点的选择使用的是_____。

　A．【选择工具】 ▶

　B．【编组选择工具】 ▶+

　C．【直接选择工具】 ▷

　D．【魔棒工具】 🪄

5．使用_____能够将封闭式路径擦除为开放式路径。

　A．【路径橡皮擦工具】 ✎

　B．【橡皮擦工具】 ◖

　C．【剪刀工具】 ✂

　D．【刻刀】 ✐

三、问答题

1．概述绘制长度与宽度分别为 50px×40px 的矩形图形。

2．如何绘制正圆图形？

3．光晕的颜色是根据什么来决定的？

4．如何将描边变成填充？

5．连接路径的方式有哪些？分别是什么？

四、上机练习

1．绘制同心圆

同心图形是由相同形状、同一中间点、不同尺寸的若干图形组合而成的，基本的绘制方法是逐一绘制，或者绘制一个图形对象后进行复制与放大。但是在 Illustrator 中，则可以通过【偏移路径】命令轻松完成。方法是选中绘制图形对象后，执行【对象】|【路径】|【偏移路径】命令，在弹出的【位移路径】对话框中，设置【位移】参数值，即可得到同心图形，如图 2-88 所示。

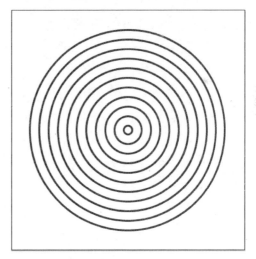

图 2-88　同心圆效果

2．路径轮廓化效果

当绘制路径后，虽然会自动为其添加填色与描边，但是其效果是在路径之内。要想以路径为中心，绘制环状的图形对象，那么最直接的方法就是使用相同形状、不同尺寸的图形对象进行运算。

还有一种更加快捷的方式，那就是通过【对象】|【路径】|【轮廓化描边】命令。但是在执行该命令之前，必须设置路径描边的粗细参数，因为路径的描边粗细决定了【轮廓化描边】命令后的环状宽度，如图 2-89 所示。

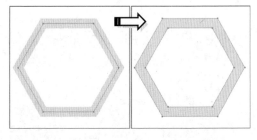

图 2-89　路径轮廓化对比

第 3 章
填充与线条

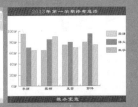

  Illustrator 中的矢量图形对象是由填充颜色与描边颜色组合而成的，而填充与描边效果既可以是单色填充，也可以是渐变填充，还可以是图案填充。在 Illustrator CS6 中，还为图案填充添加了选项面板，简化了编辑任务过程，可更轻松地创建无缝拼贴效果。

  在该章节中，逐一介绍了单色、渐变、图案与实时上色等各种填充方式，以及矢量对象描边属性的各种设置方法，还讲解了具有艺术效果的画笔工具的使用方法。

本章学习要点：

- ➢ 单色填充方式
- ➢ 实时上色填充方式
- ➢ 渐变填充方式
- ➢ 图案填充方式
- ➢ 对象描边样式
- ➢ 画笔应用

3.1 单色填充

单色填充是指使用一种色彩对选定对象进行着色，该对象可以是开放路径，也可以是闭合路径。而单色的填充除了可以通过工具箱中的【填色】色块来完成外，还可以通过【颜色】面板以及【色板】面板来进行填充。

3.1.1 使用【颜色】面板填充并编辑颜色

通过工具箱中的【填色】色块虽然可以更改颜色，但是在【颜色】面板中可以更加直接地改变图形中的颜色。在该面板还可以完成颜色编辑、颜色模式转换等操作。执行【窗口】|【颜色】命令，即可打开【颜色】面板，如图 3-1 所示效果。在该面板中可以发现，通过面板关联菜单，能够进行不同颜色模式的设置。

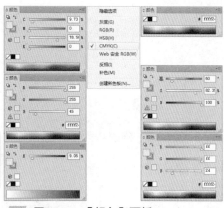

提 示

Web 安全 RGB 模式可用于网上发布图片的色彩模式。如制作的图形需要在网上发布，使用该颜色，将尽量减少文件的大小，以避免影响文件的正常显示。

1. 精确地设置对象颜色

在该面板中，单击【填色】或是【描边】按钮，其中某一个按钮的位置位于前方时，拖动滑块可控制位于前方的按钮颜色。而拖动其中的滑块或是在参数栏中输入参数值，均可以改变对应的颜色，如图 3-2 所示。

面板下方的位置是色谱条，在该区域显示的颜色上单击，可快速地实现颜色的设置。当鼠标移动到色谱条上时变为【吸管工具】，在所需的颜色上单击即可改变颜色，如图 3-3 所示。

在色谱条的上端有三个按钮，单击左侧的【无】按钮，可将当前的【填色】或是【描边】按钮设置为无色填充。此时在【无】按钮上方会出现【最后一个颜色】按钮，它出示了最后一次使用的颜色，单击该按钮，恢复原来的色彩，如图 3-4 所示。

2. 反相与补色命令

当填充某一种颜色后，还可以使用【颜色】

○ 图 3-1 【颜色】面板

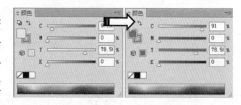

○ 图 3-2 拖动滑块改变颜色

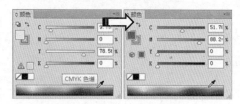

○ 图 3-3 单击色谱条改变颜色

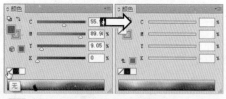

○ 图 3-4 管理颜色填充状态

Illustrator CS6 中文版标准教程

面板关联菜单中的命令来改变其颜色。方法是,选中某个填充单色后的图形对象,选择【颜色】面板关联菜单中的【相反】命令即可。这里是褐色变成了其相反颜色——天蓝色,如图3-5 所示。

如果选择的是关联菜单中的【补色】命令,那么得到的是该颜色的补色。褐色的补色为深蓝色,如图3-6 所示。

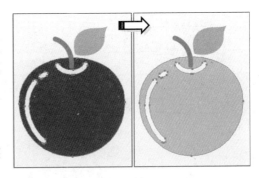

图 3-5　使用相反命令

3. 创建新色板

在【颜色】面板中,还可以将当前正在编辑的颜色定义为固定的样本存储在【色板】面板之中。方法是,设置颜色,选择关联菜单中的【创建新色板】命令来定义颜色的名称、模式,并继续对颜色进行调整,如图3-7 所示。

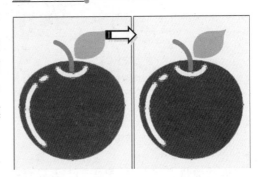

图 3-6　使用补色命令

3.1.2　使用【色板】面板填充对象

当在【颜色】面板中创建新色板后,该面板中的颜色就会存储在【色板】面板,以方便其他图形的填充。在该面板中,不仅存储了多种颜色样本,还包括简单的渐变样本和图案样本,以适应不同的绘制需求。

1. 使用面板中的样本

执行【窗口】|【色板】命令,弹出【色板】面板,如图3-8 所示效果。默认状态

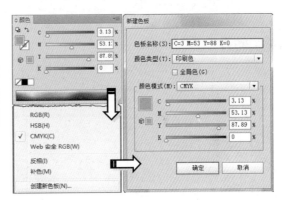

图 3-7　创建新色板

下,该面板显示一行行的样本方块,它们分别代表颜色、渐变色以及图案。这些颜色以及相应的作用如下。

- ❑ **无色样本**　启用该样本,可以将选取对象的内部或是轮廓线填充为无色。
- ❑ **颜色样本**　单击面板中提供的色样样本,可对选定的对象进行不同的颜色填充和轮廓线填充。
- ❑ **渐变和图案样本**　分别用来对对象进行渐变填充和图案填充。渐变样本只对选定的对象进行填充,而图案样本不但可以对选定对象进行填充,同样可以对其轮廓线进行填充。

❏ **注册样本** 将会启用程序中默认的颜色，即灰度颜色。

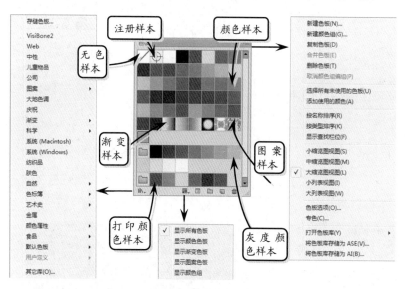

图 3-8 【色板】面板

而【色板】面板的使用方法非常简单，只要选定对象后，直接单击该面板中所需要的填充样本，即可为图形对象进行填充，如图 3-9 所示。

技 巧

无论图形对象选中与否，只要直接拖动【色板】面板中的样本到对象上并释放鼠标，就可以实现填充效果。

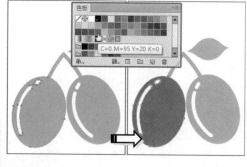

图 3-9 改变颜色

2. 编辑【色板】面板

【色板】面板中的颜色样本只是样本库中的一部分，要想打开更多的颜色样本，可以单击面板底部的【"色板库"菜单】按钮 ，选择某个选项后，即可打开一个具有主题的独立色板面板。如图 3-10 所示为其中的部分主题色板面板。

而【色板】面板底部的【显示"色板类型"菜单】按钮 ，则可以控制面板上显示样本的类别。各命令的解释如表 3-1 所示。

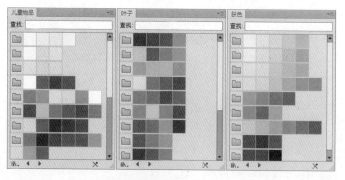

图 3-10 各种主题的色板面板

表3-1　【显示"色板种类"菜单】的名称及其作用

名　称	作　用
显示所有样本	此为系统的默认状态，可显示颜色、渐变、图案、颜色组，以及颜色库中曾经单击使用过的样本
显示颜色样本	只显示与颜色相关的样本
显示渐变样本	只显示与渐变相关的样本
显示图案样本	只显示与图案相关的样本
显示颜色组	显示不同颜色模式下的颜色组合

单击【新建颜色组】按钮，能够通过【新颜色组】对话框可创建新的颜色组。如图 3-11 所示，如在选中对象的前提下，打开该对话框，可将选中对象的颜色定义到颜色组中。

> **提 示**
>
> 面板底部的【新建色板】按钮是用来创建单个颜色的。方法是，选择对象后单击该按钮，即可将对象的填充效果定义为新的样本，并添加到面板中。

如果直接将选中的对象拖至【色板】面板中，虽然同样创建了新的样本，但是除了颜色，还将对象的形状定义在【色板】面板中，如图 3-12 所示。而色板的删除，只要将该色板拖至该面板底部的【删除色板】按钮即可。

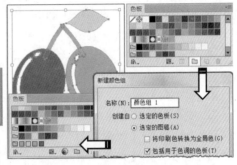

图 3-11　创建新的颜色组

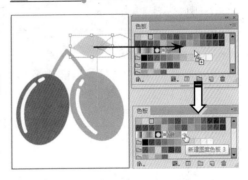

图 3-12　通过拖动对象创建色板

3.2　实时上色

Illustrator 中的图形对象是以堆叠的方式显示在画板，图形对象之间互补影响。但是通过将图稿转换为实时上色组，则可以任意对它们进行着色，就像对画布或纸上的绘画进行着色一样。可以使用不同颜色为每个路径段描边，并使用不同的颜色、图案或渐变填充每个封闭路径。

3.2.1　关于实时上色

"实时上色"是一种创建彩色图画的直观方法。通过采用这种方法，可以使用 Illustrator 的所有矢量绘画工具，而将绘制的全部路径视为在同一平面上，没有任何路径位于其他路径之后或之前。路径将绘画平面分割

图 3-13　图形实时上色前后对比

成几个区域，可以对其中的任何区域进行着色，就好像在铅笔稿上上色一样，如图 3-13 所示。

第 3 章　填充与线条

55

"实时上色"组中可以上色的部分称为边缘和表面。边缘是一条路径与其他路径交叉后，处于交点之间的路径部分；表面是一条边缘或多条边缘所围成的区域，如图 3-14 所示。

填色和上色属性附属于"实时上色"组的表面和边缘，而不属于定义这些表面和边缘的实际路径，在其他 Illustrator 对象中也是这样。因此，某些功能和命令对"实时上色"组中的路径或者作用方式有所不同，或者是不适用。

图 3-14 实时上色边缘与表面

适用于整个实时上色组（而不是单个表面和边缘）的功能和命令如下。

- ❏ 透明度
- ❏ 效果
- ❏ 【外观】面板中的多种填充和描边
- ❏ 对象中的封套扭曲
- ❏ 【对象】|【隐藏】命令
- ❏ 【对象】|【栅格化】命令
- ❏ 【对象】|【切片】|【建立】命令
- ❏ 建立不透明蒙版命令
- ❏ 画笔（如果使用【外观】面板将新描边添加到实时上色组中，则可以将画笔应用于整个组。）

不适用于实时上色组的功能如下。

- ❏ 渐变网格
- ❏ 图表
- ❏ 【符号】面板中的符号
- ❏ 光晕
- ❏ 【描边】面板中的【对齐描边】选项
- ❏ 魔棒工具

不适用于实时上色组的对象命令如下。

- ❏ 轮廓化描边
- ❏ 扩展（可以改用【对象】|【实时上色】|【扩展】命令）
- ❏ 混合
- ❏ 切片
- ❏ 【剪切蒙版】|【建立】命令
- ❏ 创建渐变网格

3.2.2 创建实时上色组

通过将对象转换为实时上色组，可以对其进行着色处理，与对画布或纸上的绘画进行着色相同。在实时上色过程中，虽然路径的可以交叉，并在不同的区域中进行上色，但是区域上色与边缘上色的方法不同。

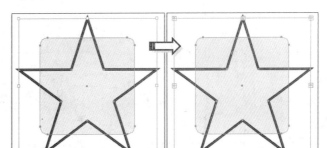

1. 图形对象的实时上色

图形对象的实时上色并不是直接使用【实时上色工具】就可以进行操作的，还需要建立实时上色组。方法是，选中一个或多个对象，执行【对象】|【创建实时上色】|【建立】命令（快捷键 Ctrl+Alt+X），将对象创建为实时上色组，如图 3-15 所示。

图 3-15 图形对象转换为实时上色组

这时选择【实时上色工具】，并且确定工具箱中【填色】颜色值，即可在其中任意一个区域内单击，发现颜色的填充是根据路径的交叉来进行的，如图 3-16 所示。

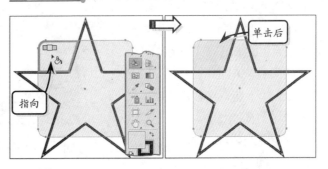

指向

单击后

图 3-16 使用【实时上色工具】进行填充

注　意

而对于某些对象，比如文本、位图、画笔和符号等，不能直接创建实时上色组，需要对其进行相应的编辑才能实现。比如文本需要执行【文字】|【创建轮廓】命令，将选中的文本转换为路径；画笔则是执行【对象】|【扩展外观】命令，将画笔效果转换为路径；符号则是选择【断开符号链接】命令，将符号转换为路径。

2. 为边缘上色

当图形对象转换为实时上色组后，使用【实时上色工具】并不能为图形对象的边缘设置描边颜色。这时选择【实时上色选择工具】，单击实时上色组中的某段路径将其选中，即可在【控制】面板中，设置描边的【颜色】与【描边粗细】选项，如图 3-17 所示。

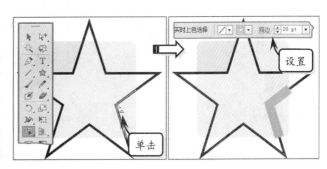

设置

单击

图 3-17 设置边缘颜色

● 3.2.3 在实时上色组中调整路径

当创建实时上色组后，还可以继续调整路径，从而改变其中填充的展示效果。调整路径包括改变路径位置、删除路径以及添加路径。不同的调整方法，使用的工具以及操作方法也不尽相同。

　　要想改变实时上色组中的路径位置，只要选择【直接选择工具】，选中某个锚点或者路径，改变其位置，即可发现其中的填充效果也会随之变化，如图 3-18 所示。

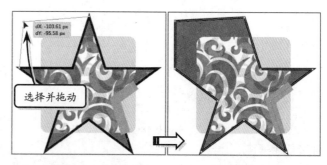

图 3-18　改变锚点位置

　　如果要删除实时上色组中的某段路径，同样选择【直接选择工具】。单击该路径中间的锚点，按 Delete 健即可。同时发现填充效果被合并，如图 3-19 所示。

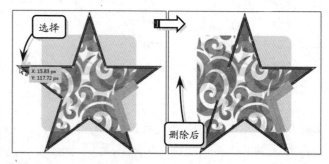

图 3-19　删除路径

　　如果在实时上色组中添加路径，那么就不能直接使用【钢笔工具】在画板中建立，而是要进入实时上色组内部。方法是，选择【选择工具】，双击实时上色组进入其内部。然后使用【钢笔工具】直接建立路径，即可发现边缘效果发生了变化，如图 3-20 所示。

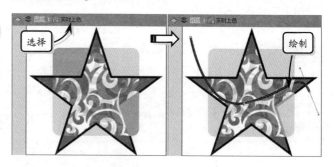

图 3-20　添加路径

　　这时，连续单击【后移一级】按钮两次返回画板，就可以使用【实时上色工具】，在不同的区域中进行不同效果的填充，如图 3-21 所示。

提　示

虽然直接在画板中建立路径无法添加至实时上色组中，但是可以将两者合并使其添加至实时上色组内部。方法是，选择新绘制的路径和实时上色组，执行【对象】|【实时上色】|【合并】命令，或者单击【控制】面板中的【合并实时上色】按钮 合并实时上色 即可。

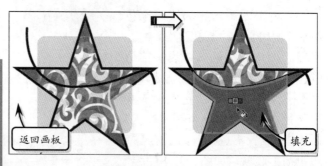

图 3-21　填充不同区域

3.2.4　编辑实时上色组

　　建立实时上色组后，每条路径都会保持完全可编辑状态，并且可以继续对填充属性

进行调整。而除了通过调整路径来改变实时上色组中的效果外，还可以通过其他的方式
编辑实时上色组，比如释放、扩展、合并等。

1. 释放和扩展实时上色

　　【释放】和【扩展】命令可将
实时上色组转换为普通路径。选择
实时上色组后执行【对象】|【实
时上色】|【释放】命令，可转换
为对象的原始形状，所有内部填充
被取消，只保留轮廓宽度为 1 像素
的黑色描边，如图 3-22 所示。

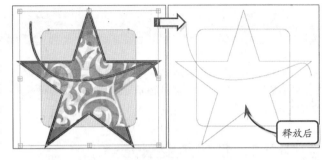

图 3-22　释放实时上色组

　　当执行【对象】|
【实时上色】|【扩展】
命令后，可将每个实
时上色组的表面和轮
廓转换为独立的图
形，并划分为两个编
组对象，所有表面为
一个编组，所有轮廓
为一个编组。解散编
组后即可查看各个单
独的对象，如图 3-23
所示效果。

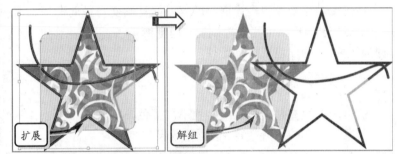

图 3-23　扩展实时上色组

2. 封闭实时上色组中的间隙

　　间隙是路径之间的小空间。可以创建一条新路径或编辑现有路径来封闭间隙，也可
以在实时上色组中调整间隙选项。

　　单击【控制】面板中的【间隙选项】按钮▤，通过【间隙选项】对话框，可以检测
并封闭间隙。【间隙选项】对话框中各选项的作用如下。

- ❑ **间隙检测**　选择此选项时，Illustrator 将识别实时上色路径中的间隙，并防止颜料
  通过这些间隙渗漏到外部。在处理较大且非常复杂的实时上色组时，这可能会使
  Illustrator 的运行速度变慢。在这种情况下，可以选择【用路径封闭间隙】选项，
  帮助加快 Illustrator 的运行速度。
- ❑ **上色停止在**　设置颜色不能渗入的间隙的大小。
- ❑ **自定**　指定一个自定的【上色停止在】间隙大小。
- ❑ **间隙预览颜色**　设置在实时上色组中预览间隙的颜色。可以从菜单中选择颜色，
  也可以单击色块来指定自定颜色。
- ❑ **用路径封闭间隙**　将在实时上色组中插入未上色的路径以封闭间隙。由于这些路
  径没有上色，即使已封闭了间隙，也可能会显示仍然存在间隙。
- ❑ **预览**　将当前实时上色组中检测到的间隙显示为彩色线条，所用颜色根据选定的
  预览颜色而定。

通过执行【视图】|【显示实时上色间隙】命令，可以根据当前所选实时上色组中设置的间隙选项，突出显示在该组中发现的间隙。

3.3　渐变填充

无论在工具箱颜色设置下方还是【色板】面板中，均能够默认黑白渐变。只要选中图形对象后进行单击，即可将单色填充变换为渐变填充。而对于较为复杂的渐变效果，则需要通过专业的渐变工具以及相应的面板选项来设置。

3.3.1　创建渐变填充

在渐变填充效果中最为简单的就是线性渐变与径向渐变，这两种不同类型的填充是通过【渐变】面板来创建与控制的，而渐变填充的创建方法同样包括多种途径。

1．创建线性渐变

线性渐变填充是指两种或多种不同颜色，在同一条直线上的逐渐过渡。该颜色效果与单色填充相同，均是在工具箱底部显示默认渐变颜色色块，只要单击工具箱底部的【渐变】图标，即可将单色填充对象转换为线性渐变填充效果，如图 3-24 所示。

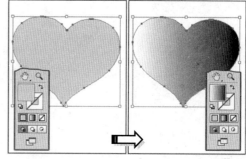
图 3-24　填充渐变效果

2．渐变面板

【色板】面板中的渐变效果只是几种固定的渐变效果，要想得到丰富的渐变样式，则需要认识【渐变】面板。执行【窗口】|【渐变】命令，弹出【渐变】面板，如图 3-25 所示。

【渐变】面板可以精确地指定渐变的起始颜色和终止颜色，还可以调整渐变的方向。该面板中各部件的作用如下。

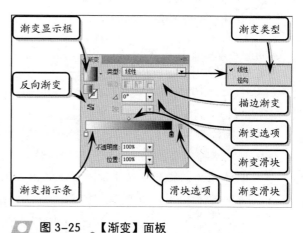
图 3-25　【渐变】面板

- ❑ **渐变显示框**　显示当前的渐变状态，单击可为对象设置填充。
- ❑ **类型**　可选择【线性】或是【径向】选项，以控制渐变类型。
- ❑ **描边渐变**　控制在描边中的渐变效果。
- ❑ **角度**　控制线性渐变的角度，其取值范围在-32768°～+32767°之间。
- ❑ **位置**　精确控制渐变滑块或是偏移滑块的位置。
- ❑ **渐变指示条**　显示当前设置的渐变颜色。

❑ **渐变滑块** *控制渐变的颜色。*

❑ **渐变滑块** *控制两个渐变色之间的混合效果。*

3．创建径向渐变

径向渐变填充从起始颜色以类似于圆的形式向外辐射，逐渐过渡到终止颜色，而不受角度的约束。径向渐变同样可以改变它的起始颜色和终止颜色，以及渐变填充中心点的位置，从而生成不同的渐变填充效果。

径向渐变可以在线性渐变的基础上创建，方法是创建线性渐变后，在【渐变】面板的【类型】下拉列表中选择"径向"选项即可，如图3-26所示。

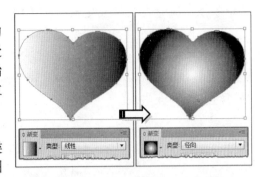

图 3-26　线性渐变转换为径向渐变

如果是从单色填充创建径向渐变，那么选中单色图形对象后，在【色标】面板中单击【径向渐变】色块，即可得到径向渐变填充效果，如图3-27所示。

4．创建描边渐变

在 Illustrator CS6 的渐变填充中，还增加了描边渐变。描边的渐变填充与区域的渐变填充创建方法完全相同，并且同样能够创建线性渐变与径向渐变。但是与区域渐变填充不同的

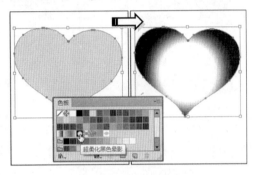

图 3-27　单色转换为径向渐变

是，【渐变】面板中针对描边渐变添加了三个描边选项，但是不同的描边选项，同一个渐变类型能够得到渐变效果。如图3-28所示分别为线性渐变的不同描边渐变效果。

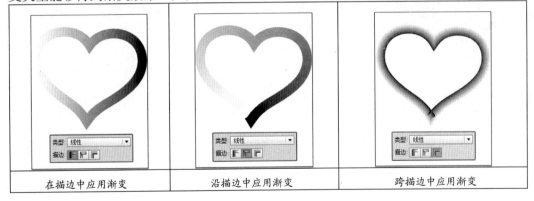

| 在描边中应用渐变 | 沿描边中应用渐变 | 跨描边中应用渐变 |

图 3-28　描边渐变效果

3.3.2　改变渐变颜色

无论是线性渐变还是径向渐变，在默认情况下创建的均为黑白渐变效果。而渐变颜

色的设置主要是通过【渐变】面板与【颜色】面板相结合而完成的。其中渐变颜色除了能够设置色相和显示位置外，还可以设置其不透明度效果。

以线性渐变为例，改变渐变效果中的颜色。当创建黑白渐变并将其选中后，在【渐变】面板中单击某个【渐变滑块】后，拖动【颜色】面板中的滑块改变颜色参数值，从而改变渐变效果，如图 3-29 所示。

提 示

当双击【渐变】面板中的渐变滑块时，会弹出一个临时面板。该面板在默认情况下是以【颜色】面板显示，如果单击左侧的【色板】图标，那么该面板会以【色板】面板显示。

在改变颜色参数值的基础上，还可以在【渐变】面板中分别设置颜色的显示位置，以及渐变颜色之间的偏移效果，如图 3-30 所示。

不透明度效果的渐变需要在有背景图像的上方才能够展示其效果，如果在白色背景中，其效果只是提高了颜色的明度。而不透明度效果的渐变颜色，则可以分别在不同的渐变滑块中设置，如图 3-31 所示。

注 意

当为图形对象进行填色后，在【控制】面板中，【不透明度】选项是用来设置图形对象的整体不透明度效果。如果在【渐变】面板中设置单个渐变滑块的【不透明度】选项，那么会针对相对滑块颜色进行【不透明度】选项设置。

在默认情况下，线性渐变颜色是从左至右进行渐变，而【渐变】面板中的【角度】参数则为 0。通过设置该选项的参数值，可以得到 360° 的渐变效果，如图 3-32 所示。

对于多彩色渐变填充效果，是在双色渐变基础上添加【渐变滑块】来完成的。方法是，选中双色渐变图形对象，在【渐变】面板的渐变指示条下方单击添加【渐变滑块】。然后使用上述方法改变颜色参数值，即可得到多色渐变效果，如图 3-33 所示。

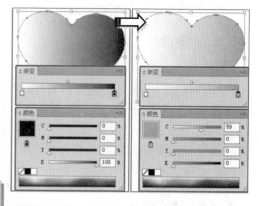

图 3-29　改变渐变颜色

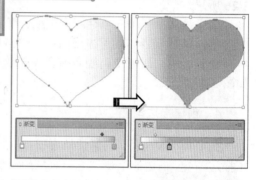

图 3-30　改变渐变颜色位置

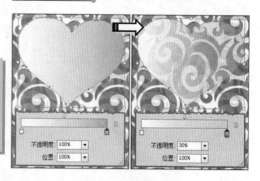

图 3-31　不透明度渐变效果

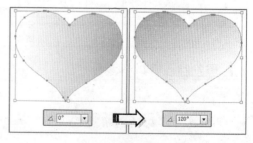

图 3-32　改变渐变角度

径向渐变与线性渐变相比，除了上述选项设置外，还可以设置渐变【长宽比】选项，从而改变径向渐变的显示范围，如图 3-34 所示。

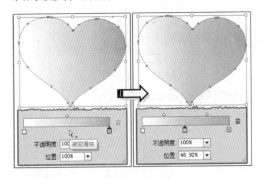

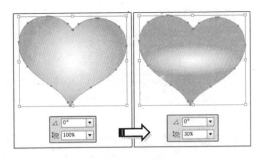

图 3-34　径向渐变的【长宽比】选项

而对于改变【长宽比】选项的径向渐变颜色，【角度】选项的设置更加能够显示径向效果的角度变化，如图 3-35 所示。

提　示

【渐变】面板中的【长宽比】选项，其参数值的范围是 0.5～32767 之间。而当【长宽比】选项为 100 时，【角度】选项无论为任何参数值，均不会有任何效果。

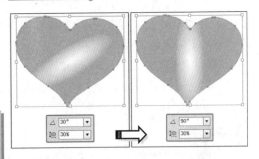

图 3-35　径向渐变的【角度】选项

3.3.3　调整渐变效果

除了使用【渐变】面板对渐变颜色进行编辑外，还可以通过其他方法更改或调整图形对象的渐变属性。特别是使用【渐变工具】能够灵活地改变渐变效果的显示方向、偏移效果以及颜色参数值的设置等。

1. 使用【渐变工具】调整渐变效果

【渐变工具】■可以改变对象的颜色渐变方向，以及各种颜色之间过渡的程度。使用【渐变工具】■在渐变效果对象内任意位置单击，可改变径向渐变的中心位置，如图 3-36 所示。

如果在渐变对象范围之外单击，可使渐变的中心位置颜色和外围渐变颜色挤压混合在一起。需要注意的是，该方法只适用于径向渐变，如图 3-37 所示。

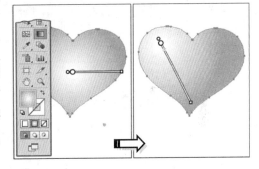

图 3-36　改变径向渐变的中心位置

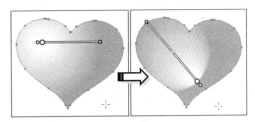

图 3-37　拖拉径向渐变

使用【渐变工具】▣在渐变对象上单击并拖动鼠标,可改变渐变色的方向、范围等属性,拖动的方向、位置、长短则决定了最终渐变的效果,如图3-38所示。

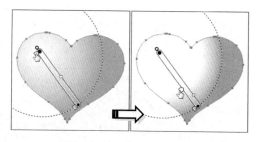

如果选中多个渐变对象,使用【渐变工具】▣可同时在选中的图形对象中填充一个渐变效果。而在更改渐变填充颜色的方向时,拖动鼠标的同时按下 Shift 键,可约束选定的对象以固定的 45°为比例应用渐变填充,如图3-39所示。

2. 使用【吸管工具】调整渐变效果

【吸管工具】✐可以为对象吸取视图中已有的渐变颜色,并添加到其他图形对象中。方法是,选中单色填充对象,使用【吸管工具】✐在其他渐变对象上单击即可,如图3-40所示。

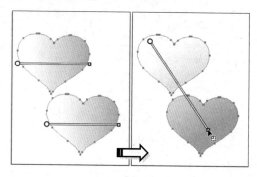

图 3-39 在多个对象中使用同一个渐变颜色

> **技 巧**
>
> 当选中渐变颜色的图形对象时,工具箱中的【填色】色块为渐变颜色。这时如果按住 Alt 键,使用【吸管工具】✐单击画板中未选中的图形对象,那么可以将选中对象的渐变效果添加到其他未被选中的对象中。而【吸管工具】✐同样应用于单色填充。

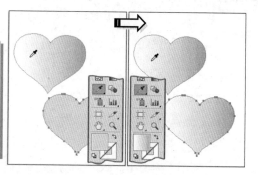

图 3-40 填充相同渐变颜色

3.3.4 网格渐变填充

网格渐变填充是为对象添加的一种填充方式,它使用【网格工具】▦来为对象创建特殊的渐变填充效果,它能够从一种颜色平滑地过渡到另一种颜色,使对象产生多种颜色混合的效果,如图3-41所示效果。

1. 为对象添加网格渐变效果

使用工具箱中的【网格工具】▦,或执行【对象】|【创建渐变网格】命令都可以创建网格填充对象。当使用【网格工具】▦直接在对象上单击,可创建出网格,如图3-42所示。

保持添加的网格点为选中状态,在【颜色】

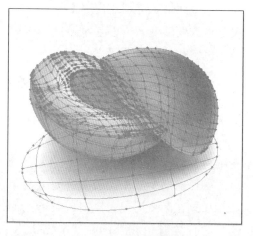

图 3-41 网格渐变填充效果

Illustrator CS6 中文版标准教程

面板中设置颜色，即可实现渐变效果，如图 3-43 所示。

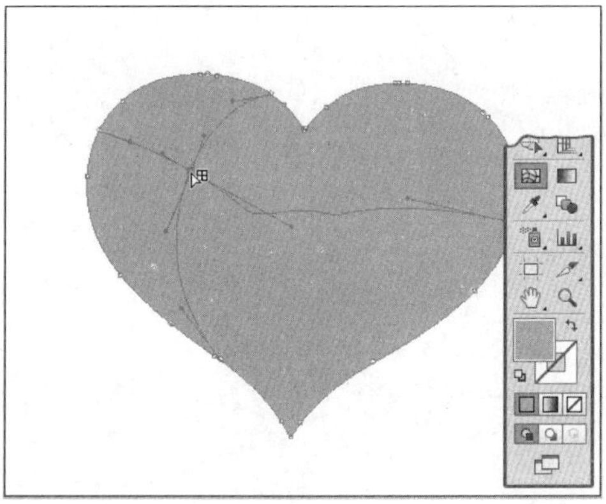

图 3-42 添加网格点

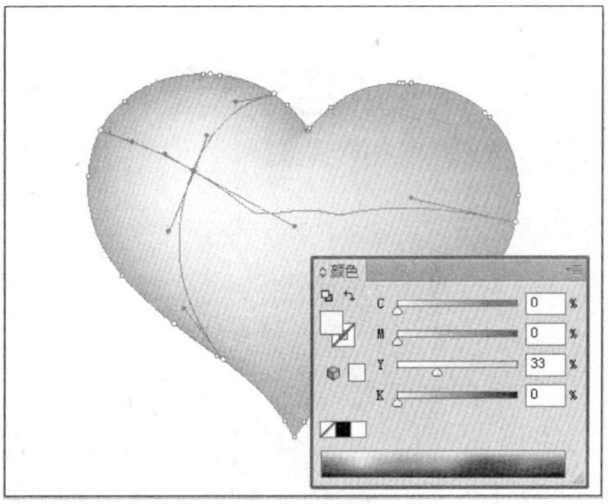

图 3-43 改变网格点颜色

继续使用【网格工具】在图形对象中单击，可将带有颜色属性的网格快速添加到对象中。然后继续使用【颜色】面板改变网格点中的颜色，如图 3-44 所示。

当执行【对象】|【创建渐变网格】命令，通过【创建渐变网格】对话框，可以控制网格的数量、渐变的方式等内容，各选项解释如下所示。

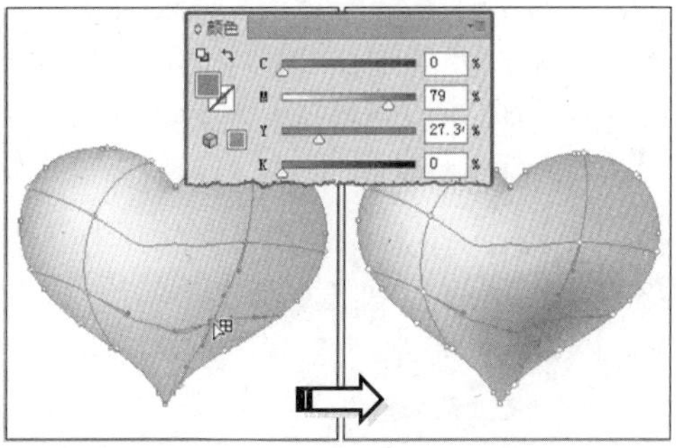

图 3-44 继续添加网格点

- **行数** 用来控制水平方向网格线的数量。
- **列数** 用来控制垂直方向网格线的数量。
- **外观** 包括【平淡色】、【至中心】、【至边缘】子选项，用来控制网格渐变的方式。
- **高光** 用于控制高光区所占选定对象的比例，它可设置的参数值在0%~100%之间，当参数值越大时，高光区所占对象的比例就越大。

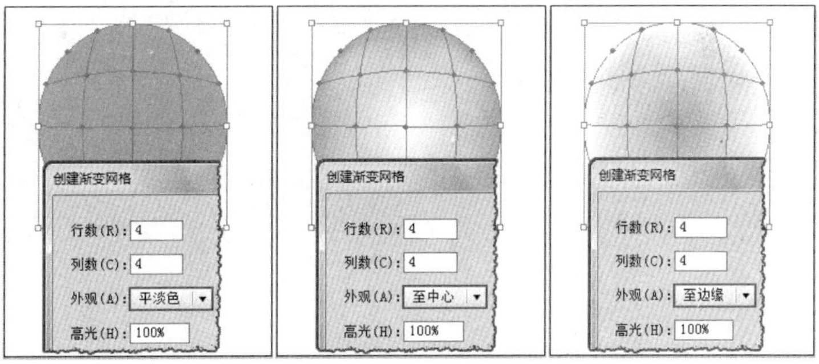

图 3-45 使用命令创建网格渐变

不同的选项设置可以产生不同的渐变网格效果。该对话框与【网格工具】相比，可创建出渐变位置较为精确的渐变网格。而使用【创建渐变网格】命令为对象添加渐变网格填充后，不能再使用该命令对渐变效果进行调整，如图 3-45 所示。

除了配合 Shift 键选中多个网格点以调整其颜色以外，还可以直接使用【直接选择】

单击选中一个或多个网格面片，然后通过【填色】按钮、【吸管工具】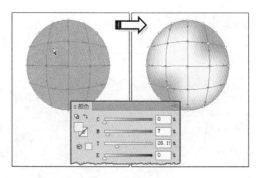、【颜色】或者【色板】面板调整颜色，如图 3-46 所示。

2．编辑网格渐变填充

当创建了一个网格渐变填充对象后，还可以通过调整对象中网格或网格线来进一步编辑该对象，以使其颜色过渡更为自然。

❏ 增加网格线

无论该网格渐变对象是使用【网格工具】国还是【创建网格渐变】命令创建的，均可以使用【网格工具】国在网格渐变对象上增加网格线。在网格面片的空白处单击，可增加纵向和横向两条网格线；在网格线上单击，可增加一条相应的网格线，如图 3-47 所示。

图 3-46 改变网格面片颜色

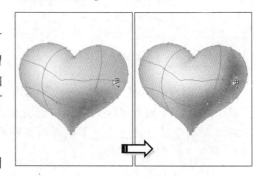

图 3-47 添加网格点

❏ 删除网格线

当按住 Alt 键，使用【网格工具】国在网格点或网格线上单击，可删除相应的网格线，如图 3-48 所示。

❏ 移动网格

使用【网格工具】国或【直接选择工具】国单击并拖动网格面片，可移动其位置；使用【直接选择工具】国拖动网格单元，可调整区域位置。同时，按下 Shift 键，使用【直接选择工具】国选中多个网格点并拖动鼠标，可同时移动选中的网格点，如图 3-49 所示。

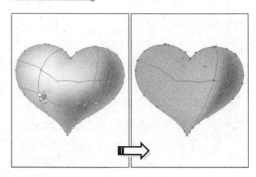

图 3-48 删除网格点

❏ 调整网格线

使用【直接选择工具】国选中网格点后，可拖动四周的调节杆，调整控制线的形状，以影响渐变色，如图 3-50 所示。

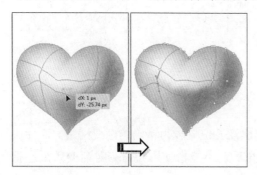

图 3-49 移动网格

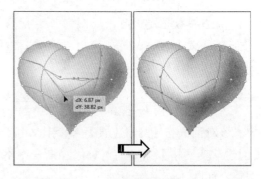

图 3-50 改变网格线弧度

3.4 图案填充

图形对象的填充除了单色与渐变效果外，还包括图案效果。Illustrator 附带提供了很多图案，可以在【色板】面板找到预设图案，也可以自定现有图案以及使用任何 Illustrator 工具从头开始设计图案。并且 Illustrator CS6 还添加了【图案选项】面板，根据该面板中的选项能够制作出无缝拼贴。

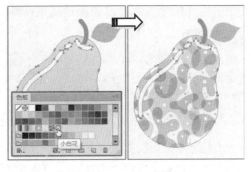

图 3-51　填充图案

3.4.1　填充预设图案

在单色或者渐变填充过程中，发现【色板】面板中除了上述两种填充效果外，还包括个别图案选项。图案填充的方式与渐变填充方式相同，均是选中图形对象后，单击【色板】面板中的图案色块，即可将该图案填充至选中图形对象中，如图 3-51 所示。

单击【色板】面板底部的【"色板库"菜单】按钮，在弹出的关联菜单的【图案】命令中，包括【自然图形】、【自然】和【装饰】子命令，并且在相应的子命令中还包括不同的分类。选择不同的分类命令，

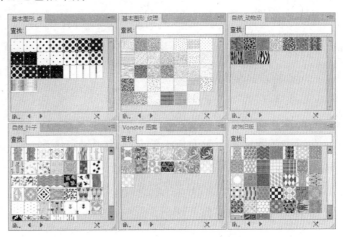

图 3-52　预设图案面板显示

均能够得到相应的面板，从而通过单击进行图形对象填充。如图 3-52 所示，为图案类型的部分面板显示。

如果直接将预设图案从面板中拖至图形对象中，或者选中图形对象后，单击面板中的图案色块，那么该图形对象就会被该图案填充。同时，【色板】面板中添加被填充的图案，如图 3-53 所示。

3.4.2　创建图案色板

虽然在预设图案面板中包含多种不同主题的图案，但是未必符合绘图效果，这时就可以自定义图案。自定义图案包括两种方式，一种是从外部打开现有的图形对象，将其选中后，执行【对象】|【建立】命令，即可弹

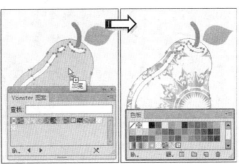

图 3-53　填充预设图案

出【图案选项】面板，并且新建图案内部，如图 3-54
所示。

在【图案选项】面板中，设置【名称】选项后，
单击【完成】按钮即可在【色板】面板添加图案，
如图 3-55 所示。此时，画板返回正常画面。

提 示

自定义图案的另外一种方式，是通过绘制图形对象进行图
案定义。方法是，使用绘制工具绘制想要的图形对象，选
中图形对象后直接拖入【色板】面板中，即可在【色板】
面板中添加图案。

无论是预设图案还是自定义图案，在填充过程
中，均是从标尺原点（默认情况下，在画板的左上
角）开始，由左向右拼贴到图稿的另一侧。要调整
图稿中所有图案开始拼贴的位置，可以更改文件的
标尺原点，如图 3-56 所示。

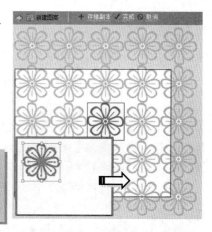

图 3-54　自定义现有图形为图案

● 3.4.3　修改图案

新版本中的图案填充不仅能够创建与填充，还
能够通过【图案选项】面板中的各个选项进行图案
效果设置，比如拼贴类型、图案显示范围、图案显
示方式等。而在没有原图形的情况下，还能够将现
有图案通过编辑变换为新图案。

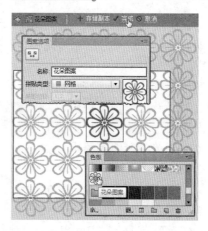

图 3-55　在【色板】面板添加图案

图 3-56　图案填充位置变化

1.【图案选项】面板

当建立图案时，Illustrator 就会自动弹出【图案选项】面板，如图 3-57 所示。而对于

预设图案,则可以通过双击【色板】面板中的图案图标,打开该面板。

该面板中的所有选项并不是能够同时设置的,而是通过不同的拼贴类型显示相应的设置选项。这些选项以及相应的作用如下。

❑ **名称** 该选项用来设置图案的名称。

❑ **拼贴类型** 选择该选项下拉列表中的不同子选项,显示相应的拼贴效果,如图 3-58 所示。

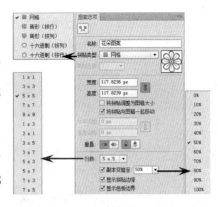

图 3-57 【图案选项】面板

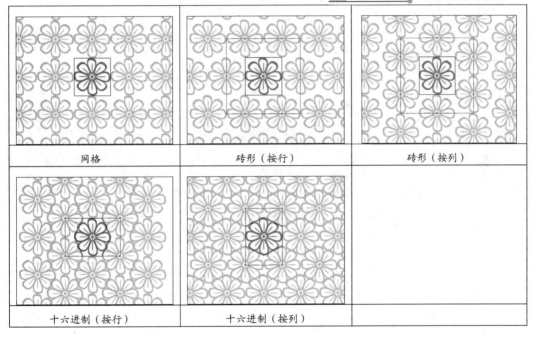

网格

砖形(按行)

砖形(按列)

十六进制(按行)

十六进制(按列)

图 3-58 拼贴类型

❑ **砖形位移** 当选择砖形拼贴的类型后,该选项被启用。在该选项下拉列表中可以选择不同的位移参数:1/4、1/3、1/2、2/3、3/4、1/5、2/5、3/5、4/5。如图 3-59 所示为部分位移效果。

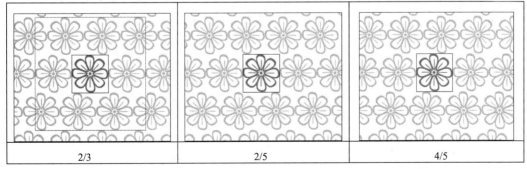

2/3

2/5

4/5

图 3-59 不同砖形位移效果

❑ **宽度与高度** 默认情况下，该选项参数值为图案图形的尺寸。通过设置该选项参数值，能够控制拼贴效果中的图案显示范围，如图 3-60 所示。

图 3-60 不同显示范围

❑ **将拼贴调整为图稿大小** 若启用该选项，则【宽度】与【高度】选项被禁用，而【水平间距】与【垂直间距】选项被启用。

❑ **将拼贴与图稿一起移动** 若启用该选项，拼贴效果与图稿同时移动。

❑ **水平间距与垂直间距** 该选项用来设置图案之间的相隔距离，如图 3-61 所示。单击选项后方的【保持间距比例】按钮，能够设置相同的间距效果。

图 3-61 不同间距效果

❑ **重叠** 当设置的拼贴图案相重叠时，可以通过单击不同的功能按钮来实现相应的重叠效果，如图 3-62 所示。当然四种重叠方式可以任意组合。

图 3-62 不同的重叠效果

❑ **份数** 该选项用来设置重复数量。在下拉列表中能够选择不同选项设置，从而得到不同重复效果显示。而在该选项下方还包括辅助【份数】选项的子选项，启用或禁用会影响拼贴显示效果，如图 3-63 所示。

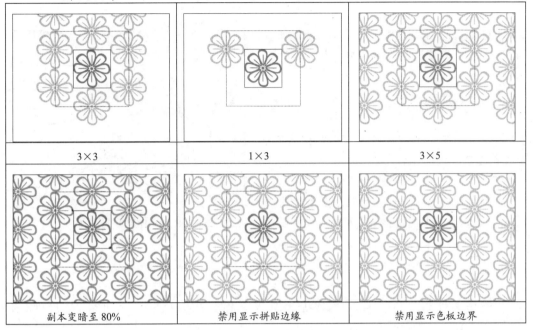

3×3	1×3	3×5
副本变暗至 80%	禁用显示拼贴边缘	禁用显示色板边界

图 3-63　不同显示效果

2. 变换新图案

对于没有保留原图形对象的自定义图案，或者是没有原图形的预设图案，可以通过编辑图案得到新的图案效果。

方法是，当确保画板没有选中任何对象时，将【色板】面板中要编辑的图案拖至画板中，如图 3-64 所示。

然后执行【对象】|【取消编组】命令（快捷键 Ctrl+Shift+G），将其解组进行调整。完成后按照自定义图案的方法重新定义图案，如图 3-65 所示。

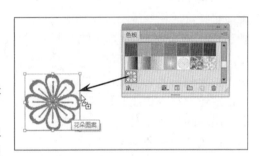

图 3-64　导出图案对象

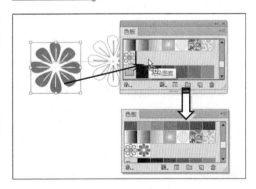

图 3-65　重新定义图案

3.5　图形对象描边

轮廓线不仅能够进行单色与渐变颜色的填充，还能够对其样式进行设置，比如更改轮廓线的宽度、形状，以及设置为虚线轮廓等，而这些操作都可以在【描边】面板中来实现。

3.5.1 描边外观

图形对象的轮廓线效果不仅包括颜色与粗细，还包括轮廓线的拐角形状，虚线轮廓等，而这些操作都可以在【描边】面板中来实现。

【描边】面板的主要功能，就是控制线条是实线还是虚线、控制虚线次序（如果是虚线）、描边粗细、描边对齐方式、斜接限制以及线条连接和线条端点的样式。描边可以应用于整个对象，也可以使用实时上色组，并为对象内的不同边缘应用不同的描边。执行【窗口】|【描边】命令，弹出【描边】面板，如图 3-66 所示。

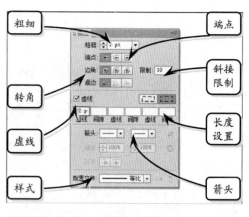

图 3-66 【描边】面板

1. 端点

【描边】面板中的【粗细】选项用来设置轮廓线的宽度，它可设置的范围为 0.25~1000pt；【斜接限制】选项则可设置斜角的长度，它将决定轮廓线沿路径改变方向时伸展的长度，其取值范围为 1～500 磅。而【端点】选项是用来指定轮廓线各线段的首端和尾端的形状，它有平端点、圆端点和方端点三种不同的顶角样式，其中平端点是系统默认状态，如图 3-67 所示。

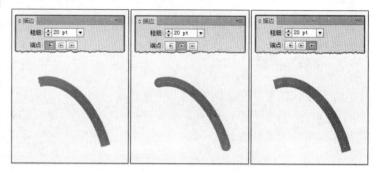

图 3-67 端点效果

2. 转角

对于封闭式线条图形或者具有拐角的线条图形，【转角】选项是用来指定一段轮廓线的拐点，也就是轮廓线的拐角形状，它也有三种不同的拐角连接形式，依次为尖角连接、弧度连接和倾斜连接，如图 3-68 所示。

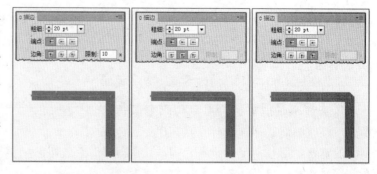

图 3-68 转角效果

3．虚线

默认情况下，图形对象的轮廓线为实线。当启用【描边】面板中的【虚线】选项后，通过其下方的【虚线】和【间隔】文本框设置，可以控制虚线的线长、间隔长度。其中，文本框中的数值可以任意设置，如图3-69所示。

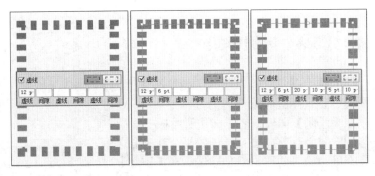

图 3-69 虚线效果

当启用【虚线】选项后，其右侧的两个功能按钮同时被启用。在默认情况下，右侧按钮被按下，使虚线与边角和路径终端对齐，并调整到适合长度；当按下左侧按钮时，保留虚线和间隙的精确长度，如图3-70所示。

4．箭头

在 Illustrator CS6 中，【描边】面板中新增加了【箭头】选项。该选项能够为描边添加不同的箭头效果，并且通过设置不同的子选项来编辑箭头效果。

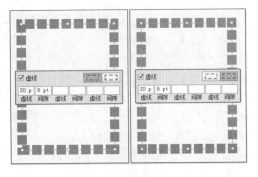

图 3-70 对齐方式

当选中图形对象后，在【描边】面板中单击左侧的下拉列表，选择一个箭头选项，为图形对象添加路径起点箭头效果。而相对应的下方可以设置该箭头的缩放数值，其中参数范围为1～1000，如图3-71所示。

当为描边设置箭头效果后，不仅能够对该箭头进行放大与缩小的设置，还可以设置箭头在描边中的对齐方式。在默认情况下，箭头的对齐方式为放置于路径终点处。当选中图形对象后，单击【描边】面板的【箭头】选项组中的【将箭头提示扩展到路径终点外】按钮，即可改变箭头在描边中的展示效果，如图3-72所示。

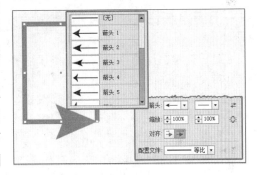

图 3-71 箭头效果

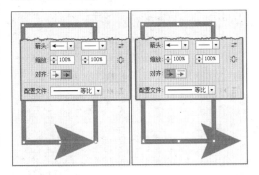

图 3-72 箭头对齐方式

提 示

在【描边】面板中，箭头的效果不仅能够在图形对象路径的起点位置添加，还能够在图形对象路径的终点位置添加，并且设置相同的选项。

3.5.2 描边样式

当选中图形对象时，除了能够在【描边】面板中设置图形对象描边的基本外观外，还可以在【控制】面板或者【描边】面板中设置描边的样式。改变描边的样式效果，首先要选中具有描边效果的图形对象。然后在【控制】面板或者【描边】面板中显示默认描边的样式效果，如图 3-73 所示。

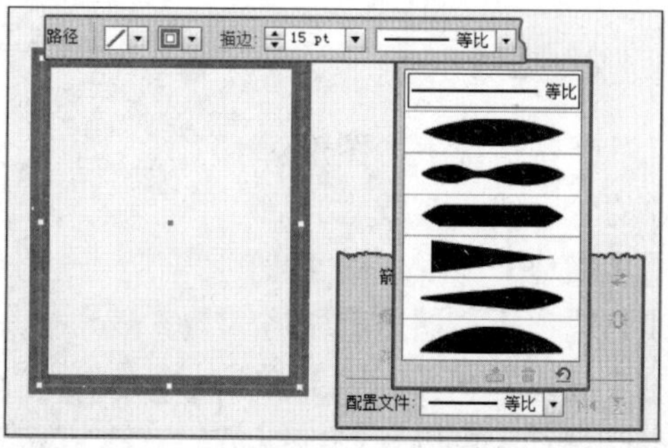

选中图形对象，并在【描边】面板中单击【配置文件】下拉按钮，选择其中的某个样式选项，即可改变图形对象的描边样式效果，如图 3-74 所示。

而在选择描边样式的同时，在列表右侧的【纵向翻转】按钮或者是【横向翻转】按钮被启用。当单击不同的按钮后，图形对象中的描边效果会被相应地翻转，从而改变描边样式效果，如图 3-75 所示。

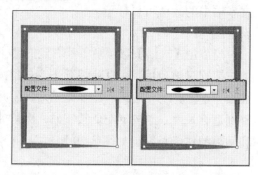

图 3-73　描边样式

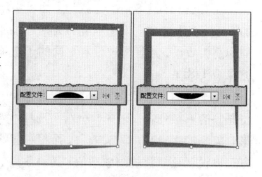

图 3-74　改变描边样式

3.5.3 改变描边宽度

对于矢量图形的描边效果，不仅能够通过【描边】面板来设置，还能够通过【宽度工具】进行手动调节。当绘制矢量图形对象，并且设置描边基本属性后，选择工具箱中的【宽度工具】。在矢量对象边缘的任何一处单击并拖动，即可改变描边宽度，如图 3-76 所示。

在默认情况下，使用【宽度工具】改变的是矢量对象描边两侧的宽度，要想单独改变描边一侧的宽度，那么在选择该工具后，按住 Alt 键单击并且拖动矢量对象描边的一侧，即可改变所指向的描边边缘宽度，如图 3-77 所示。

图 3-75　横向翻转效果

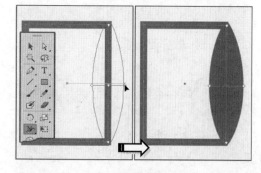

图 3-76　改变描边宽度

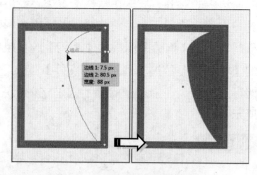

图 3-77　改变描边一侧宽度

3.6 画笔应用

在 Illustrator 中可以创建出画笔效果，画笔可使路径的外观具有不同的风格，用户可以将画笔描边应用于现有的路径，也可以使用【画笔工具】 ✐ 在绘制路径的同时应用画笔描边。

3.6.1 画笔工具

在 Illustrator 中可以创建出画笔效果，画笔可使路径的外观具有不同的风格，用户可以将画笔描边应用于现有的路径，也可以直接绘制出画笔效果。这里的工具主要包括【画笔工具】 ✐ 和【斑点画笔工具】 ✐ 。

选择【画笔工具】 ✐ ，在画板中，可以自由地绘制出带手绘风格的路径效果，如图 3-78 所示。

【斑点画笔工具】 ✐ 虽然也可以像【画笔工具】 ✐ 一样，任意在画板中绘制，但是后者得到的是路径线条，而前者得到的是填充效果，如图 3-79 所示。其中，【斑点画笔工具】 ✐ 使用与书法画笔相同的默认画笔选项。

当画板中存在同时具有描边与填充效果的图形对象时，使用【斑点画笔工具】 ✐ 绘制图形，得到的仅是具有填充效果的图形，如图 3-80 所示。

当画板中存在只有填充而没有描边效果的图形对象时，选择【斑点画笔工具】 ✐ 后，使用相同颜色绘制图形。这样不仅能够得到具有填充效果的图形，当两者重叠时，还能够合并为一个图形对象，如图 3-81 所示。

> **提 示**
>
> 【斑点画笔工具】 ✐ 可以与具有复杂外观的图形对象进行合并，条件是，图形对象没有描边并且斑点画笔设置为在绘制时使用完全相同的填充和外观设置。

3.6.2 画笔面板

所有的画笔效果都是通过【画笔工具】 ✐ 和【画笔】面板设置实现的。使用【画笔工具】 ✐ 可以创建

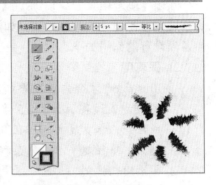

图 3-78 使用画笔

图 3-79 不同画笔效果

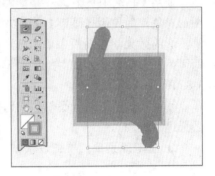

图 3-80 填充效果

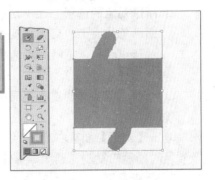

图 3-81 合并其他图形

出带有不同轮廓填充风格的路径效果，而使用【画笔】
面板可以对这些路径进行编辑和管理。

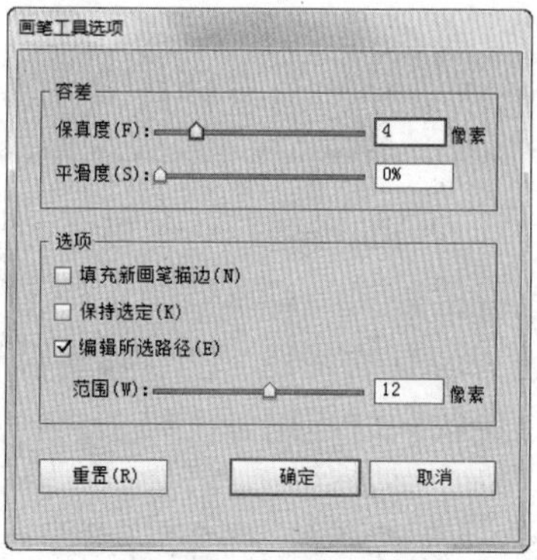

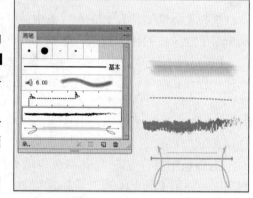

　　双击【画笔工具】 ∕，通过【画笔工具首选项】对
话框可以控制画笔的绘制效果，如图 3-82 所示。对话框
中各项设置的作用如下。

❑ **保真度**　控制必须将鼠标或光笔移动多大距离，
Illustrator 才会向路径添加新锚点。例如，保真
度值为 2.5，表示小于 2.5 像素的工具移动将不生
成锚点。保真度的范围在 0.520 像素之间，其值
越大，路径越平滑，复杂程度越小。

图 3-82　【画笔工具选项】
对话框

❑ **平滑度**　控制工具的平滑量，平滑范围从 0%~
100%；百分比越高，路径越平滑。

❑ **填充新画笔描边**　将填色应用于路径，该选项在绘制封闭路径时最有用。

❑ **保持选定**　确定绘制出一条路径后，Illustrator 是否将该路径保持选定。

❑ **编辑所选路径**　确定是否可以使用【画
笔工具】改变一条现有路径。

❑ **范围**　控制鼠标或光笔与现有路径相
距多大距离之内，才能使用【画笔工具】
来编辑路径。此选项仅在选择了了【编辑
所选路径】选项时可用。

　　使用【画笔工具】 ∕只是能够绘制出线条
图形对象，而使用【画笔】面板才可以改变画
笔描边的效果。在面板中单击一种样本选项，
即可为选中的路径添加对应的画笔效果，如图
3-83 所示。

图 3-83　画笔样式

　　使用【画笔】面板底部的按钮可以对画笔
效果进行管理。

❑ **画笔库菜单**　单击该按钮，选择相应的菜单命令，可以将画笔库中更多的画笔效
果载入。

❑ **移去画笔描边**　将路径的画笔描边效果去除，恢复路径原先的颜色和轮廓宽度。

❑ **所选对象的选项**　选中绘制的画笔，单击该按钮，通过打开对应的对话框，可控
制画笔的大小、变化角度等选项。该对话框与【书法/图案/艺术/散点画笔选项】
对话框相似，不同画笔选项的设置内容，将在"使用画笔创建不同的绘制对象"小
节中详述。

❑ **新建画笔**　可创建出不同类型的新画笔，具体的操作内容，将在"管理画笔"小节
中详述。

　　单击【画笔】面板右上端的三角按钮，通过面板菜单可以控制面板的显示状态，以
及实现对画笔的复制、删除等操作。

❑ **新建画笔**　新建画笔样本，与【新建画笔】按钮功能相同。

- ❏ **复制画笔**　复制面板中的画笔。
- ❏ **删除画笔**　删除面板中的画笔。
- ❏ **移去画笔描边**　去除已添加的画笔描边。
- ❏ **选择所有未使用的画笔**　可选中面板中未使用过的画笔样本。
- ❏ **显示书法画笔**　只显示书法画笔。
- ❏ **显示散点画笔**　只显示散点画笔。
- ❏ **显示图案画笔**　只显示图案画笔。
- ❏ **显示艺术画笔**　只显示艺术画笔。
- ❏ **缩览图视图**　以缩览图的形式查看面板。
- ❏ **列表视图**　以列表的形式查看面板。
- ❏ **所选对象的选项**　打开所选画笔的设置对话框，控制画笔效果。
- ❏ **画笔选项**　控制当前所选类型的画笔效果。
- ❏ **打开画笔库**　可选择众多的画笔预设。
- ❏ **存储画笔库**　将当前的画笔库存储，以便下次调用。

3.6.3　画笔类型

Illustrator 中包含有 5 种画笔类型：书法画笔、散布画笔、艺术画笔、图案画笔和毛刷画笔，针对每一种画笔类型都可以进行细致的控制。

1．书法画笔

创建的描边类似于书法效果，当使用书法画笔创建路径时，能以指定的画笔工具或其他绘图工具创建出类似线条的形状。默认情况下，在【画笔】面板中包括六种书法画笔样本，使用这些样本可以创建出不同效果的画笔，如图 3-84 所示。

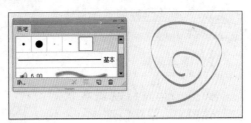

图 3-84　书法画笔

在面板中双击任意书法画笔，弹出【书法画笔选项】对话框。在该对话框中能够对画笔样本的角度、直径和圆度进行编辑，如图 3-85 所示。

其中，【书法画笔选项】对话框中的各个选项以及作用如下。

- ❏ **名称**　定义画笔的名称。
- ❏ **角度**　决定画笔旋转的角度。可拖移预览区中的箭头，控制角度变化。
- ❏ **圆度**　决定画笔的圆度。将预览中的黑点朝向或背离中心方向拖移，【圆度】参数值越大，圆度就越大。

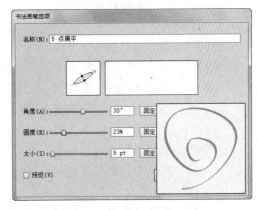

图 3-85　【书法画笔选项】对话框

❑ **大小** 决定画笔的直径。

可通过每个选项的弹出列表来控制画笔形状的变化，各选项的作用如下。

❑ **固定** 创建具有固定角度、圆度或直径的画笔。

❑ **随机** 创建角度、圆度或直径含有随机变量的画笔。在【变量】文本框中输入一个值，来指定画笔特征的变化范围。

❑ **压力** 当有绘图板时，才能使用该选项。根据绘图光笔的压力，创建不同角度、圆度或直径的画笔。此选项与【直径】选项一起使用时非常有用。控制【变量】参数变化，可指定画笔特性将在原始值的基础上有多大变化。

❑ **光笔轮** 当具有可以检测钢笔倾斜方向的绘图板时，才能使用。根据光笔轮的操纵情况，创建具有不同直径的画笔。

❑ **倾斜** 当具有可以检测钢笔倾斜方向的绘图板时，才能使用。根据绘图光笔的倾斜角度，创建不同角度、圆度或直径的画笔。此选项与【圆度】一起使用时非常有用。

❑ **方位** 当具有可以检测钢笔垂直程度的图形输入板时，才能使用。根据绘图光笔的压力，创建不同角度、圆度或直径的画笔。此选项对于控制书法画笔的角度（特别是在使用像笔刷一样的画笔时）非常有用。

❑ **旋转** 当具有可以检测这种旋转类型的图形输入板时，才能使用。根据绘图光笔尖的旋转角度，创建不同角度、圆度或直径的画笔。此选项对于控制书法画笔的角度（特别是在使用像平头画笔一样的画笔时）非常有用。

2. 图案画笔

图案画笔是绘制图案状画笔，该图案由沿路径重复的各个拼贴组成。双击任意图案画笔，弹出【图案画笔选项】对话框，如图 3-86 所示。

其中，【图案画笔选项】对话框中的各个选项以及作用如下。

❑ **设置图案样式** 在对话框的左上端共有五个窗口，从左到右依次显示图

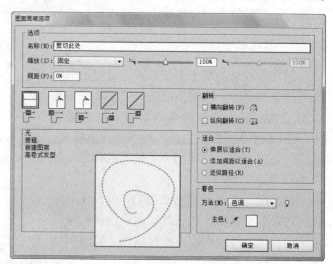

图 3-86 【图案画笔选项】对话框

案画笔样本的边线、外角、内角、开始和末端图案。可将不同的图案应用于线条的不同部分。对于要定义的拼贴，单击拼贴按钮，并从滚动列表中选择一个图案色板。重复此操作，以根据需要把图案色板应用于其他拼贴。如果用户需要恢复原来的样本图案，选择【原稿】；若选择【无】选项，选择的图案窗口将不显示任何图案。

❑ **缩放** 用来指定路径中图案样本各部分的缩放比例，它可设置的参数值为

1%~10000%。

- □ **间距** 此选项用来控制图案样本中各部分之间的距离。
- □ **横向翻转或纵向翻转** 改变图案相对于线条的方向。
- □ **适合** 决定图案适合线条的方式。使用【拉伸以适合】可延长或缩短图案，以适合对象。该选项会生成不均匀的拼贴。【添加间距以适合】会在每个图案拼贴之间添加空白，将图案按比例应用于路径。【近似路径】会在不改变拼贴的情况下使拼贴适合于最近似的路径。该选项所应用的图案，会向路径内侧或外侧移动，以保持均匀的拼贴，而不是将中心落在路径上。

提 示

在设置图案画笔选项之前，必须将要使用的图案拼贴添加到【色板】面板中。创建图案画笔后，如果不打算在其他图稿中使用图案拼贴，则可以将其从面板中删除。

3．艺术画笔

艺术画笔是沿路径长度均匀拉伸画笔形状（如粗炭笔）或对象形状。双击任意艺术画笔样本，弹出【艺术画笔选项】对话框，如图3-87所示。其中，【艺术画笔选项】对话框中的各个选项以及作用如下。

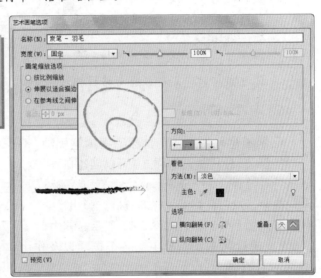

图 3-87 【艺术画笔选项】对话框

- □ **方向** 决定图稿相对于线条的方向。单击箭头以设置方向：向左箭头，将描边端点放在图稿左侧；向右箭头，将描边端点放在图稿右侧；向上箭头，将描边端点放在图稿顶部；向下箭头，将描边端点放在图稿底部。
- □ **宽度** 相对于原宽度调整图稿的宽度。
- □ **比例** 在缩放图稿时保留比例。
- □ **横向翻转或纵向翻转** 改变图稿相对于线条的方向。

4．散布画笔

散布画笔是将设定好的图案沿路径分布。双击任意散布画笔样本，弹出【散布画笔选项】对话框，如图3-88所示。

其中，【散布画笔选项】对话框中的各个选项以及作用如下。部分选项与【书法画笔选项】对话框中作用相同。

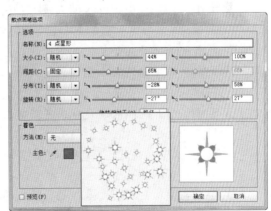

图 3-88 【散布画笔选项】对话框

- ❑ **大小**　该选项用来控制对象大小，如图 3-89 所示。

- ❑ **间距**　用来控制对象间的间距。

- ❑ **分布**　用来控制路径两侧对象与路径之间的接近程度。数值越大，对象距路径越远，如图 3-90 所示。

- ❑ **旋转**　用来控制对象的旋转角度。

- ❑ **旋转相对于**　设置散布对象相对页面或路径的旋转角度。选择【页面】选项，当 0°旋转时，则对象将指向页面的顶部。如选择【路径】选项，当选择0°旋转时，则对象将与路径相切。

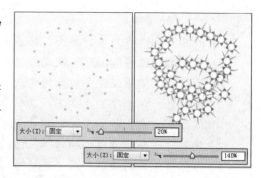

图 3-89　大小选项

5. 毛刷画笔

　　毛刷画笔可创建具有自然毛刷画笔所画外观的描边。使用该画笔样式，可以创建自然、流畅的画笔描边，模拟使用真实画笔和纸张绘制的效果。双击任意毛刷画笔样式，弹出【毛刷画笔选项】对话框，如图 3-91 所示。其中，【散布画笔选项】对话框中的各个选项以及作用如下。

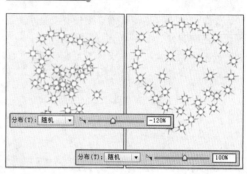

图 3-90　分布选项

- ❑ **名称**　毛刷画笔的名称。画笔名称的最大长度可以为 31 个字符。

- ❑ **形状**　从十个不同画笔模型中选择，这些模型提供了不同的绘制体验和毛刷画笔路径的外观。

- ❑ **大小**　画笔大小指画笔的直径。如同物理介质画笔，毛刷画笔直径从毛刷的笔端(金属裹边处)开始计算。使用滑块或在变量文本字段中输入大小指定画笔大小。范围可以从 1～10 毫米。

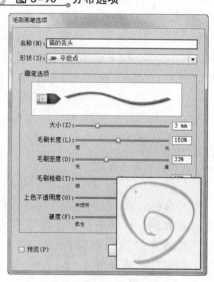

图 3-91　【毛刷画笔选项】对话框

- ❑ **毛刷长度**　毛刷长度是从画笔与笔杆的接触点到毛刷尖的长度。与其他毛刷画笔选项类似，可以通过拖移【毛刷长度】滑块或在文本框中指定具体的值(25%～300%)来指定毛刷的长度。

- ❑ **毛刷密度**　毛刷密度是在毛刷颈部的指定区域中的毛刷数。可以使用与其他毛刷画笔选项相同的方式来设置此属性。范围在 1%～100%之间，并基于画笔大小和画笔长度计算。

- ❑ **毛刷粗细**　毛刷粗细可以从精细到粗糙（ 1%～100%）。如同其他毛刷画笔设置，通过拖移滑块，或在字段中指定厚度值，设置毛刷的厚度。

□ **上色不透明度** 通过此选项，可以设置所使用的画图的不透明度。画图的不透明度可以从 1%（半透明）~100%（不透明）。指定的不透明度值是画笔中使用的最大不透明度。

□ **硬度** 硬度表示毛刷的坚硬度。如果设置较低的毛刷硬度值，毛刷会很轻便。设置一个较高值时，它们会变得坚硬。毛刷硬度范围为 1%~100%。

6. 着色

散布画笔、艺术画笔或图案画笔所绘制的颜色取决于当前的描边颜色和画笔的着色处理方法。各【画笔选项】对话框中着色选项组选项的作用如下。

□ **无** 显示【画笔】面板中画笔的颜色。选择"无"时，可使画笔与【画笔】面板中的颜色保持一致。

□ **淡色** 以浅淡的描边颜色显示画笔描边。图稿的黑色部分会变为描边颜色，不是黑色的部分则会变为浅淡的描边颜色，白色依旧为白色。如果您使用专色作为描边，选择"淡色"则生成专色的浅淡颜色。如果画笔是黑白的，或者您要用专色为画笔描边上色，请选择"淡色"。

□ **淡色和暗色** 以描边颜色的淡色和暗色显示画笔描边。"淡色和暗色"会保留黑色和白色，而黑白之间的所有颜色则会变成描边颜色从黑色到白色的混合。当"淡色与暗色"与专色一起使用时，由于添加了黑色，您可能无法印刷到单一印版。对于灰度画笔，请选择"淡色和暗色"。

□ **色相转换** 使用画笔图稿中的主色，如"主色"框中所示（默认情况下，主色是图稿中最突出的颜色）。画笔图稿中使用主色的每个部分都会变成描边颜色。画笔图稿中的其他颜色，则会变为与描边色相关的颜色。"色相转换"会保留黑色、白色和灰色。为使用多种颜色的画笔选择"色相转换"。若要改变主色，请单击"主色"吸管，将吸管移至对话框中的预览图，然后单击要作为主色使用的颜色。"主色"框中的颜色就会改变。再次单击吸管则可取消选择。

□ **提示** 单击该按钮，用户可以得到一些着色的相关帮助信息。

3.6.4 新建画笔

虽然【画笔】面板中的主题画笔样式多种多样，但是还是可以根据自己的需要来自定义新的书法画笔、散点画笔、艺术画笔或者图案画笔。如果要自定义散点画笔和艺术画笔，则必须先选中或创建一个图形。

方法是，在画板中选择一个可以创建为画笔的图形对象，单击【画笔】面板底部的【新建画笔】按钮，弹出【新建画笔】对话框。启用某个类型画笔选项后，可打开相对应的【书法/图案/艺术/散点画笔选项】对话框。根据前面讲述的对话框设置方法，设置出所需的画笔类型，即可将所选择的图形作为画笔样本添加到【画笔】面板中，如图 3-92 所示。

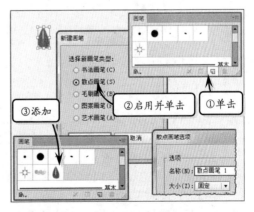

图 3-92　创建新画笔

所选的对象不能包含渐变、混合、其他画笔描边、网格对象、位图图像、图表、置入文件或蒙版。对于艺术画笔和图案画笔，图稿中不能包含文字。若要实现包含文字的画笔描边效果，需要创建文字轮廓，然后使用该轮廓创建画笔。对于图案画笔，最多创建5种图案拼贴，并将拼贴添加到【色板】面板中。

使用鼠标拖动视图中的图形，到【画笔】面板中释放鼠标，可打开【新建画笔】对话框，使用和上面相同的操作，即可实现新画笔的创建。

3.7 课堂练习：绘制心形图案

本实例绘制的是心形图案效果。在该效果中，不仅运用了网格渐变来实现心形的凹凸效果，还运用了网格渐变来制作边缘渐变效果，如图 3-93 所示。该效果在绘制过程中，主要运用了钢笔工具与网格渐变工具来完成。

图 3-93　心形图案效果

操作步骤：

1　按 Ctrl+N 快捷键，创建【颜色模式】为 CMYK 的空白文档。选择【矩形工具】▣，设置【填色】为"褐色"，【描边】为"无"，绘制单色矩形图形，其尺寸与画板相同，如图 3-94 所示。

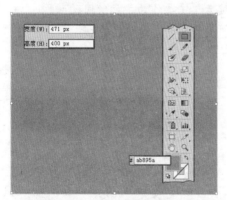

图 3-94　绘制单色矩形

2　选择【网格工具】▣，在画板左上角区域单击建立网格点后，双击工具箱中的【填色】色块，设置网格点颜色，如图 3-95 所示。

3　采用相同的颜色，使用【网格工具】▣在画板右下角单击建立网格点。然后使用【直接选择工具】▸，分别单击左下角和右上角的网格点，设置相同的颜色，如图 3-96

所示。

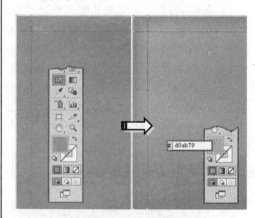

图 3-95　添加并设置网格点

图 3-96　添加并设置网格点

Illustrator CS6 中文版标准教程

4 选择【钢笔工具】 ，设置【填色】为"暗桃红色"。建立基本心形结构后，使用【转换锚点工具】 ，调整路径弧度，形成饱满的图案，如图 3-97 所示。

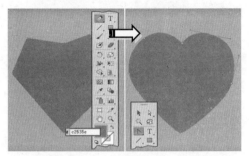

图 3-97 绘制心形图形

5 选择工具箱中的【网格工具】 ，在心形图形左上区域单击建立网格点。然后单击双色工具箱中的【填色】色块，设置颜色为"浅粉色"，如图 3-98 所示。

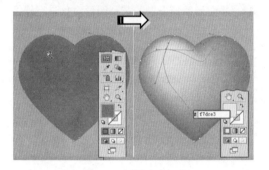

图 3-98 添加并设置网格点

6 使用【网格工具】 ，在心形图形中间偏左位置单击建立网格点，并设置该网格点的颜色为"桃红色"。然后使用相同工具在第一个网格点所在的网格线下方位置单击，建立网格点，并设置颜色，如图 3-99 所示。

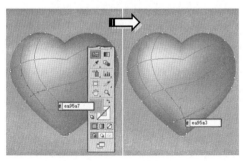

图 3-99 添加并设置网格点

7 按照上述方法，使用不同明度的"浅桃红色"为心形图形添加网格点。然后使用不同明度的"暗桃红色"为心形图形添加网格点，形成立体的心形效果，如图 3-100 所示。

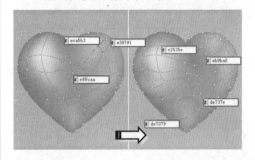

图 3-100 添加并设置网格点

8 选择【钢笔工具】 ，设置【描边】为"深红色"，【描边粗细】为"5pt"。延心形图形边缘建立路径，如图 3-101 所示。

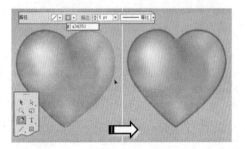

图 3-101 绘制心形线条

9 使用【缩放工具】 ，以心形图形上方为中心放大。选择【钢笔工具】 ，设置【描边】为"淡粉色"，【描边粗细】为"1pt"，延心形图形边缘绘制简易花朵路径。然后使用【直接选择工具】 调整路径后，执行【对象】|【路径】|【轮廓化描边】命令，并进行对象编组，如图 3-102 所示。

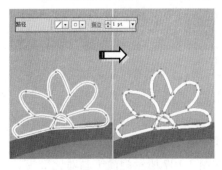

图 3-102 绘制简易花朵

10 选择【选择工具】 ⬆️，选中花朵图形对象并进行复制。以心形图形边缘为基准，旋转复制后的对象。依此类推，使花朵图形对象排列在心形图形对象左侧边缘，如图 3-103 所示。

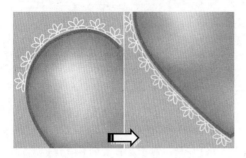

🔘 图 3-103　复制并旋转

11 使用【钢笔工具】 ✒️，首先延花朵内边缘建立弧线，使所有花朵图形对象连接成一体。然后继续在其内部绘制弧线，并且以深红色线条外边缘为基准，如图 3-104 所示。

🔘 图 3-104　绘制弧线

12 按照绘制心形图形外边缘的花朵图形绘制方法，绘制心形图形内部花朵图形。然后分别在心形图形上方的内外花朵图形的连接位置，与下方内部花朵图形边缘位置，绘制单个花瓣路径，使得内外花朵图形成为一个整体，如图 3-105 所示。

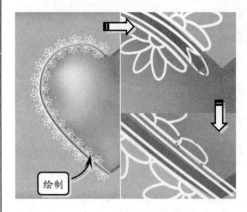

🔘 图 3-105　绘制内部简易花朵

13 将心形图形左侧的花朵图形对象进行编组后复制，选择工具箱中的【镜像工具】 🪞，进行垂直翻转。然后将其放置在心形图形对象的右侧边缘位置，如图 3-106 所示。

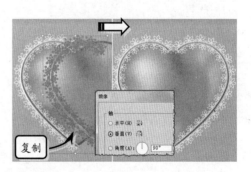

🔘 图 3-106　镜像对象

3.8　课堂练习：绘制简笔画

　　简笔画也是图形效果的其中一种表现方式，而线条的各种表现手法对于同一个图形对象来说，其表现效果各不相同。本实例就是通过不同的轮廓线类型来表现同一个主题，发现丰富的线条类型更能够表现出主题的含义。在绘制过程中，因为准备了素材图像，所以绘制的先后顺序、使用的绘制工具是其次。重要的是绘制后，线条粗细与样式的设置。如图 3-107 所示为简笔画对比效果。

图 3-107　简笔画对比效果

操作步骤：

1　按 Ctrl+N 快捷键新建空白画板后，执行【文件】|【置入】命令，将素材文件"海豚.jpg"导入至画板中。然后在【图层】面板中，将"链接的文件"锁定，如图 3-108 所示。

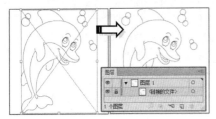

图 3-108　置入位图

2　选择工具箱中的【钢笔工具】，设置【填色】为"无"，【描边】为"深蓝色"。按照素材图像中的线条进行路径建立，首先建立的是海豚的大轮廓线条，如图 3-109 所示。

图 3-109　绘制大轮廓

3　按照相同选项值，使用【钢笔工具】绘制海豚内部的嘴巴和眼睛线条。选择【椭圆工具】，在海豚上方两侧的空白位置绘制气泡轮廓线条，如图 3-110 所示。

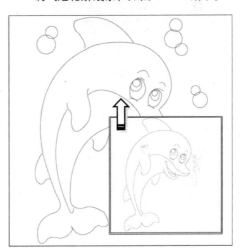

图 3-110　绘制完整轮廓线条

提　示

在建立海豚路径时，根据海豚结构尽量建立多个路径段，以方便后期描边样式的设置。这样才能够使画面更加丰富。

4　选择【选择工具】，单击海豚外轮廓路径。在【描边】面板中，设置【粗细】为 5pt，选择【配置文件】为"宽度配置文件 2"，如图 3-111 所示。

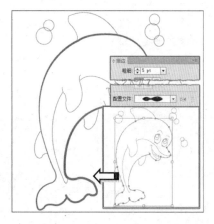

图 3-111 设置外轮廓描边样式

5 使用【选择工具】 依次选中海豚的鳍路径，在【描边】面板中设置【粗细】为 5pt，选择【配置文件】为"宽度配置文件 5"。

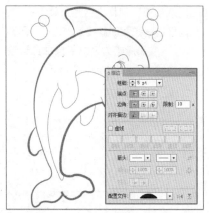

图 3-112 设置鳍描边样式

6 按照上述方法，选择海豚内部的不同路径，在【描边】面板中设置不同的【粗细】与【配置文件】选项，使海豚轮廓更加鲜明，如图 3-113 所示。

提 示

在设置描边样式时，海豚内部路径粗细度小于外轮廓描边粗细；而配置文件样式的方向，则需要根据海豚线条进行调整。

7 设置眼睛路径描边的【粗细】选项均为 2pt 后，设置不同的【配置文件】选项。然后将海豚的眼睛路径分别填充为"白色"与"深蓝色"，如图 3-114 所示。

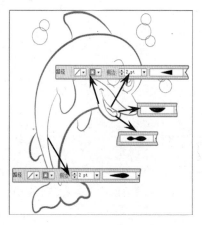

图 3-113 设置内部路径描边样式

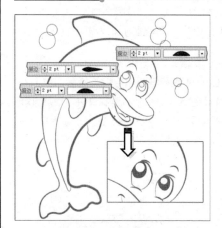

图 3-114 设置描边样式与填充路径

8 使用【选择工具】 选中大圆路径，并在【描边】面板中设置【粗细】与【配置文件】选项后，选中小圆路径，在【控制】面板中分别设置【填充】、【粗细】与【配置文件】选项，如图 3-115 所示。

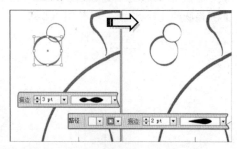

图 3-115 绘制圆形路径

9 使用相同选项值设置其他大、小圆路径，形成气泡效果，完成整个画面的线条设置。

3.9 思考与练习

一、填空题

1. _____面板是按照颜色模式进行颜色设置的。

2. _____工具可以将绘画分割成几个区域，并可以对其中的任何区域进行着色，就好像在铅笔稿上上色一样。

3. 渐变填充分为_____和径向渐变。

4. 使用_____工具可以控制对象渐变的中心位置、方向、位置等属性。

5. 画笔共有四种类型，包括书法画笔、_____、艺术画笔和散布画笔。

二、选择题

1. 在【颜色】面板中，不能够设置_____颜色模式的颜色。

    A. RGB   B. CMYK

    C. HSB   D. Lab

2. 使用_____命令，可以将实时上色组转换为图形对象。

    A. 建立

    B. 扩展

    C. 合并

    D. 释放

3. 默认状态下，创建的渐变效果是_____渐变。

    A. 曲线

    B. 线性

    C. 径向

    D. 点

4. 在_____面板中，可以设置图形对象描边的渐变效果。

    A. 控制

    B. 颜色

    C. 描边

    D. 渐变

5. 使用_____工具，可以自由地绘制出带有画笔效果的路径。

    A. 画笔

    B. 渐变

    C. 贝塞尔

    D. 铅笔

三、问答题

1. 如何快速填充肤色系的颜色？

2. 使用实时上色功能可以创建出什么样的绘画效果？

3. 简述快速填充相同渐变颜色的方法。

4. 如何填充无缝隙图案？

5. 怎样绘制虚线线条？

四、上机练习

1. 制作水晶按钮

水晶效果是通过各种同色系的渐变颜色组成的。在 Illustrator，可以通过双色径向渐变、双色线性渐变，以及图形对象堆叠形成水晶按钮，如图 3-116 所示。

2. 填充无缝隙图案

无缝隙拼贴效果的制作，在 Illustrator CS6 中非常简单。只要创建图案后，在【图案选项】面板中设置拼贴类型，然后在画板中绘制任意形状的图形进行填充，即可得到无缝隙拼贴效果，如图 3-117 所示。

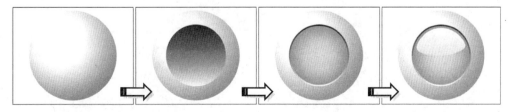

图 3-116　水晶按钮制作过程

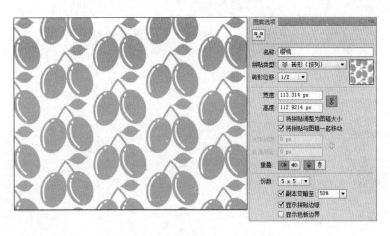

图 3-117　无缝隙拼贴效果

Illustrator CS6 中文版标准教程

第4章

编辑图形对象

   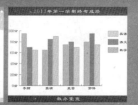

图形的创作并不是单一的绘制与填充，特别是重复或者相似的图形对象，则可以通过复制、变形、液化来实现。而对于多个图形对象的空间摆设，则能够通过对象之间的排列与分布来完成。

在该章节中，不仅介绍了图形对象的复制功能，以及图形对象的各种变换操作，而且还讲解了图形对象的运算，与多个图形对象之间的关系。

本章学习要点：

➤ 各种复制方式
➤ 各种变换操作
➤ 路径查找器
➤ 对象之间的排列与分布

绘制图形对象后就是对该图形对象的编辑，复制与变换图形对象是图形对象编辑中最为简单的操作。前者是为了得到完全相同的图形对象；后者则是为了改变图形对象的外观形状。

4.1.1 复制与缩放对象

复制与缩放对象是对象编辑中最为简单的操作。当需要创建相似属性的对象时，可以通过复制的方法，使操作更加方便、快捷。复制的方式有两种，即使用快捷键复制和多重复制。

方法是，单击【选择工具】 ▶，选择对象，按下 Ctrl+C 快捷键复制对象，按下 Ctrl+V 快捷键粘贴即可，如图 4-1 所示。

> **技 巧**
>
> 按下 Ctrl+C 快捷键复制，按下 Ctrl+F 快捷键可以将复制的对象粘贴到原图形对象的前面，而按下 Ctrl+B 快捷键可将复制的图形粘贴到原图形对象的后面。

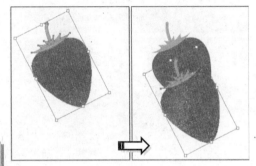

图 4-1 复制对象

选择对象，按下 Alt＋Shift 键拖动鼠标，可以水平或者垂直复制对象。这时按 Ctrl+D 快捷键，即可多重复制属性一致的图形对象，如图 4-2 所示。

缩放是指一个对象沿水平轴、垂直轴，或者同时在两个方向上扩大或缩小的过程。它是相对于指定的缩放中心点而言，默认情况下缩放中心点是对象的中心点。

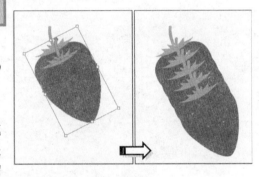

图 4-2 复制对象

在 Illustrator 中有多种缩放对象的方法，用户可以使用最基本的【选择工具】 ▶，或是【自由变换工具】 或者【比例缩放工具】 放大或缩小所选的对象。也可以通过【比例缩放】对话框更为精确地设置对象的缩放比例，并且根据需要确定对象缩放的中心点。

其中，使用【选择工具】 ▶ 或者【自由变换工具】 ，除了能够进行自由缩放外，还可以进行旋转。而选择【比例缩放工具】 后，只能进行对象的缩放，如图 4-3 所示。

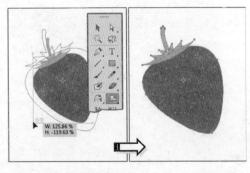

图 4-3 缩放对象

Illustrator CS6 中文版标准教程

【选择工具】或者【自由变换工具】的使用，只能进行基本的对象缩放。而选择【比例缩放工具】后，可以在此基础上更改变换中心点的位置，以及精确缩放的尺寸。

变换中心点位置的改变方法是，选中对象并选择【比例缩放工具】后，在画板单击确定变换中心点位置。这时单击并拖动光标后，即可以变换中心点为中心进行缩放，如图4-4所示。

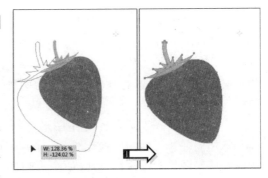

图 4-4　改变缩放中心点

在使用【比例缩放工具】缩放对象的同时，如果按下 Alt 键，可在缩放的同时复制对象。而在【比例缩放】对话框中，无论设置任何的选项，只要单击【复制】按钮，均能够在缩放图形对象的同时复制对象，如图4-5所示。

双击【比例缩放工具】，弹出【比例缩放】对话框。在该对话框中，能够进行等比、不等比、对象或者图案等缩放。

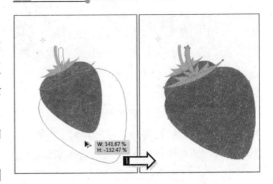

图 4-5　复制并缩放对象

启用对话框中的【等比】选项后，能够进行成比例的缩放；启用【不等比】选项后，则能够单独对对象的高度和宽度进行缩放处理，其中【水平】选项决定对象沿水平方向的缩放比例，【垂直】选项决定对象沿垂直方向的缩放比例。它们的取值范围均在−20000%～20000%之间，如图4-6所示。

当图形对象中填充的是图案时，不仅能够进行上述缩放，还可以分别对对象或者图案进行缩放。方法是打开【比例缩放】对话框，并设置缩放比例后，分别启用【比例缩放描边和

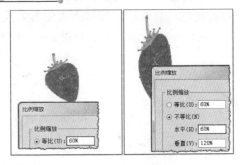

图 4-6　等比与不等比缩放

效果】、【对象】或者【图案】选项，从而单独缩放图形对象中的局部效果，如图4-7所示。

4.1.2　旋转与镜像对象

对于图形对象的显示方式，可以通过旋转或者镜像来完成。两者虽然均能够改变图形对象的显示方式，但是前者是围绕一个点，而后者则是围绕一条线。

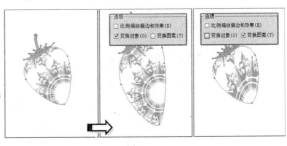

图 4-7　缩放对象或图案

旋转是指对象绕着一个固定的点进行转动，在默认状态下，对象的中心点将作为旋转的轴心，当然也可以根据具体情况重新指定对象旋转的中心。图形对象的旋转分为两种方式，一种是手动旋转；一种是精确旋转。

当使用【选择工具】选中图形对象后，将光标指向任意一角的变换点时，单击并拖动光标即可对图形对象进行旋转，如图 4-8 所示。

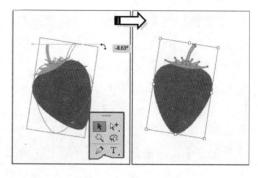

图 4-8 手动旋转

要想精确地对图形对象进行旋转，可以使用【旋转工具】。当选中图形对象后，双击工具箱中的【旋转工具】，弹出【旋转】对话框。在【角度】文本框中输入数值后，单击【确定】按钮，即可按照设置的角度进行旋转，如图 4-9 所示。

在【旋转】对话框中输入角度值后，如果单击的是【复制】按钮，那么得到的效果是复制后的对象进行旋转，如图 4-10 所示。

当选择【旋转工具】后，在画板中单击能够重新设置旋转的轴心位置。这时单击并

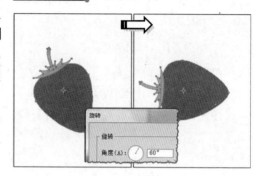

图 4-9 精确旋转

拖动光标进行旋转，旋转后的图形则是围绕设定后的轴心，如图 4-11 所示。

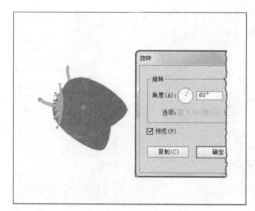

图 4-10 旋转并复制对象

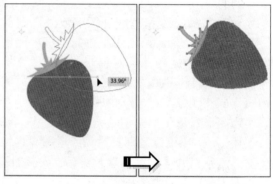

图 4-11 改变旋转中心点

对话框中的【对象】和【图案】复选框，是控制带有图案填充对象的旋转效果的。这两个复选框可都启用，也可任启用其一，以控制对象旋转、图案旋转或是对象和图案同时旋转，如图 4-12 所示。

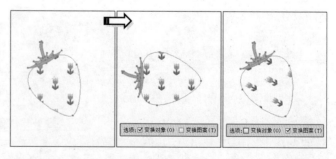

图 4-12 旋转对象或图案

使用镜像效果可以准确地实现对象的翻转效果，它是使选定的对象以一条不可见轴线为参照而进行翻转，用户可以指定轴线的位置，使用工具箱中的【镜像工具】可以实现镜像的操作。方法是选中图形对象后，选择【镜像工具】。在视图中单击并拖动，可为对象设置镜像效果，如图4-13所示。

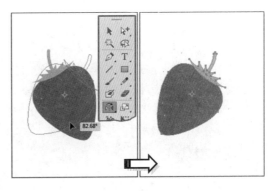

图 4-13　自由镜像对象

当然也可以根据需要自定义镜像效果的轴线位置，方法是，选中对象并选择【镜像工具】，在画板中单击以确定轴中心位置，然后进行单击拖动，如图4-14所示。

在使用【镜像工具】镜像对象时，按下 Shift 键可使对象按照固定的角度进行镜像操作；在旋转时按下 Alt 键，可将镜像效果应用到一个复制的对象中，如图 4-15所示。

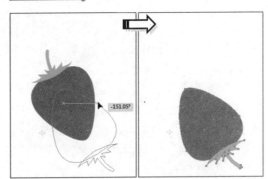

图 4-14　改变镜像轴线位置

双击【镜像工具】，弹出【镜像】对话框。利用该对话框中的选项，可以精确地对对象进行镜像操作，如图4-16所示。在【轴】选项组中有三个单选按钮：

❑ **水平**　可使选定对象沿水平方向产生镜像效果。

❑ **垂直**　可使选定对象沿垂直方向产生镜像效果。

❑ **角度**　可在文本框中指定镜像轴的倾斜角度

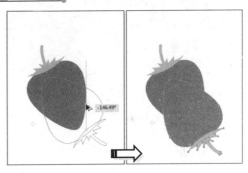

图 4-15　镜像并复制对象

4.1.3　倾斜与整形对象

对于图形对象的简单变形，可以使用 Illustrator 中的【倾斜工具】与【整形工具】。前者是对图形对象产生扭曲变形，而后者则是对图形对象路径进行变形与移动。

倾斜效果是模拟两个大小相等、方向相反的平行力作用于同一物体上所产生的变形效果，它将使选择的对象产生一

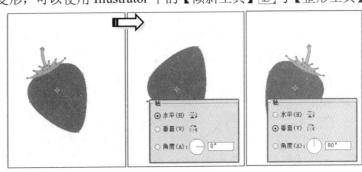

图 4-16　精确镜像对象

定的扭曲。

虽然【自由变换工具】是用来缩放与旋转对象的，但是如果配合功能键同样能够进行变形。方法是选中对象并选择【自由变换工具】，当光标指向定界框的某个变换点并拖动时，按住 Ctrl 键，这时被缩放的对象变成了变形，如图 4-17 所示。

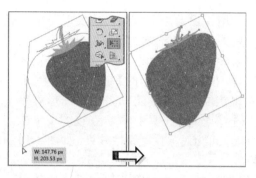

图 4-17　使用【自由变换工具】进行倾斜对象

如果当选中图形对象后，选择的是【倾斜工具】，那么即可对选中的对象进行任意的变形。当然使用【倾斜工具】还可以重新确定倾斜中心点，从而以不同形状来倾斜对象，如图 4-18 所示。

选择【倾斜工具】后，在画板单击可以改变倾斜中心点，如果双击【倾斜工具】，那么会弹出【倾斜】对话框。在该对话框中可以进行角度、倾斜中心轴以及倾斜对象等选项，从而得到各种倾斜效果，如图 4-19 所示。其中，对话框中的各个选项如下。

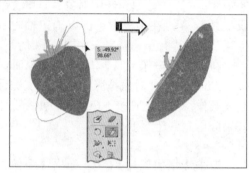

图 4-18　使用【倾斜工具】进行倾斜对象

- ❑ **倾斜角度**　可指定对象切变时的倾斜角度，它的取值范围在 -360°~360° 之间。
- ❑ **轴**　用户可选择是【水平】、【垂直】中的任意一个选项作为切变对象的方向；或者在【角度】选项中设置切变轴的倾斜度在 -360°~360° 之间。
- ❑ **选项**　包含【对象】和【图案】复选框，其作用和效果与前面所讲的相同，用户可参照前面的内容。

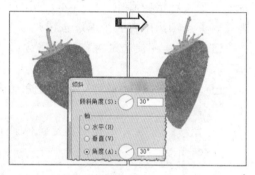

图 4-19　精确倾斜对象

【整形工具】是用来改变图形对象路径形状的，而对于开放路径与封闭路径的使用具有细微的区域。当画板中绘制线条路径并选中时，选择【整形工具】在线条路径上单击并拖动，即可改变其形状，并且在单击位置添加锚点，如图 4-20 所示。

而对于封闭路径则出现两种情况：一种情况是当使用【选择工具】选中封闭路径后，选择【整形工具】在线条路径上单击并拖动，发现封闭路径被移动，并且在单击的位置添加了锚点，如图 4-21 所示。

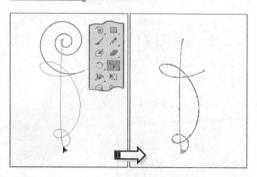

图 4-20　改变线条形状

另外一种情况是当使用【直接选择工具】🔺选中封闭路径的某个锚点后，选择【整形工具】🢶在线条路径上单击并拖动，这时发现所指向的线条被变形，并且在单击位置添加锚点，如图 4-22 所示。

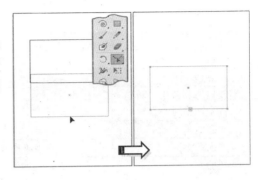

图 4-21　移动并添加锚点

4.1.4　变换对象

上述所讲的旋转、缩放、倾斜等均是对图形对象的变换，图形对象的这些变形效果既可以通过上述工具来操作，也可以通过相应的面板来完成。在 Illustrator 中，不仅能够通过【变换】面板来操作，还可以通过【分别变换】面板进行变换。

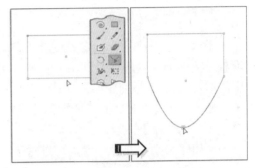

图 4-22　改变线条形状

1．【变换】面板

使用【选择工具】🔺选中图形对象后，执行【窗口】|【变换】命令（快捷键 Shift+F8），或者单击【控制】面板中的【变换】选项，即可弹出【变换】面板，如图 4-23 所示。在该面板中可以设置下面的选项。

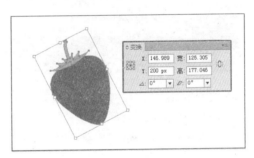

图 4-23　【变换】面板

- ❑ **X 文本框**　设置参数值可以改变被选对象在水平方向上的位置。
- ❑ **Y 文本框**　设置参数值可以改变被选对象在垂直方向上的位置。
- ❑ **W 文本框**　设置参数值以控制被选对象边界范围的宽度。
- ❑ **H 文本框**　设置参数值以控制被选对象边界范围的高度。
- ❑ **【旋转】和【倾斜】参数栏**　分别用来设置对象的旋转和切变角度。在【变换】面板中，设置【倾斜】参数栏的方法与设置【旋转】参数栏的方法相同。
- ❑ **参考点**　在【参考点】上的各点上单击，可改变变换的中心点位置。

单击【变换】面板右上端的三角按钮，如图 4-24 所示，通过关联菜单可以对面板的相关选项进行设置。其中，面板菜单中各命令的作用如表 4-1 所示。

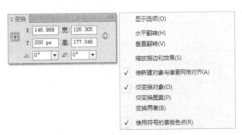

图 4-24　【变换】面板的关联菜单

表 4-1 面板菜单中各命令的作用

名　　　称	作　　　用
水平翻转	选定的对象将沿着水平方向进行翻转
垂直翻转	选定的对象将沿垂直方向进行翻转
缩放描边和效果"新建与像素网格对齐"	对象的轮廓线将随着对象的缩放而改变宽度
仅变换对象	在变换时将只使对象发生改变
仅变换图案	在变换时将只使图案发生改变
变换两者	选定的对象和填充图案将同时变换
"使用符号的套版色点"	选择符号实例时，套版色点的坐标将在该面板中可见

2.【分别变换】面板

无论选中一个图形对象还是多个图形对象，【变换】面板中的选项所针对的均为一个对象。当选中多个图形对象时，【分别变换】面板可以对多个对象同时进行变换。执行【对象】|【变换】|【分别变换】命令，弹出【分别变换】面板，如图 4-25 所示。

使用【分别变换】命令，可以对选中的多个对象同时应用变换操作，它可以实现多个对象以各自为中心的缩放、移动、旋转操作。如图 4-26 所示为多个对象设置随机缩放的效果。

4.2　液化工具组

在 Illustrator 中，使用液化工具组能够使对象产生特殊的变形效果。使用这些工具在对象上单击或拖动鼠标，就可以快速地将对象原来的形状改变。参照图 4-27 所示，展开液化工具栏，其中包括了 8 个变形工具。其中，【宽度工具】 的应用已在对象描边属性中介绍过。

在使用这些工具时，只需要在工具箱中选择所需要的工具，然后在对象上拖动鼠标，图形就会产生相应的变形，并且在路径上增加节点的数量。它们适用于各种各样的闭合和开放路径，但是不能用于文本对象、图表图形和符号中。

4.2.1　变形与旋转扭曲工具

在 Illustrator 中，变形与旋转扭曲操作和变换与旋转是完全不同的。后者是针对整个矢量图形对象，而前者则是针对光标所覆盖的区域对象。

图 4-25　【分别变换】对话框

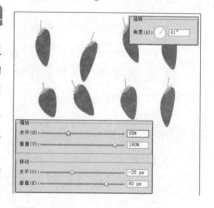

图 4-26　分别变换对象

图 4-27　液化工具组

1. 变形工具

【变形工具】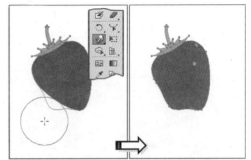可以使对象沿绘制方向产生弯曲效果。使用【变形工具】在对象上单击，并向所需要的方向拖动，则对象的形状将随着鼠标的拖动而发生变化，如图 4-28 所示。

双击【变形工具】按钮，将会弹出关于该工具的对话框。在这个对话框中，可以对【变形工具】进行一些相应的设置，如改变画笔的大小、角度和强度等，用户可直接在文本框中键入需要的数值，或者单击其后的三角按钮，在弹出的下拉列表框中选择相应的参数值，还可通过微调按钮来进行调节，如图 4-29 所示。

图 4-28　使用【变形工具】液化对象

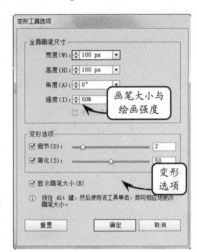

图 4-29　【变形工具选项】对话框

- ❏ **宽度和高度**　用于控制工具指针的大小，即画笔大小。
- ❏ **角度**　指工具指针的方位，即画笔的角度。
- ❏ **强度**　指对象更改的速度，当值越大时，效果应用将越快。
- ❏ **细节**　用于设置路径上产生节点之间的距离，其参数值越大时，各节点之间的距离将越近。
- ❏ **简化**　可在不影响整个图形外观的情况下，设置应用效果后减少多余节点的数量。用户可直接在文本框中键入合适的参数值，或者拖动滑块进行调节。
- ❏ **显示画笔大小**　控制鼠标指针周围圆圈形状的显示与隐藏。
- ❏ **重置**　使对话框中的所有设置恢复到默认状态，此时就可以对【变形工具】选项进行重新设置。

技 巧

在使用【变形工具】时，按下 Alt 键，在画布上单击并向上或向下拖动鼠标，可调整画笔大小的高度；向左或向右拖动鼠标，可调整画笔大小的宽度，按下 Shift+Alt 键的同时单击拖动鼠标，可按比例调整画笔大小。

2. 旋转扭曲工具

使用【旋转扭曲工具】可使设置的部位产生顺时针或逆时针的旋转扭曲。选中【旋转扭曲工具】后，根据需要单击或是向不同方向进行拖动，从而改变对象的形状，如图 4-30 所示。

双击【旋转扭曲工具】，可以打开该工具的选项设置对话框。它与【变形工具】

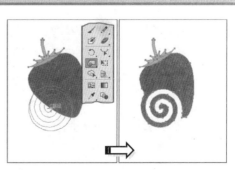

图 4-30　使用【旋转扭曲工具】液化对象

的选项对话框较为接近，只是多了一个【旋转扭曲速率】参数栏。该选项用来设置每次拖动鼠标时图形扭转的度数。其取值范围在 −180°～180° 之间。负数表示顺时针，正数表示逆时针，并且数值越大，变形越快，如图 4-31 所示。

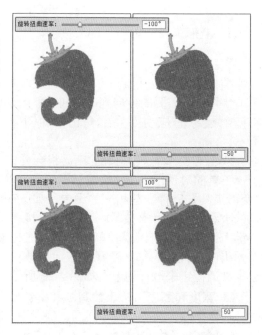

4.2.2 缩拢与膨胀工具

【缩拢工具】与【膨胀工具】是一对相反的液化工具，前者是用来向内收缩，后者则是向外扩展。

1. 缩拢工具

【缩拢工具】可以使画笔范围内的图形向中心收缩，它将移动路径上节点的位置，减少节点的数量，从而使对象产生折叠效果。用户可直接使用该工具在对象上单击即可实现收缩效果，如图 4-32 所示。

使用【缩拢工具】，不仅可以折叠选定的对象，还可沿曲线拖动鼠标，使对象产生一定的扭曲，与前面两个工具相比较，其效果较难控制，如图 4-33 所示。

提 示

使用【缩拢工具】液化对象时，单击停留的时间越长，图形变化的强度就越大。其中，【收缩工具】对话框中的各个选项与前面所讲工具对话框中的选项设置方法相同。

2. 膨胀工具

使用【膨胀工具】可使图形由内向外产生一种扩大的效果。使用【膨胀工具】后在对象上向任意方向拖动鼠标即可实现变形。当用户从图形的中心向外拖动鼠标时，可增加图形的区域范围；而从外向图形的中心拖动鼠标时，将减少图形的区域范围，同时拖动鼠标并按下 Alt 键，将会改变画笔的大小和角度。图 4-34 是原图与应用膨胀效果的对比。

图 4-31　不同数值对图形产生不同的影响

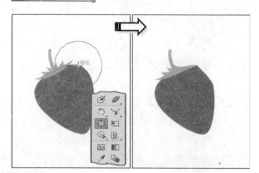

图 4-32　使用【缩拢工具】液化对象

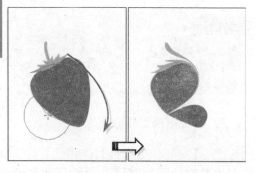

图 4-33　使用【缩拢工具】转动扭曲对象

在使用【膨胀工具】◯时，拖动鼠标并按下 Alt 键，将会改变画笔的大小和角度。其中，【膨胀工具】◯的选项对话框与【变形工具】⌖的对话框是相同的，可以参照【变形工具】⌖对话框的设置方法，对该工具进行详细的设置。

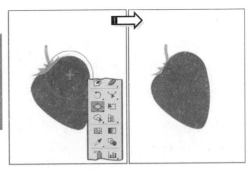

图 4-34　图形膨胀效果

4.2.3　其他液化工具

在液化工具组中，除了上述介绍的变形工具外，还包括【扇贝工具】📧、【晶格化工具】📧以及【皱褶工具】📧。这些工具虽然均能将矢量对象进行褶皱效果，但是不同的工具，得到的褶皱效果会有细微的差别。

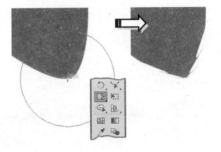

图 4-35　图形的扇贝效果

1. 扇贝工具

使用【扇贝工具】📧可以使对象的轮廓变为毛刺相似的效果。该工具不仅可以改变图形的边缘，而且还可以通过更改对话框中的设置，进而影响到整个图形，如图 4-35 所示。

双击工具箱中的【扇贝工具】按钮📧，在【扇贝工具选项】对话框中有四个不同于其他对话框中的选项。其中，【复杂性】参数栏可以设置图形边缘产生变形的复杂程度。它可设置的范围为 0~15。其参数值越大，形成的图形就越复杂，如图 4-36 所示。

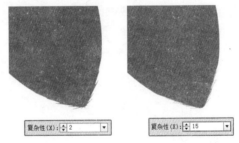

复杂性(X)：2　　　复杂性(X)：15

图 4-36　不同【复杂性】参数值的图形对比

当分别启用【画笔影响锚点】、【画笔影响内切控制柄】和【画笔影响外切控制柄】复选框时，可以改变画笔影响的图形范围，它将产生不同的图形液化效果。

2. 晶格化工具

使用【晶格化工具】📧可使图形的轮廓产生一种晶格化效果，所创建出的图形边缘与使用【扇贝工具】📧创建出的对象相似。使用【晶格化工具】📧直接在对象上单击，即可实现变形效果，如图 4-37 所示。

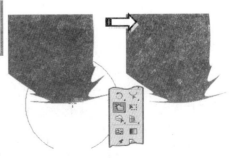

图 4-37　图形的晶格化效果

在【晶格化工具选项】对话框中,【复杂性】参数栏可以设置图形边缘产生变形的复杂程度,如图 4-38 所示。

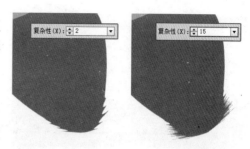

3．皱褶工具

【皱褶工具】🖾可以为图形创建褶皱效果。使用【皱褶工具】🖾在对象上单击或者向任意方向拖动鼠标即可,如图 4-39 所示。

图 4-38 不同【复杂性】参数值的图形对比

在【皱褶工具】🖾的选项设置对话框中,【水平】和【垂直】两个选项可以控制对象变形的方向为水平或垂直方向,如图 4-40 所示。

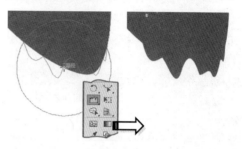

图 4-39 皱褶效果

4.3 封套扭曲

封套是对选定对象进行扭曲和改变形状的对象,可以利用对象来制作封套,或使用预设的变形形状或网络作为封套。这里提供了各种不同形状的封套类型,可以应用这些封套类型改变对象的形状,从而达到重新塑造对象的目的。

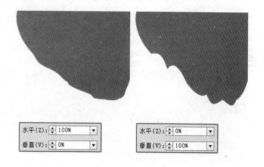

图 4-40 设置不同方向的褶皱效果

● 4.3.1 用变形建立

Illustrator 中为其提供了各种不同的变形封套,通过预设的变形选项,能够直接得到变形后的效果,或者在此基础上继续进行变形。

要为图形对象添加预设变形效果,首先要使用【选择工具】🖢选中该图形对象。然后执行【对象】|【封套扭曲】|【用变形建立】命令(快捷键 Ctrl+Shift+Alt+W),弹出【变形选项】对话框,得到默认的变形效果,如图 4-41 所示。

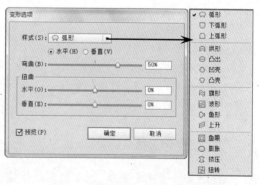

图 4-41 【变形选项】对话框

在该对话框中,选择【样式】下拉列表中不同的样式选项,可以创建不同的封套效果。如图 4-42 所示为部分预设样式变形效果。

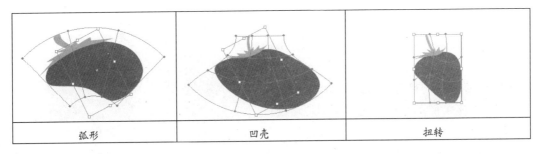

| 弧形 | 凹壳 | 扭转 |

图 4-42 不同类型的变形封套效果

其中,【变形选项】对话框中各选项的作用如下。

- ❏ **样式** 用于选择封套的类型,在【样式】下拉列表框中提供了 15 种封套类型,用户可根据需要从中选择。
- ❏ **水平和垂直** 用来设置指定封套类型的放置位置。
- ❏ **弯曲** 设置对象弯曲的程度。
- ❏ **"水平和垂直"拉杆** 可以设置应用封套类型在水平和垂直方向上的比例。

选择任意一个样式选项后,均能够得到变形效果。并且还可以通过对话框中的【弯曲】、【水平】与【垂直】等选项重新设置变形的参数,从而得到不同的变形效果,如图 4-43 所示。

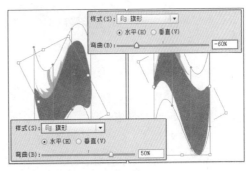

图 4-43 设置变形选项

4.3.2 用网格建立

为图形对象变形除了预设变形方式外,还可以通过网格方式。选择对象,执行【对象】|【封套扭曲】|【用网格建立】命令(快捷键 Ctrl+Alt+M),弹出【封套网格】对话框,即可创建网格封套,如图 4-44 所示。

在【封套网格】对话框中,设置【行数】和【列数】参数值,可以控制网格数的多少,如图 4-45 所示。

已添加网格封套的对象可以通过工具箱中的【网格工具】进行编辑,如增加网格线或减少网格线,以及拖动网格封套等。在使用【网格工具】编辑网格封套时,单击网格封套对象,即可增加对象上网格封套的行列

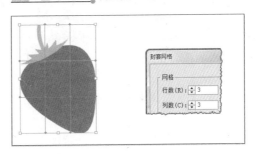

图 4-44 创建网格封套

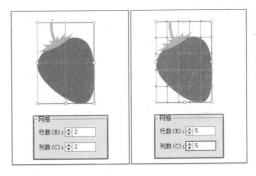

图 4-45 不同网格数量的网格封套

数。如果按住 Alt 键，单击对象上的网格点或网格线，将减少网格封套的行列数，如图 4-46 所示。

　　增加与减少网格点只是为了更加精确地调整图形对象，而图形对象的调整则是通过对网格点的编辑来实现。使用的工具既可以是【网格工具】 ⊞，也可以是【直接选择工具】 ⊳，而调整方法则与路径的调整方法相同，如图 4-47 所示。

> **提 示**
>
> 无论是通过变形还是网格得到封套，均能够使用【直接选择工具】 ⊳ 重新进行再编辑，从而得到不同的变形效果。

　　对于一个由多个图形组成的对象，不仅可以使用上述方式进行封套调整，还可以通过顶层图形建立封套。方法是选中一个多图形对象后，执行【对象】|【封套扭曲】|【用顶层对象建立】命令（快捷键 Ctrl+Alt+C），即可以最上方图形的形状建立封套。

　　如果同时选中多个复杂图形对象，那么当执行该命令后，可以将选中的对象全部放入封套中，如图 4-48 所示。

4.3.3 编辑封套

　　当建立封套后，虽然进行了简单的网格点编辑，但是对于封套本身或者封套内部的对象还有更为复杂的编辑操作。以及完成封套编辑后，如何处理封套与对象之间的关系。

1．编辑封套内部对象

　　首先选中含有封套的对象，执行【对象】|【封套扭曲】|【编辑内容】命令（快捷键 Ctrl+Shift+V），视图内将显示对象原来的边界，如图 4-49 所示。

　　显示出原来的路径后，就可以使用各种编辑工具对单一的对象、或对封套中所有的对象进行编辑。如图 4-50 所示为使用【皱褶工具】 ⊡ 编辑对象得到的效果。

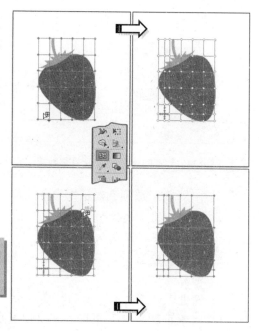

图 4-46　增加与减少网格点

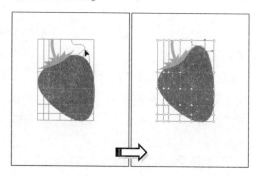

图 4-47　调整网格点

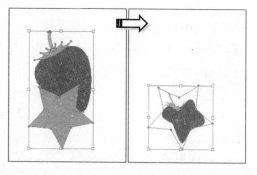

图 4-48　将多个对象放入封套中

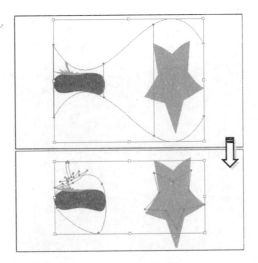

图 4-49　显示对象原来的边界

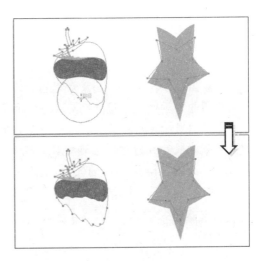

图 4-50　编辑原路径

2．编辑封套外形

创建封套之后，不仅可以编辑封套内的对象，还可以更改封套类型或是编辑封套的外部形状。首先是更改封套类型，选中使用自由封套创建的封套对象，执行【对象】|【封套扭曲】|【用变形重置】或是【用网格重置】命令，可将其转换为预设图形封套或是网格封套图形，如图 4-51 所示。

其次是更改封套的外形，选中封套对象后，使用【直接选择工具】或是【网格工具】可拖动封套上的节点，改变封套的外形，如图 4-52 所示。

3．编辑封套选项

通过【封套选项】对话框设置封套，可以使封套更加符合图形绘制的要求。方法是，在页面中选择一个封套对象后，执行【对象】|【封套扭曲】|【封套选项】命令，如图 4-53 所示。其中，对话框中的选项以及作用如下。

❑ **消除锯齿**　它可消除封套中被扭曲图形所出现的混叠现象，从而保持图形的清晰度。

❑ **剪切蒙版和透明度**　在编辑非直角封套时，用户可选择这两种方式保护

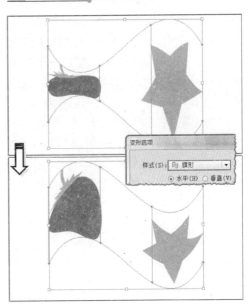

图 4-51　更改封套类型

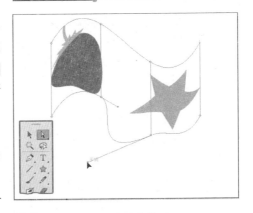

图 4-52　更改封套外形

图形。

❑ **保真度**　该选项可设置对象适合封套的逼真度。用户可直接在其文本框中键入所需要的参数值，或拖动下面的滑块进行调节。

❑ **扭曲外观**　选中该选项后，另外的两个复选框将被激活。它可使具有外观属性，如应用了特殊效果对象的效果也随之发生扭曲。

❑ **扭曲线性渐变和扭曲图案渐变**　分别用来扭曲对象的直线渐变填充和图案填充。

4．移除封套

移除封套的方法有两种，一种是将封套和封套中的对象分开，恢复封套中对象的原来面貌。另一种是将封套的形状应用到封套中的对象中。

选中带有封套的对象，执行【对象】|【封套扭曲】|【释放】命令，如图 4-54 所示效果，可得到封套图形和封套里面的对象两个图形。此时旗帜形和矢量图形都是可以单独编辑的。

如果要将封套的外形应用到封套内的对象中，可执行【对象】|【封套扭曲】|【扩展】命令，得到如图 4-55 所示的效果。用于封套的旗帜形消失，而内部的矢量图形则保留了原有封套旗帜的外形。

4.4　路径形状

图形对象的外形不仅能够通过变形工具与液化工具来改变，还可以通过路径的各种运算或者组合而变化。在路径编辑方式中，【路径查找器】面板是用来进行路径运算的，而复合路径与复合形状则是通过组合的方式来改变图形对象的显示效果。Illustrator 中的【形状生成器】🔲，则是直接在画板上直观地合并、编辑和填充形状。

4.4.1　路径查找器

很多复杂的图形是通过简单图形的相加、相减、相交等方式来生成的。【路径查找器】面板

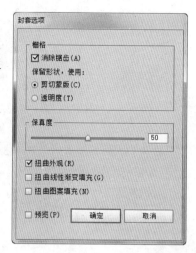

图 4-53　【封套选项】对话框

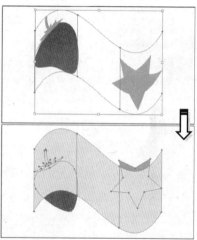

图 4-54　使用【释放】命令移除封套

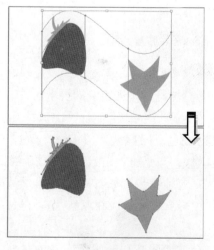

图 4-55　将封套的外形应用到封套内的对象中

就是 Illustrator 中使图形组合运算的专门工具。【路径查找器】面板的选项很多,【路径查找器】面板中各命令按钮的含义如表 4-2 所示。

表 4-2　【路径查找器】面板中各命令按钮的含义

名 称	功 能
联集	使用该命令可以合并所选对象
减去顶层	使用该命令可以使上层对象减去和上层所有对象相叠加的部分
交集	使用该命令可以将所选对象中所有的重叠部分显示出来
差集	使用该命令可以将所选对象合并成一个对象,但是重叠加的部分被镂空。如果是多个物体重叠,那么偶数次重叠的部分被镂空,奇数次重叠的部分仍然被保留
分割	使用该命令可以把所选的多个对象按照它们的相交线相互分割成无重叠的对象
修边	使用该命令可以使所有前面对象对后面对象进行修剪,删除所有的被覆盖的区域
合并	使用该命令可以使所有前面对象对后面对象进行修剪,删除所有的被覆盖的区域,修剪后所有轮廓效果都消失,相邻的同色物体会被合并成一体
裁剪	使用该命令可以使被选取对象的最上层对象删除所有对象轮廓之外的部分及本身,再对剩下来的对象部分进行修剪优化(删除所有的被覆盖的区域,所有轮廓效果都消失)
轮廓	使用该命令可以去掉所有填充,按物体轮廓的相交点,把物体的所有轮廓线切为一个个单独的小线段
减去后方对象	使用该命令可以使最上面的对象减去最下面的对象,并减去两者的相交区域
扩展按钮　扩展	此按钮用于取消编组那些已经应用了【路径查找器】功能的原始对象,得到的路径形成了一个新编组

使用【路径查找器】面板中的各个按钮,可以得到不同的图像对象。如图 4-56 所示分别为单击部分得到的效果。

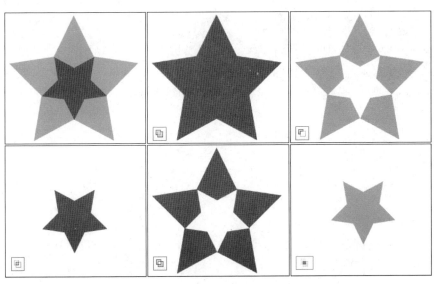

图 4-56　用面板中各命令按钮后的效果

4.4.2 复合对象

图形对象的加与减均是在两个或两个以上图形对象基础上完成的，也就是说将多个图形对象转换为一个完全不同的图形对象，这样不仅改变了图形对象的形状，也将多个图形对象组合为一个图形对象，这种方式称为复合对象。复合对象中包括复合路径与复合形状。

1．复合形状

复合形状是可编辑的图稿，由两个或多个对象组成，每个对象都分配有一种形状模式。复合形状简化了复杂形状的创建过程，因为可以精确地操作每个所含路径的形状模式、堆栈顺序、形状、位置和外观。

要创建复合形状首先要选择两个或者两个以上的图形对象，然后单击【路径查找器】面板右上角的小三角，弹出关联菜单，选择【建立复合形状】命令，得到"相加"模式的复合形状，如图 4-57 所示。

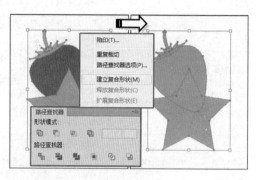

图 4-57　创建复合形状

当图形对象建立成复合形状后，该复合形状就会被看作一个组合对象。这时【图层】面板中的"路径"会变成"复合形状"，如图 4-58 所示。

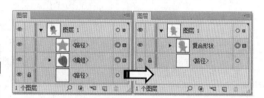

图 4-58　【图层】面板显示

而组合后的复合形状对象，既可以作为一个对象进行再编辑，也可以分别编辑复合形状中的各个路径对象。方法是选择【直接选择工具】，单击复合形状中的某个对象，即可选中该对象进行移动或者变形，如图 4-59 所示。

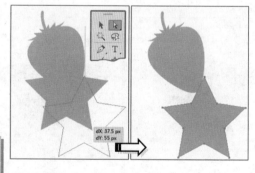

图 4-59　移动复合形状中的某个路径对象

> **提　示**
>
> 复合形状中可以包括路径、复合路径、组、其他复合形状、混合、文本、封套和变形。只是选择的任何开放式路径都会自动关闭。而使用【建立复合形状】命令得到的复合形状，其形状被默认为"相加"模式。

当创建复合形状后，还可以返回原来的图形对象，或者是保持复合形状的外形而转换为图形对象。要返回原来的图形对象，只要选中复合形状后，单击【路径查找器】面板右上角的小三角，弹出关联菜单，选择【释放复合形状】命令即可；如果是在保持复合形状外形的同时转换为普通图形对象，可以选择关联菜单中的【扩展复合形状】命令，如图 4-60 所示。

2．复合路径

复合路径包含两个或多个已上色的路径，因此在路径重叠处将呈现孔洞。将对象定义为复合路径后，复合路径中的所有对象都将应用堆栈顺序中最后方对象的上色和样式属性。

选中两个图形对象，执行【对象】|【复合路径】|【建立】命令（快捷键 Ctrl+8），即可将两个图形对象转换为一个复合路径对象，如图 4-61 所示。

当建立复合路径后，多个图形对象转换为一个复合路径对象，而【图层】面板中的"路径"则会合并为一个"复合路径"，如图 4-62 所示。

注 意

由于建立复合路径后，多个图形对象就会转换为一个对象，并不是组合对象，所以即使使用【直接选择工具】也不能够将两者分开，只能够调整锚点。

复合路径的建立，将两个图形对象合并为一个对象后，而两个图形对象的重叠区域则会镂空。要想使镂空的区域被填充，可以在单击【属性】面板中的【使用非零缠绕填充规则】按钮后，单击【反转路径方向（关）】按钮，如图 4-63 所示。

创建复合路径后，还可以重新将其恢复为原始的图形对象，只是被改变的图形对象填充与描边样式不会恢复为原始样式。方法是选中复合路径后，执行【对象】|【复合路径】|【释放】命令（快捷键 Ctrl+Shift+Alt+8），得到图形对象，如图 4-64 所示。

4.4.3　形状生成器

编辑图形对象形状除了上述命令与面板

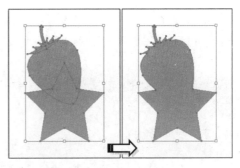

图 4-60　　扩展复合形状

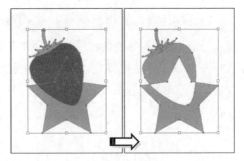

图 4-61　　建立复合路径

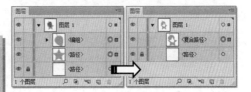

图 4-62　　【图层】面板显示复合路径

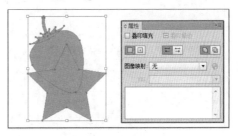

图 4-63　　填充镂空区域

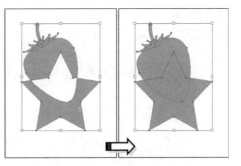

图 4-64　　释放复合路径

外，Illustrator CS6 还提供了【形状生成器工具】。【形状生成器工具】是一个用于通过合并，或擦除简单形状创建复杂形状的交互式工具。使用该工具，无须访问多个工具和面板，就可以在画板上直观地合并、编辑和填充形状。

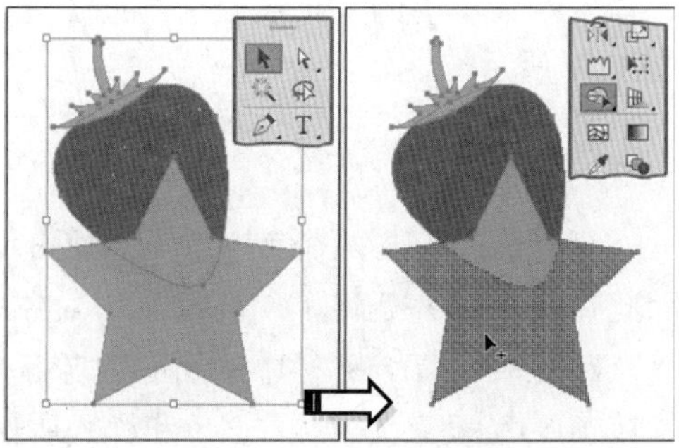

图 4-65　选择【形状生成器工具】

1. 创建形状

【形状生成器工具】能够直观地高亮显示所选对象中，可合并为新形状的边缘和选区。要使用【形状生成器工具】创建形状，首先绘制图形对象。然后使用【选择工具】，选中需要创建形状的路径。这时选择【形状生成器工具】，并且将光标指向选中图形对象的局部，即可出现高亮显示，如图 4-65 所示。

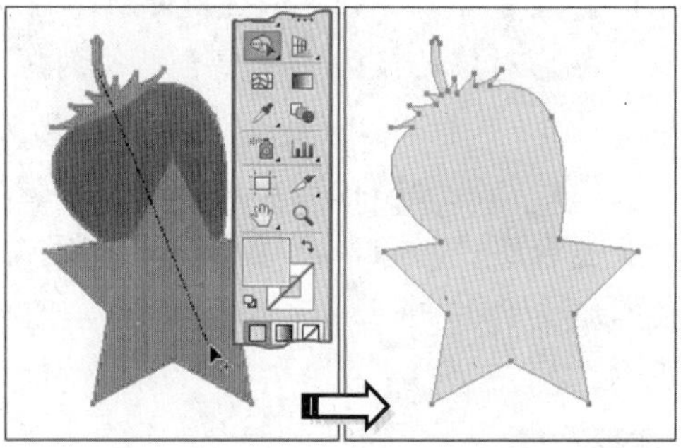

图 4-66　填充并合并对象

使用【形状生成器工具】，在选中图形对象中单击并拖动光标，即可将其合并为一个新形状，而颜色填充为工具箱中的【填色】颜色，如图 4-66 所示。

当使用【形状生成器工具】，在选中图形对象中单击，那么会根据图形对象重叠边缘分离图形对象，并且为其重新填充颜色，如图 4-67 所示。

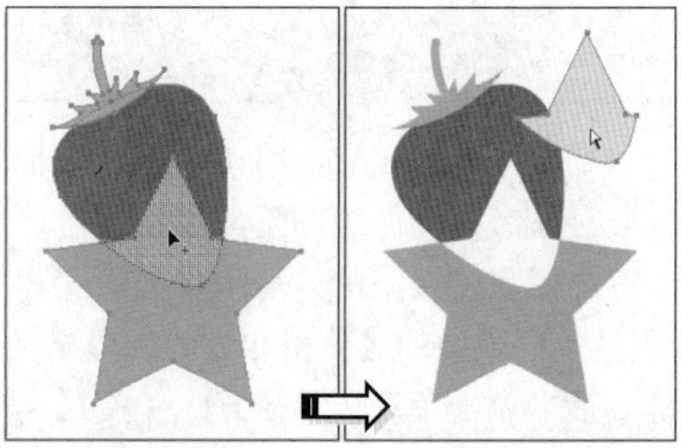

图 4-67　填充并分离对象

默认情况下，该工具处于合并模式，允许合并路径或选区。也可以按住 Alt 键切换至抹除模式，以删除任何不想要的边缘或选区。方法是选择【形状生成器工具】后，按住 Alt 键单击选项图形对象中的局部，那么该区域的图形被删除，如图 4-68 所示。

注　意

在抹除模式下，可以在所选形状中删除选区。如果要删除的某个选区由多个对象共享，则分离形状的方式是将选框所选中的那些选区从各形状中删除。

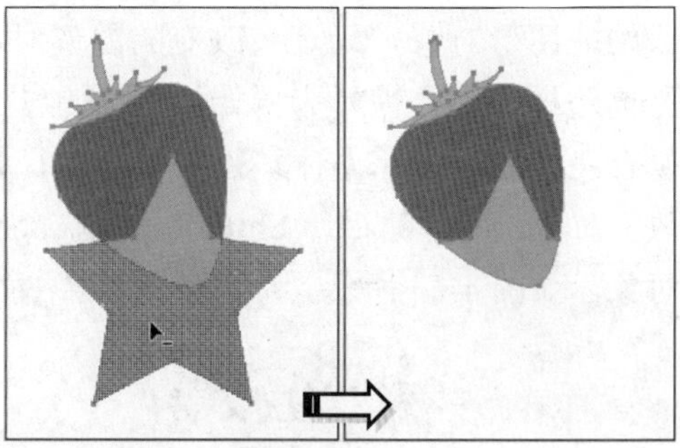

图 4-68　删除所选对象

2. 工具选项

使用【形状生成器工具】，除了能够进行上述形状创建外，还可以通过设置该工具的选项，创建更加复杂的形状。方法是，在进行形状创建之前，双击该工具，弹出【形状生成器工具选项】对话框，如图 4-69 所示。通过启用或选择不同的选项，从而针对不同的图形对象进行形状创建。

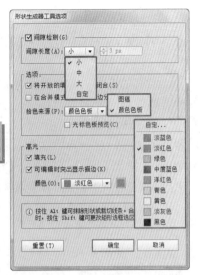

提 示

使用【形状生成器工具】创建的新形状，其原理与实时上色相同，均是按照路径交叉形成的区域为形状的。

- **间隙检测** 使用【间隙长度】下拉列表设置间隙长度。可用值为小（3 点）、中（6 点）和大（12点）。如果想要提供精确间隙长度，则启用【自定】复选框。选择间隙长度后，Illustrator 将查找仅接近指定间隙长度值的间隙，要确保间隙长度值与图形对象的实际间隙长度接近，如图 4-70所示。

图 4-69 【形状生成器工具选项】对话框

- **将开放的填色路径视为闭合** 如果启用此选项，则会为开放路径创建一段不可见的边缘以生成一个选区。单击选区内部时，会创建一个形状。

- **在合并模式中单击"描边分割路径"**启用此复选框后，在合并模式中单击描边即可分割路径。此选项允许将父路径拆分为两个路径。第一个路径将从单击的边缘创建，第二个路径是父路径中除第一个路径外剩余的部分。

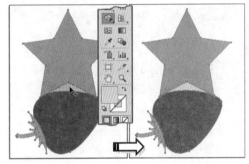

图 4-70 启用【间隙检测】选项

- **拾色来源** 可以从颜色色板中选择颜色，或从现有图稿所用的颜色中选择来给对象上色。使用【拾色来源】下拉菜单选择"颜色色板"或"图稿"选项。

- **填充** 【填充】复选框默认为启用。如果启用此选项，当光标滑过所选路径时，可以合并的路径或选区将以灰色突出显示。如果没有启用此选项，所选选区或路径的外观将是正常状态。

- **可编辑时突出显示描边** 如果启用此选项，Illustrator 将突出显示可编辑的笔触。可编辑的笔触将以【颜色】下拉列表中选择的颜色显示。

4.5 对齐与排列图形对象

在绘制图形时，经常需要对绘制内容的位置进行调整，比如改变对象的前后顺序，或是对多个图形的位置进行调整，以使它们的排列更符合工作需求。使用【排列】命令和【排列】面板中的对齐、分布功能，可以实现改变对象排列顺序、调整对象对齐和分布方式的操作。

4.5.1 排列图形对象

所有的绘制对象都是以绘制的先后顺序进行排列，在实际工作中，会因为绘制工作的需要调整对象的先后顺序，这时就需要使用【排列】功能改变对象的先后顺序。

Illustrator 提供了两种改变对象次序的方法，一种是执行【对象】|【排列】命令下的各个子命令；另一种方法是右击选定对象，在快捷菜单中执行【排列】命令下的各个子命令。【排列】命令下的各个命令提供了四种更改对象次序的方法，以及相对应的快捷键。

1. 置于顶层

【置于顶层】命令可以将选定的对象放到所有对象的最前面。方法是选取对象后，执行【对象】|【排列】|【置于顶层】命令（快捷键 Ctrl+Shift+]），可将选定的对象放到所有对象的最前面，如图 4-71 所示。

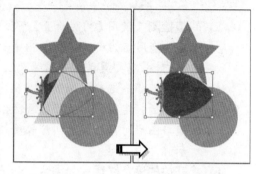

图 4-71 将对象放到所有对象的前面

2. 前移一层或后移一层

使用【前移一层】命令（快捷键 Ctrl+]）或【后移一层】命令（快捷键 Ctrl+[）可将对象向前或向后移动一步，而不是所有对象的最前面或最后面，如图 4-72 所示。

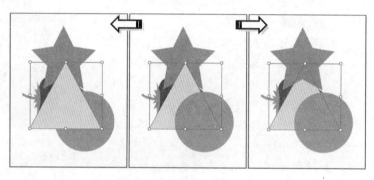

图 4-72 向前或向后移动对象

3. 置于底层

【置于底层】命令与【置于顶层】命令相反，它可以将选定的对象放到所有对象的最后面。在绘制较为复杂的对象时，可以根据需要随时调整对象的位置，以利于绘制工作的顺利展开，如图 4-73 所示。

4.5.2 对齐与分布对象

当创建多个对象，并且要求对象排列精度较高时，单纯地依靠鼠标拖动是难以准确完成

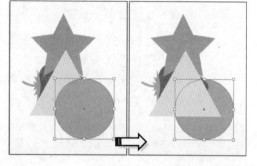

图 4-73 将对象放到最后面

的。执行 Illustrator 所提供的对齐和分布功能，会使整个绘制工作变得更为便捷。

【对齐】面板集合了多个对齐与分布命令按钮。执行【窗口】|【对齐】命令，即可启用【对齐】面板，如图 4-74 所示。

Illustrator CS6 中文版标准教程

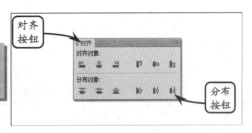

图 4-74 【对齐】面板

【对齐】面板可使选定的对象沿指定的方向
轴对齐：沿着垂直方向轴，可以使选定对象的
最右边、中间和最左边的定位点与其他选定的
对象对齐；而沿着水平方向轴，可使选定对象的最上边、中间和最下边的定位点与其他
选定的对象对齐。总的来说，这种操作可以分为两类：对齐多个对象，以及对象的准确
分布。

1. 对齐多个对象

对齐操作可以改变选定对象中某些对象的位置，并按一定的对象为参照进行排列。
在对齐命令组中，共有六个不同的对齐命令按钮，单击这些命令按钮能够使选定的多个
对象按一定的方式对齐，如表 4-3 所示解释。使用各命令按钮后的对齐效果如图 4-75 所
示效果。

表 4-3 各对齐按钮的功能解释

名　称	作　用
水平左对齐	每个对象将会以最左边对象的边线为基准向左集中，而最左边对象的位置则保持不变
水平居中对齐	以选定对象的中心作为居中对齐的基准点，对象在垂直方向上保持不变。如果用户选择的是不规则的对象，将会以各对象的中心作为中心点而进行水平方向的中心对齐
水平右对齐	以多个对象中最右边对象的边线对齐排列，最右边对象的位置将不发生变化
垂直顶对齐	以选定对象中最上方对象的上边线作为基准对齐，而处于最上面对象的位置保持不变
垂直居中对齐	使对象垂直居中对齐，对齐后对象的中心点都在水平方向的直线上
垂直底对齐	以选定对象中最下方对象的下边线作为基准进行对齐操作，所有选定的对象都向下集中，而最下面对象的位置将不发生变化

2. 对象分布

对象的分布是自动沿水平轴或垂直轴均匀地
排列对象，或使对象之间的距离相等，精确地设
置对象之间的距离，从而使对象的排列更为有序，
在一定条件下，它将会起到与对齐功能相似的作

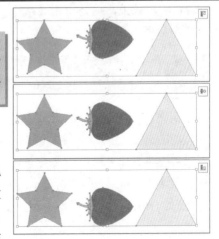

图 4-75 使用对齐命令按钮的效果

用。在【对齐】面板中，有水平分布对象、垂直分布对象和间隔分布对象两种不同的分布方式。

　　【对齐】命令组中包括三个垂直分布对象的命令按钮，通过这些命令按钮可以使选定的多个对象以不同的方式沿垂直轴分布，如图 4-76 所示效果，这是使用【垂直居中分布】命令按钮后的效果。

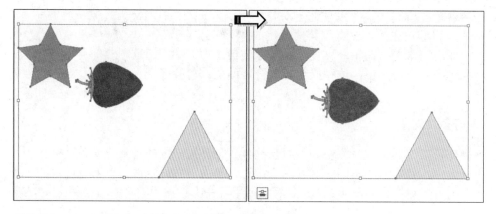

　　图 4-76　使用【垂直居中分布】命令按钮后的效果

提　示

由于【垂直顶分布】、【垂直居中分布】和【垂直底分布】命令按钮的分布效果较为接近，此处只出示了使用【垂直顶分布】命令按钮分布图形的效果，用户可自行尝试使用其他两个按钮进行分布操作，观察它们的区别。

　　【对齐】面板中的三个水平分布命令按钮是【水平左分布】、【水平居中分布】和【水平右分布】按钮，它们的功能较为接近，可使选定的对象沿水平轴以不同的方式均匀分布，如图 4-77 所示效果，这是使用【水平左分布】命令按钮后的效果。

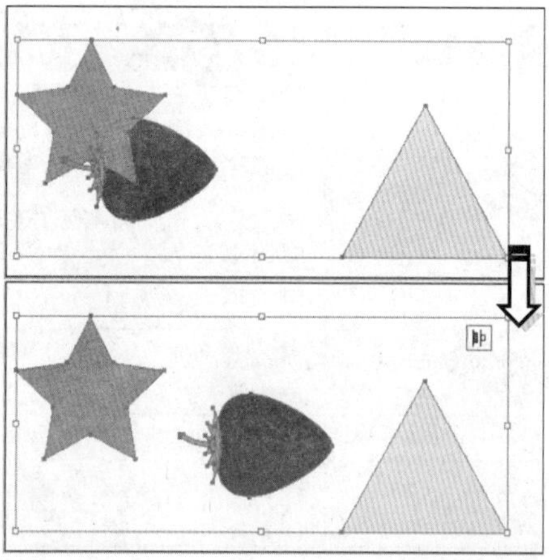

　　图 4-77　使用【水平左分布】命令按钮

4.6　课堂练习：绘制向日葵

　　本实例绘制的是矢量向日葵效果，其效果以特写的方式展示向日葵花朵，并且搭配了蓝天背景，使其更加突出向日葵花朵。在绘制过程中，复制与旋转等简单编辑操作起到了快速、省时的作用，如图 4-78 所示。

　　图 4-78　向日葵

操作步骤：

1 按 Ctrl+N 快捷键，创建【颜色模式】为 RGB、横版的空白画板。选择工具箱中的【钢笔工具】，设置【填色】为任意颜色、【描边】为"无"，建立向日葵花瓣的基本路径，如图 4-79 所示。

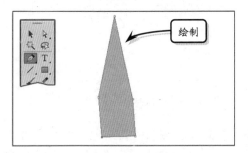

绘制

🌻 **图 4-79** 绘制花瓣

2 使用【转换锚点工具】，并搭配【直接选择工具】，调整直线段为曲线，如图 4-80 所示。

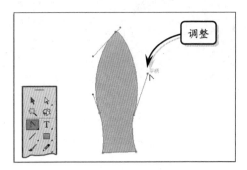

调整

🌻 **图 4-80** 调整效果

3 使用【选择工具】选中图形对象后，选择【旋转工具】，在该对象下方单击以确定旋转中心点后，按住 Alt 键单击并拖动鼠标，旋转并复制该对象，如图 4-81 所示。

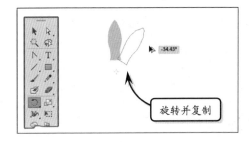

-34.43°

旋转并复制

🌻 **图 4-81** 旋转效果

4 保持对象不变，连续按 Ctrl+D 快捷键，进行对象重制，形成环形效果，如图 4-82 所示。

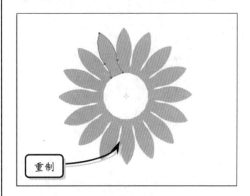

重制

🌻 **图 4-82** 重复复制

5 同时选中所有图形对象后，单击工具箱底部的【渐变】按钮，将所有单色转换为默认的渐变颜色，然后在【渐变】面板中，设置【类型】为"径向"，如图 4-83 所示。

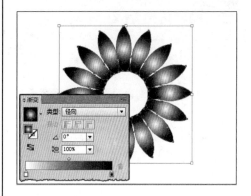

🌻 **图 4-83** 添加渐变填充

6 选择工具箱中的【渐变工具】，在图形对象被选中的同时，由对象中心向边缘单击并拖动，为其填充同一个渐变效果，然后在【渐变】面板中，添加渐变滑块并更改渐变滑块颜色值与位置，形成"橙色"到"黄色"渐变，如图 4-84 所示。

7 使用【选择工具】选中所有图形对象后，按 Ctrl+G 快捷键进行编组。然后按住 Alt 键拖动该对象进行复制，并且在【渐变】面板中重新设置渐变滑块的颜色值与位置，如

图 4-85 所示。

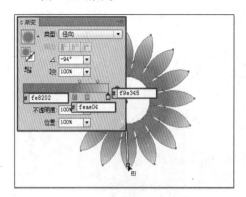

图 4-84 设置渐变颜色

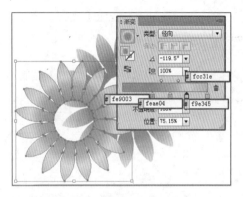

图 4-85 复制并设置渐变颜色

8 将编辑后的图形对象重新放置在原图形对象上方，按住 Alt+Shift 快捷键，向中心点位置成比例缩小该对象，然后顺时针旋转该图形对象，与下方图形对象交叉重叠，如图 4-86 所示。

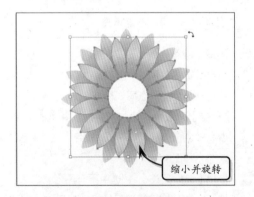

缩小并旋转

图 4-86 缩小并旋转对象

9 同时选中所有花瓣图形对象，按住 Alt 键拖

动该对象进行复制，如图 4-87 所示。

图 4-87 复制对象

10 单击工具箱底部的【渐变】按钮 ，为其填充同一渐变颜色后，在【渐变】面板中重新设置渐变颜色参数值，如图 4-88 所示。

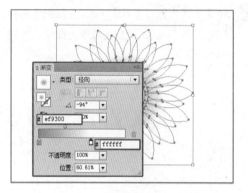

图 4-88 设置渐变颜色

11 执行【窗口】|【透明度】命令，弹出【透明度】面板，在该面板中，设置【混合模式】为"正片叠底"、【不透明度】为"86%"，如图 4-89 所示。

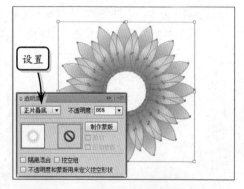

设置

图 4-89 设置【透明度】

12 使用【铅笔工具】 ✎，以花朵中心区域为准绘制不规则边缘图形对象，如图4-90所示。

13 然后将其填充为渐变颜色后，在【渐变】面板中设置【类型】和渐变滑块颜色值，如图4-91所示。

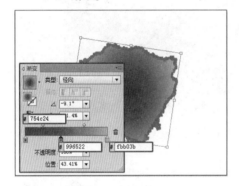

14 按照上述方法，选择【铅笔工具】 ✎，以花朵中心区域为准绘制不规则边缘图形对象，但是与第一个图形对象方向不同，如图4-92所示。

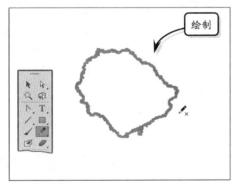

15 然后将其填充为渐变颜色后，在【渐变】面板中设置【类型】和渐变滑块颜色值。接着打开【透明度】面板，设置【混合模式】为"正片叠底"，【不透明度】为"29%"，如图4-93所示。

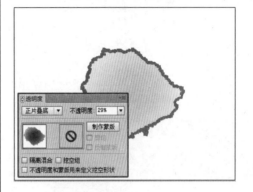

16 按照上述方法，并且使用相同的渐变颜色值以及【透明度】面板中的选项设置，分别绘制形状相似、不同展示方向的不规则图形对象。进行叠加后，形成晕染效果，如图4-94所示。

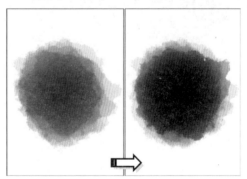

17 显示第一个不规则图形对象后，将所有不规则图形对象选中，按 Ctrl+G 快捷键进行编组。然后将其放置在花朵中心位置，作为向日葵的花蕊部分，形成完整的向日葵花朵，如图4-95所示。

18 执行【文件】|【置入】命令，将素材"天空.jpg"导入画板中。按住 Shift 键，成比例放大该图像后，使用【选择工具】 ▶ 移动该图像，使画板只显示天空效果，如图4-96所示。

图 4-95　　组合效果

图 4-96　　放大效果

19　右击天空图像文件，选择【排列】|【置于底层】命令，将天空图像放置向日葵图形对象下方，如图 4-97 所示。

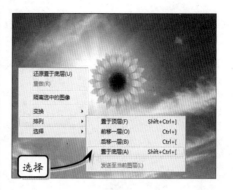

图 4-97　　放置低层

20　然后成比例放大向日葵图形对象后，将其放置在画板左下方，形成特写效果，如图 4-98 所示。

图 4-98　　放大效果

4.7　课堂练习：绘制蜘蛛网

　　本实例绘制的是蜘蛛网效果，并且在其中搭配了蜘蛛，使其效果更加完整。在绘制过程中，主要通过 Illustrator 的基本绘制工具，配合【路径查找器】面板来实现图形形状的变形与结合，如图 4-99 所示。

图 4-99　　蜘蛛网

操作步骤：

1　新建【颜色模式】为 CMYK 的横版空白画板，按 Ctrl+R 快捷键打开标尺，在画板中心位置拉出横向和纵向参考线。选择【椭圆工具】，在画板中心位置绘制尺寸为 150×150 像素的描边正圆图形，如图 4-100 所示。

2　使用【椭圆工具】，按住 Alt 键单击正圆正上方边缘。在弹出的【椭圆】对话框中，设置【宽度】和【高度】均为 50px，绘制小圆图形，并使其中心点位于大圆正上方锚点位置，如图 4-101 所示。

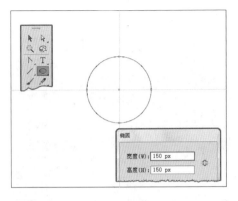

图 4-100　绘制椭圆

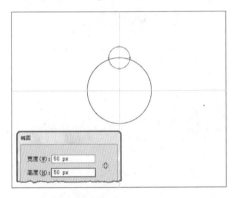

图 4-101　绘制小圆

3　保持小圆选中状态，选择【旋转工具】🔄，按住 Alt 键单击大圆中心点，在弹出的【旋转】对话框中设置【角度】为"36°"，单击【复制】按钮，小圆图形以大圆的中心为中心进行旋转与复制，如图 4-102 所示。

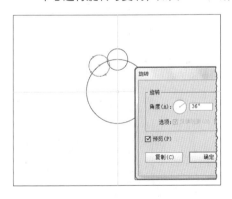

图 4-102　复制并旋转小圆

4　保持第二个小圆图形被选中，连续按 Ctrl+D 快捷键进行对象重制，得到围绕大圆图形的小圆图形，如图 4-103 所示。

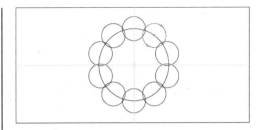

图 4-103　重制小圆

5　将所有圆形对象选中后，单击【路径查找器】面板中的【减去顶层】按钮🔳，得到了一个蜘蛛网的基本形状，如图 4-104 所示。

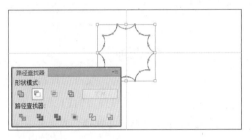

图 4-104　减去效果

提　示

在 Illustrator 中，参考线不仅能够起到辅助作用，还能够与图形对象同时进行部分操作，比如选择、旋转等。所以在进行路径运算时，必须将参考线移除，否则无法进行操作。

6　保持运算后的图形对象被选中，双击工具箱中的【比例缩放工具】📐，在弹出的【比例缩放】对话框中，启用【等比】选项，并设置【比例缩放】为130%，单击【复制】按钮，如图 4-105 所示。

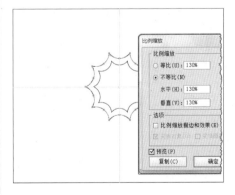

图 4-105　缩放效果

7 保持第二个图形被选中，连续按 Ctrl+D 快捷键将对象进行两次复制，如图 4-106 所示。

图 4-106 连续复制

8 选中最中心的图形对象，双击工具箱中的【比例缩放工具】，在弹出的【比例缩放】对话框中，启用【等比】选项，并设置【比例缩放】为 70%，单击【复制】按钮，如图 4-107 所示。

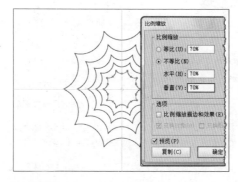

图 4-107 缩放效果

提示

按 Ctrl+D 快捷键重制对象，直到总共得到 6 个图形为止。

9 执行【视图】|【对齐点】命令，选择【直线段工具】，由中心向最外侧的点绘制直线，其【描边粗细】为"1pt"，如图 4-108 所示。使用同样的方法，绘制所有的直线，完成蜘蛛网的绘制。

10 在画板的空白区域，使用【椭圆工具】，绘制大小不一的两个"黑色"描边椭圆，上

下交叉放置，同时选中后，单击【路径查找器】面板中的【联集】按钮，进行合并，如图 4-109 所示。

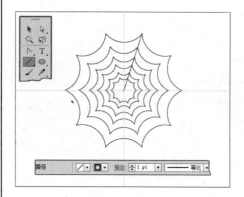

图 4-108 绘制直线

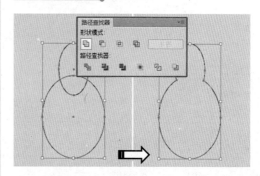

图 4-109 绘制椭圆

11 填充图形对象，颜色为黑色，作为蜘蛛的身体。选择【多边形工具】，双击空白画板，在弹出的【多边形】对话框中设置【边数】为 3，绘制两个倒三角描边图形后，呈比例缩小其中一个，并上下排列，如图 4-110 所示。

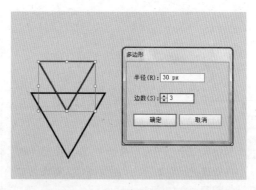

图 4-110 绘制三角形

12 然后将其选中后，单击【路径查找器】面板中的【联集】按钮 ⬚，并填充"红色"至其中，如图4-111所示。

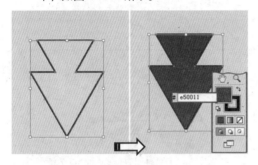

图 4-111　填色效果

13 将绘制好的图形对象放置在蜘蛛身体下半部分后，使用【钢笔工具】 ✐，绘制【填色】为"红色"，【描边】为"黑色"的水滴图形。复制并镜像该图形对象后编组，并将其放置在蜘蛛身体上半部分，如图4-112所示。

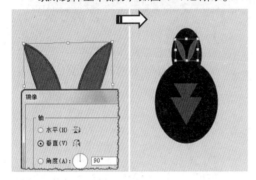

图 4-112　绘制图形

14 使用【椭圆工具】 ⬭ 绘制两个椭圆图形，并交叉放置。通过单击【路径查找器】面板中的【联集】按钮 ⬚，进行合并并填充为"黑色"，如图4-113所示。

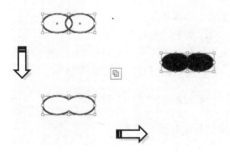

图 4-113　绘制椭圆

15 然后继续绘制两个椭圆，并交叉放置，单击【路径查找器】面板中的【减去顶层】按钮 ⬚，得到月牙图形，并填充"橙色"，如图4-114所示。

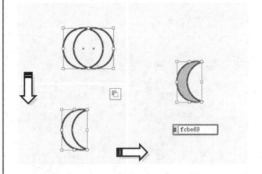

图 4-114　绘制月牙图形

16 选中月牙图形对象后，双击【镜像工具】 ⟁，启用【垂直】选项后，单击【复制】按钮，得到对称图形，如图4-115所示。

图 4-115　镜像并复制月牙图形

17 将其放置在蜘蛛的眼睛位置，并进行编组。然后将其放置在蜘蛛身体顶部，呈比例缩小，与之成为一个整体，如图4-116所示。

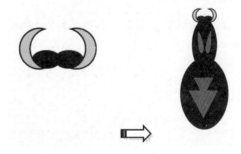

图 4-116　组合效果

18 选择【钢笔工具】🖊，并设置【填色】为"无"，【描边】为"黑色"，【描边粗细】为"6pt"，【端点】为"圆头端点"，在蜘蛛身体两侧，绘制 8 只脚的形状图形，如图4-117 所示。

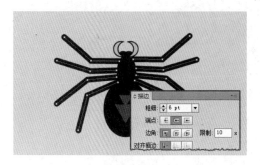

图 4-117 绘制蜘蛛脚

19 绘制完成后进行编组，并将其放置在蜘蛛网图形中，进行适当旋转与缩小，完成最终效果如图 4-118 所示。

图 4-118 放置位置

4.8 思考与练习

一、填空题

1. _____快捷键可以将复制的对象粘贴到原图形对象的前面，而按下 Ctrl+B 快捷键可将复制的图形粘贴到原图形对象的后面。

2. 启用【比例缩放】对话框中的_____选项，可以单独对图形对象中的图案进行缩放。

3. 使用_____可以重新确定旋转轴心位置。

4. 图形对象之间的运算使用的是_____。

5. 图形对象之间的对齐与分布使用的是_____。

二、选择题

1. 按快捷键_____可以对图形对象进行重制。
   - A. Ctrl+C
   - B. Ctrl+V
   - C. Ctrl+D
   - D. Ctrl+B

2. _____可使设置的部位产生顺时针或逆时针的旋转扭曲。
   - A.【变形工具】🖐
   - B.【旋转扭曲工具】🔄
   - C.【缩拢工具】💠
   - D.【扇贝工具】🔺

3. 默认状态下，创建网格封套的行数是_____行。
   - A. 2
   - B. 3
   - C. 4
   - D. 6

4. 使用_____命令，可以去除封套，并将封套的形状应用到封套中的对象中。
   - A. 释放
   - B. 封套选项
   - C. 编辑内容
   - D. 扩展

5. 使用_____按钮，可以将对象以顶部对齐。
   - A. 垂直顶分布
   - B. 水平居中对齐
   - C. 垂直底对齐
   - D. 垂直顶对齐

三、问答题

1. 如何重制图形对象？

2. 怎么使用【自由变换工具】🔲对图形对象进行倾斜操作？

illustrator CS6 中文版标准教程

3．同时将多数图形对象进行变换，使用的是什么命令？

4．如何使用【形状生成器工具】进行图形对象编辑？

5．简述复合形状与复合路径之间的区别。

四、上机练习

1．绘制风车

放射性图形的绘制，通过旋转、重制等操作即可完成，并且非常简单。方法是，绘制某个图形对象后并选择，选择【旋转工具】后，按住 Alt 键在画板中单击以确定旋转中心点。在弹出的【旋转】对话框中设置参数，单击【复制】按钮即可旋转并复制。然后重复按 Ctrl+D 快捷键，即可按照刚才的角度旋转并复制对象，形成风车图形，如图 4-119 所示。

图 4-119　绘制风车

2．巧用预设封套

巧妙地利用封套图形，可以创建出各种各样的图形。如图 4-120 所示，通过为对称图形添加预设的封套，制作出类似蝴蝶的图形。

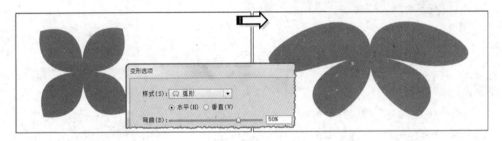

图 4-120　巧制蝴蝶

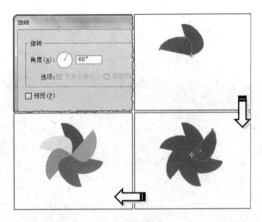

第 5 章

文本创建和编辑

   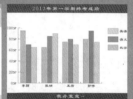

由于文字是表现内容信息的最直接的方式，所以文字是图形效果中不可或缺的内容信息之一。而 Adobe Illustrator CS6 的文字功能是其最强大的功能之一，不仅具有一般的文字创建与编辑功能，还具有特殊的排版功能，使文本能够更好地应用于图像效果中。

在该章节中，主要介绍各种文本形式的创建方法与编辑方法、制表符的应用以及各种文本效果的修饰。

本章学习要点：

➢ 熟练掌握文本工具的使用
➢ 熟练掌握编辑文字属性的方法
➢ 学会如何编辑段落
➢ 掌握为文字增加特效的方法

5.1 创建文本

在 Illustrator 中，创建文本的方法有多种，可以使用系统本身的文本工具，在画板中添加一行文字、创建文本列和行、在形状中或沿路径排列文本以及将字形用作图形对象，也可以将其他应用程序创建的文本文件置入当前文件中。

5.1.1 使用文本工具

Illustrator 中的文本工具包括【文字工具】T和【直排文字工具】IT，使用这两个工具，可以在工具箱中单击【文字工具】按钮T不放，然后从弹出的子面板中选择相应的工具，如图 5-1 所示。

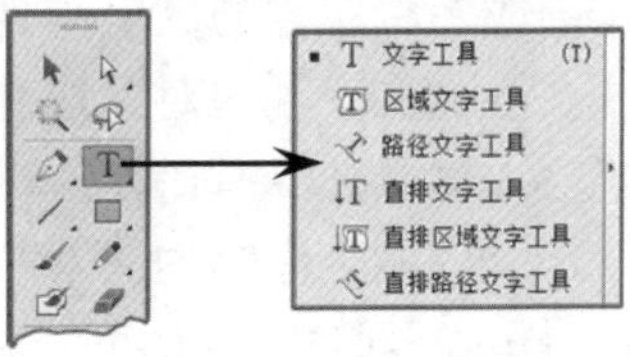

在 Illustrator 中，使用【文字工具】T主要可以创建两种类型的文字，即点文本和块文本。

1．创建点文本

点文本是指从单击位置开始，并随着字符输入而扩展的
横排或直排文本。创建的每行文本都是独立的。对其编辑时，该行将扩展或缩短，但不会换行，这种方式非常适用于在文件中输入少量文本的情形。

选择【文字工具】T，然后在视图中单击并输入文字。结束文字的输入后，切换成其他工具以完成文本的创建，或者按 Ctrl+Enter 快捷键，结束文本的创建如图 5-2 所示。

当需要创建直排文字时，在工具箱中单击【直排文字工具】按钮IT，并在【字符】面板的右上端单击小三角按钮，选择【标准垂直罗马对齐方式】命令，此时所创建的点文本将从上而下地进行排列文字，如果按回车键，则会在第一列文字的右边开始新的一行文字。当选中文本时，基线沿着字母的中心向下，如图 5-3 所示。

2．创建区块文本

对整段文字来说，文本块比点文本更有用，文本块有文本框的限制，能够简单地通过改变文本框的宽度来改变行宽。创建的方法是，选择【文字工具】T或者【直排文字工具】IT在视图中单击并拖出一个文本框，输入文本，如图 5-4 所示。

图 5-1　文字工具组

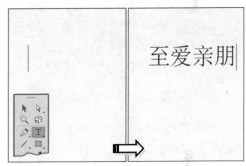

图 5-2　创建点文本

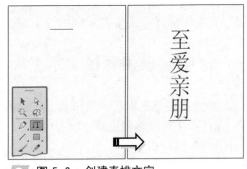

图 5-3　创建直排文字

注　意

如果只想改变文本框的大小，不要用【缩放工具】或者【比例缩放工具】，因为使用任何一种变形工具都会同时将文本框内的文字进行缩放。

5.1.2　使用区域文本工具

区域文本工具包括两种工具：【区域文字工具】和【直排区域文字工具】，使用这两种工具可以将文字放入特定的区域内部来形成多种多样的文字排列效果。

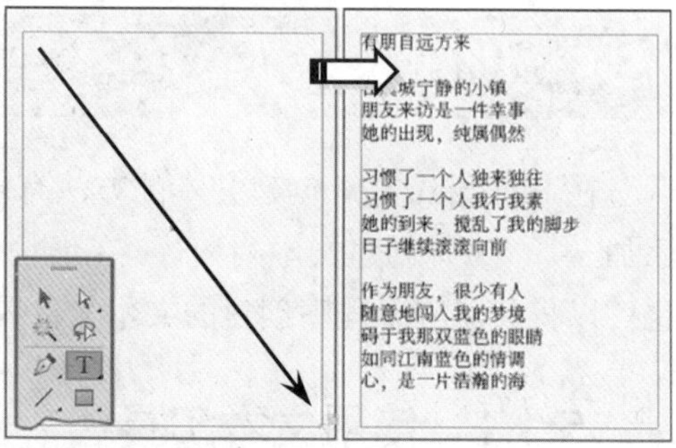

区域文字利用对象边界来控制字符排列，当文本触及边界时，会自动换行。当想创建包含一个或多个段落的文本时，使用【区域文本工具】创建文本的方式相当有用。

1. 创建区域文字

在选定要作为文本区域的路径对象后，使用【区域文字工具】在图形上单击，当出现插入点时，输入文字。如果文本超出了该区域所能容纳的数量，将在该区域底部附近出现一个带加号的小方框，如图 5-5 所示。

2. 创建直排区域文字

创建直排区域文字可以使文字很好地安排在一个特定的区域内，方便对文字的整体进行调整，通过改变区域的形状来改变文字的排列。首先绘制区域，选择【直排区域文字工具】输入文字，然后打开【字符】面板，选择面板菜单中的【标准罗马对齐方式】命令，如图 5-6 所示。

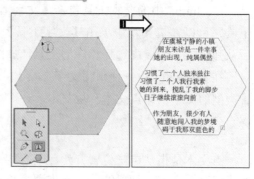

图 5-4 创建区块文本

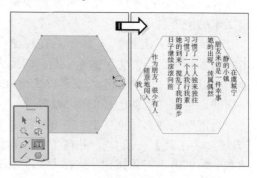

图 5-5 创建区域文字

图 5-6 创建直排区域文字

5.1.3　使用路径文本工具

路径文字是指沿着开放或封闭的路径排列的文字，路径文本工具包括【路径文字工具】和【直排路径文字】两种工具，使用路径文本工具来创建文本，文本会沿路径的形状来排列。

1. 创建路径文字

绘制一条路径，选择【路径文字工具】单击路径，然后在出现的插入点后输入文本，文字将沿着路径的形状排列，而文字的排列会与基线平行，如图 5-7 所示。

如果选择的是【直排路径文字】 ，然后在出现的插入点后输入文本，那么文字将沿着路径的形状排列。这时，文字的排列会与基线垂直，如图 5-8 所示。

2. 翻转路径文字

翻转路径文字可以使文字改变方向，通过在【区域文字选项】对话框中启用【翻转】复选框，方法是，选中路径文件后，执行【文字】|【路径文字】|【路径文字选项】命令，弹出【路径文字选项】对话框，并启用【翻转】复选框，如图 5-9 所示。

5.1.4　置入文本

在 Illustrator 中，除了可以使用文本编辑工具来创建文本，还可以通过置入文本的方式来创建文本。Illustrator 可以读取两种格式的文本文件：纯文本格式和.etf 格式。

如果想要将文本置入新文件，选择【文件】|【打开】命令，并找到想要使用的文本文件，然后单击【打开】按钮，如图 5-10 所示。

打开文件后，在里面的唯一对象是一个在四边都比页面小一英寸的文本框。这个文本有着与原来文本相同的名字，因此在存储文件时要小心，以免用 Illustrator 文件替代了原来的文本。在创建文本时，以文字和段落功能板里的当前的设置来设定格式。

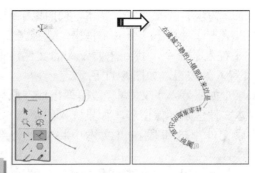

图 5-7　创建路径文字

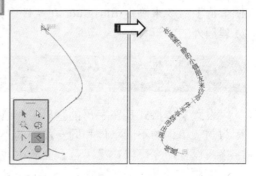

图 5-8　创建直排路径文字

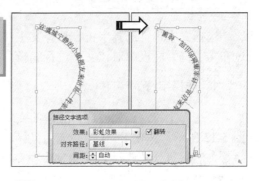

图 5-9　启用【翻转】选项

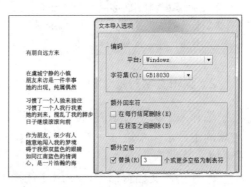

图 5-10　直接打开文本格式文件

为现有的文件置入文本，按照以下步骤操作：用【文字工具】T在想插入文本的地方单击或者拉出一个文本框来，选择【文件】|【置入】命令，找到想要置入的文件，单击【置入】按钮，如图 5-11 所示。

如果置入了文本框，段落像出现在原来文本文件里那样保留着，如果置入的是点文本，原文件里的每段在点文本中将变成为新的一行。

如果置入的是纯文本文件，可以指定用以创建文件的字符集的平台，也可以执行【额外回车符】命令来确定 Illustrator 在文件中如何处理额外的回车符。

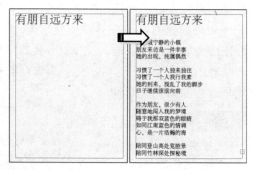

图 5-11　置入文本

5.2　设置文本格式

设置文本格式是在字母的基础上影响文字的格式。字体的选择就是一种文本格式，因为同一单词的不同字母和同一段中的不同单词都可以设为不同的字体。Illustrator 的文字格式设置命令可以在【字符】面板中找到。

5.2.1　选择文字

选择文本包括选择字符、选择文字对象以及选择路径对象。而选中文字后，可以通过在【字符】面板中对该文本进行编辑。

1．选择字符

要选择字符，首先要选择相应的文本工具，然后拖动一个或多个字符将其选中，如图 5-12 所示；按住 Shift 键并拖动鼠标，以扩展或缩小字符范围；或者选择一个或多个字符，然后执行【选择】|【全部】命令，以将文字对象中的所有字符选中。

提　示

选择文字或段落时，可以将光标置于文字上，然后双击以选择相应的文字；或者将光标放在段落中，然后连续两次双击鼠标按键以选择整个段落。

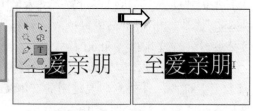

图 5-12　选中字符

2．编辑文字对象

选择某个文字对象后，将在文档窗口中该对象周围显示一个边框，并在【外观】面板中显示文字对象。使用两种方法可以实现选择文本。

一种是在文档窗口中，使用【选择工具】或者【直接选择工具】单击文字，或者按住 Shift 键并单击可选择额外的文字对象，如图 5-13 所示。

另一种是在【图层】面板中，找到要选择的文字对象，然后单击目标按钮即可。要

选择文档中的所有文字对象，执行【选择】|【对象】|【文本对象】命令即可。

3．选择路径文本

对于创建后的路径文本，只要使用【选择工具】选中路径对象，即可选中路径中的文本对象，如图 5-14 所示。

图 5-13　选中文本

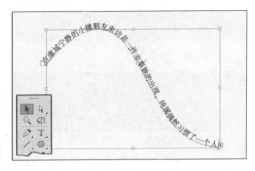

图 5-14　选择路径文字

5.2.2　设置文字

在【字符】面板中可以改变文档中的单个字符设置，当文字工具处于使用状态时，还可以通过单击【控制】面板中的【字符】选项来设置字符格式。选择【窗口】|【文字】|【字符】面板，如图 5-15 所示。

1．设置字体与字号

在默认情况下，输入的文字大小为"12pt"。要想改变文字大小，首先要选中输入的文字，然后在面板相应位置进行更改，如图 5-16 所示。或者在【文字】|【字形】命令和【大小】命令的子菜单命令中修改，也可以选择单个字符进行修改。

> **注　意**
>
> 文本的颜色设置无法在【字符】面板中设置，只有通过工具箱中的【填色】色块或者【控制】面板中的【填色】选项来设置。

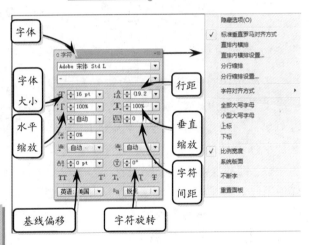

图 5-15　【字符】面板

2．设置字距

通过字距微调和字距调整两种方式来设置字距。字距微调是增加或减少特定字符间距的过程。字距调整是调整所选文本或整个文本块中字符之间间距的过程。

选中输入的文字，可以在【字符】面板中相应的位置进行整体或单个的改动，数值为正时，间距加大；数值为负时，间距减小。设置字距效果如图 5-17 所示。

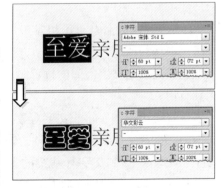

图 5-16　改变字体和字号

3．设置行距

各文字行间的垂直间距称为行距。测量行距时，计算的是一行文本的基线到上一行文本基线的距离。默认的自动行距选项将行距设置为字体大小的 120%，使用自动行距时，将在【字符】面板的【行距】下拉列表内显示行距值，如图 5-18 所示。

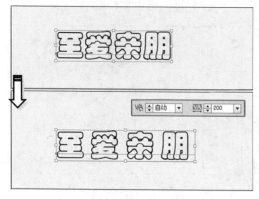

图 5-17　改变字距

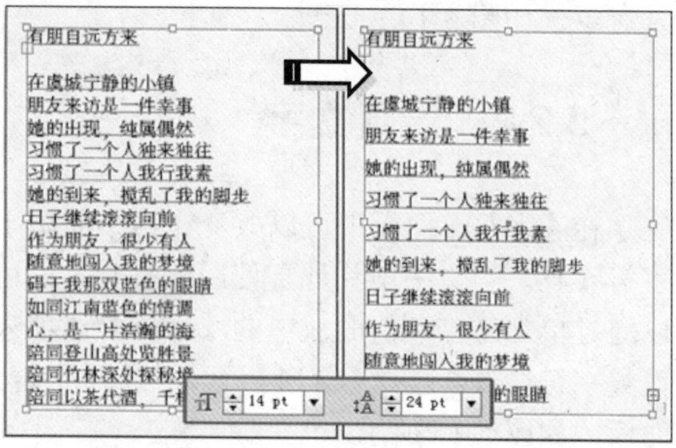

图 5-18　改变行距

4．水平与垂直缩放

其是指相对于字符的原始宽度和高度来指定文字高度和宽度的比例。未缩放字符的值为 100%。有些字体系列包括真正的扩展字体，这种字体设计的水平宽度要比普通字体样式宽一些。缩放操作会使文字失真，因此通常最好使用已紧缩或扩展的字体。而要自定义文字的宽度和高度，可以选择文字，然后在【字符】面板中设置，如图 5-19 所示。

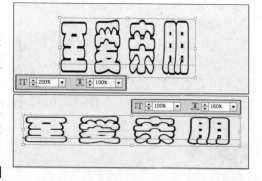

图 5-19　缩放效果

5．基线偏移

【基线偏移】命令可以相对于周围文本的基线上下移动所选字符，以手动方式设置分数字或调整图片与文字之间的位置时，基线偏移尤其有用。

选择要更改的字符或文字对象，在【字符】面板中，设置【基线偏移】选项。输入正值会将字符的基线移到文字行基线的上方，如图 5-20 所示；输入负值则会将基线移到文字基线的下方。

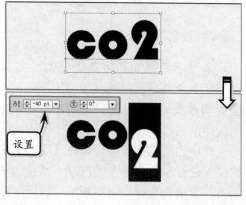

图 5-20　基线偏移效果

6. 改变文字方向

通过调整【字符旋转】选项栏的数值可以改变文字的方向。如果要将文字对象中的字符旋转特定的角度，选择要更改的字符或文字对象，然后在【字符】面板【字符旋转】选项栏的下拉菜单中设置数值即可，如图 5-21 所示。

想要使横排文字和直排文字互相转换，首先选择文字对象，然后执行【文字】|【文字方向】|【水平】命令，或者执行【文字】|【文字方向】|【垂直】命令。

如果要旋转整个文字对象，则选择文字对象，使用【自由变换工具】、【旋转工具】和执行【对象】|【变换】|【旋转】命令来实现文字对象的旋转。

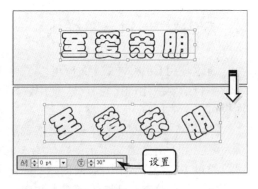

图 5-21 字符旋转效果

图 5-22 【字形】面板

5.2.3 特殊字符

除键盘上可以看到的字符之外，字体中还包括许多特殊字符。根据字体的不同，这些字符可能包括连字、分数字、花饰字、装饰字、序数字、标题和文体替代字、上标和下标字符、变高数字和全高数字。

插入替代字形的方式有两种：一种是使用【字形】面板来查看和插入任何字体中的字形；另一种是使用【OpenType】面板来设置字形的属性。

在 Illustrator 中，通过设置【字形】面板可以选择特殊的字符。打开【字形】面板有两种方法：一是执行【文字】|【字形】命令；二是执行【窗口】|【文字】|【字形】命令来查看字体中的字形，如图 5-22 所示。

在文档中插入特定的字形，首先执行【窗口】|【文字】|【字形】命令。然后在【字形】面板中选择需要的字符，双击所选字符，如图 5-23 所示。

如果想要替换字符，使用【文字工具】单击并拖动，选中字符。然后在【字形】面板中双击要替换的字符，即可替换选中的文字，如图 5-24 所示。

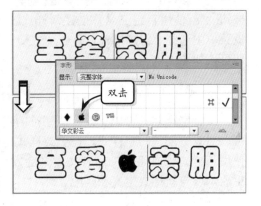

图 5-23 插入特殊字符

> **提 示**
>
> OpenType 字体提供的功能类型差别较大，每种字体并非能够使用【OpenType】面板中的所有选项。可以使用【字形】面板来查看字体中的字符。

5.2.4 创建字符样式

通过使用【字符样式】面板可以了解、创建、编辑字符所要应用的字符样式，使用【字符样式】面板可以节省时间和确保格式一致。

【字符样式】命令是许多字符格式属性的集合，可应用于所选的文本范围，如图 5-25 所示。可以通过【字符样式】面板来创建、应用和管理字符要应用的样式，只需选择文本并在其中的一个面板中单击样式名称即可。如果未选择任何文本，则会将样式应用于所创建的新文本。

在文本中插入光标时，在【字符样式】面板中突出显示现用样式，默认情况下，文档中的每个字符都会被指定为【正常字符样式】命令，这些默认样式是创建所有其他样式的基础。

1. 创建字符样式

如果要在现有文本的基础上创建新样式，首先选择文本，执行【窗口】|【文字】|【字符样式】命令，弹出【字符样式】面板。若使用默认名称创建新样式，则可以直接单击【创建新样式】按钮；使用自定义名称创建新样式，则在面板菜单中选择【新建样式】命令，输入一个名称即可，如图 5-26 所示。

2. 编辑字符样式

编辑字符样式可以更改默认字符的定义，也可以更改所创建的新样式。在更改样式定义时，使用该样式设置格式的所有文本都会发生更改，以与新样式定义相匹配。

要编辑字符样式，可以在【字符样式】面板选择该样式，然后从【字符样式】面板菜单中执行【字符样式选项】命令，也可以双击样式名称。

选择了要编辑的样式后，在对话框的左侧，选择一个格式设置选项，并设置它们，也可以选择其他类别以切换到其他格式，以设置选项组。完成设置后，在【常规】选项中显示设置的选项参数，如图 5-27 所示。

图 5-24 替换特殊字符

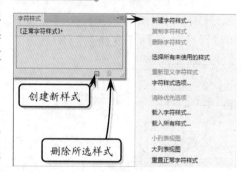

图 5-25 【字符样式】面板

图 5-26 创建字符样式

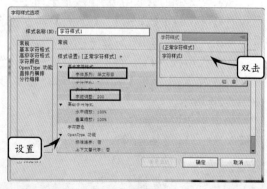

图 5-27 编辑字符样式

5.3 设置段落格式

设置段落格式将影响整个文本的段落，而不是一次只针对一个字母或一个字。要执行【段落格式设定】命令可以从【段落】面板的段落功能板中找到。

通过执行【窗口】|【文字】|【段落】命令，打开该面板来更改行和段落的格式，如图 5-28 所示。当选择了文字或【文字工具】T处于可用状态时，也可以使用【控制】面板选项来设置段落格式。

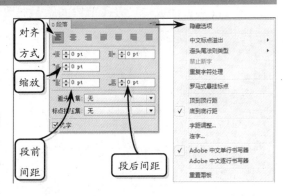

图 5-28 【段落】面板

● 5.3.1 段落的对齐方式与间距

区域文字和路径文字可以与文字路径的一个或两个边缘对齐，通过调整段落的对齐方式使段落更加美观整齐。在【段落】面板中提供了七种选项，其中对齐方式与相关功能如表 5-1 所示。打开【段落】面板，可以选择段落的对齐方式。

表 5-1 【段落】面板中对齐方式与功能

对齐方式	功　能
左对齐	使用该对齐方式使段落向左对齐
居中对齐	使用该对齐方式使段落文本向中间对齐
右对齐	使用该对齐方式使段落向右对齐
两端对齐末行左对齐	使用该对齐方式使段落文本左右两端都对齐，最后一行向左对齐
两端对齐末行右对齐	使用该对齐方式使段落文本左右两端都对齐，最后一行向右对齐
两端对齐末行居中对齐	使用该对齐方式使段落文本左右两端都对齐，最后一行向中间对齐
全部两端对齐	使用该对齐方式使段落文本左右两端全部都对齐

了解过段落对齐方式的种类后，下面介绍如何使用对齐方式来编辑段落。首先选择文字对象，或者在要更改的段落中插入光标，然后在【段落】面板中分别单击【居中对齐】按钮 三 和【右对齐】按钮 三，如图 5-29 所示。

通过在【段落】面板中设置段落的间距和行距等属性，从而调整段落的结构。行距是一种字符属性，表示可以在同一段落中应用多种行距，一行文字中的最大行距将决定该行的行距。

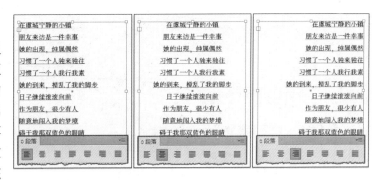

图 5-29 对齐效果

指定间距选项分为段前间距和段后间距两种，段前间距设置可以在两段之间增加额外间距，设置的效果与在段落第一行的某一个字母增加行距是一致的。首先选择文字，然后在【段落】面板中设置【前段间距】的数值，如图5-30所示。

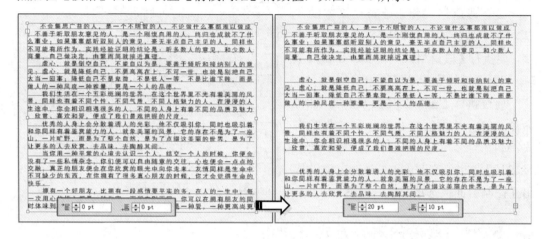

图 5-30　段落间距效果

5.3.2　缩进和悬挂标点

在【段落】面板中，通过调整段落缩进的数值和使用悬挂缩进来编辑段落，可以使段落边缘显得更加对称。

缩进是指段落或单个文字对象边界间的间距量，段落缩进分为左缩进和右缩进两种，缩进只影响选中的段落，因此可以很容易地为多个段落设置不同的缩进。选择文字后打开【段落】面板，调整段落左右缩进的数值，如图5-31所示。

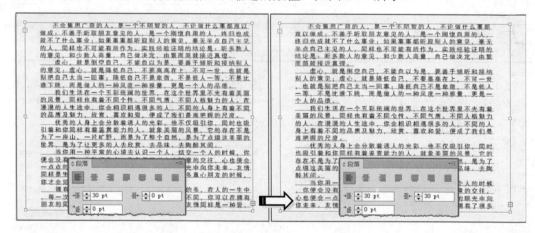

图 5-31　段落缩进效果

如果只是设置段落的第一行文字缩进，只要选中段落，在【段落】面板中设置【首行缩进】选项，即可实现该效果，如图5-32所示。

> **提 示**
>
> 悬挂标点可以通过将标点符号移至段落边缘之外的方式，让文本边缘显得更加对称。它包含3种对齐方式，包括【罗马式悬挂标点】、【视觉边距对齐方式】和【标点溢出】命令。

5.3.3 创建段落样式

【段落样式】面板与【字符样式】面板的作用相同，均是为了保存与重复应用文字的样式，这样在工作中可以节省时间和确保格式一致。段落样式包括段落格式属性，并可应用于所选段落，也可应用于段落范围。可以使用【段落样式】面板来创建、应用和管理段落样式，如图 5-33 所示。

如果要在现有文本的基础上创建新样式，首先选择文本，在【段落样式】面板中，如果要使用默认名称创建新样式，可以单击【创建新样式】按钮 ；如果要使用自定义名称创建新样式，则需要选择面板关联菜单中的【新建段落样式】命令，并在相应对话框中输入名称，如图 5-34 所示。

编辑段落样式可以更改默认段落的定义，也可以更改所创建的新样式。在更改样式定义时，使用该样式设置格式的所有文本都会发生更改，与新样式定义相匹配。

要编辑段落样式，可以在【段落样式】面板中选择该样式，然后从【段落样式】面板菜单中选择【段落样式选项】命令，也可以双击样式名称，在弹出的【段落样式选项】对话框中设置选项，从而改变段落样式效果，如图 5-35 所示。

5.4 制表符

因为大多数字体都是成比例地留空，所以使用不同宽度的字母插入多个空格不会使文本栏均匀地对齐，这时就需要使用制表符来使文

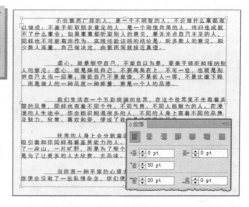

图 5-32 首行缩进效果

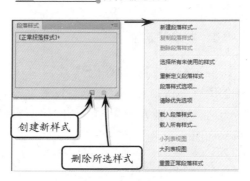

图 5-33 【段落样式】面板

图 5-34 新建段落样式

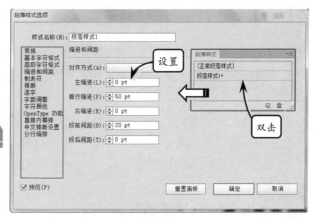

图 5-35 编辑段落样式选项

本对齐。通过【制表尺】面板可以控制制表符的停顿处，执行【窗口】|【文字】|【制表符】命令，打开【制表符】面板，如图 5-36 所示。

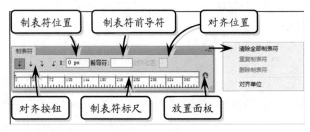

图 5-36 【制表符】面板

5.4.1 创建制表符

在【制表符】面板中可以通过设置制表符定位点、对齐和停顿等选项来创建。想要创建制表符，首先使用【选择工具】选中想要加制表符的文本块，或者使用光标选中特定段落，执行【窗口】|【文字】|【制表符】命令，通过打开【制表符】面板可以实现制表符的创建，以及制表符的选项设置。

1．制表符定位点

制表符定位点可应用于整个段落，在设置第一个制表符时，会自动删除其定位点左侧的所有默认制表符定位点，设置更多的制表符定位点时，会删除所设置制表符间的所有默认的制表符，如图 5-37 所示。

2．制表符对齐

在段落中插入光标，或选择要为对象中所有段落设置制表符定位点的文字对象。在【制表符】面板中，单击一个对齐按钮，以指定如何相对于制表符位置来对齐文本。各对齐按钮及作用如表 5-2 所示。

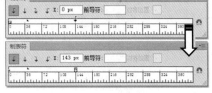

图 5-37 设置定位点

表 5-2 【制表符】面板中对齐按钮名称及其功能

名　　称	功　　能
左对齐制表符	选择该对齐按钮可使横排文本左对齐，右边距可因长度不同而参差不齐
居中对齐制表符	选择该对齐按钮可使制表符标记居中对齐文本
右对齐制表符	选择该对齐按钮可使横排文本靠右对齐，左边距可因长度不同而参差不齐
底对齐制表符	选择该对齐按钮可使直排文本靠下边缘对齐，上边距可参差不齐
顶对齐制表符	选择该对齐按钮可使直排文本靠上边缘对齐，下边距可参差不齐
小数点对齐制表符	选择该对齐按钮将文本与指定字符对齐放置

当选中文本段落时，在【制表符】面板中向右拖动制表符标尺下方定位点，能够缩进段落中首行以外的文字，如图 5-38 所示。反之，如果向右拖动制表符标尺上方定位点，那么就会对段落的首行进行缩进。

提　示

单击定位标尺上的某个位置以放置新的制表位，在 X 框或 Y 框中插入一个位置，然后按回车键，选定 X 或 Y 值按上下键以增加或减少制表符的值。

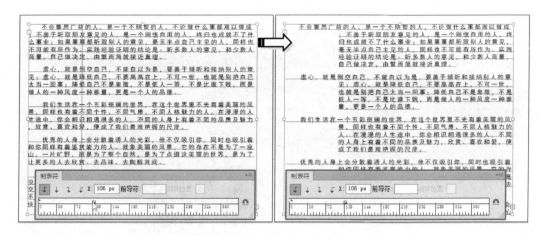

图 5-38　缩进首行以外文字

5.4.2　编辑制表符

编辑制表符包括重复制表符、移动制表符、删除制表符以及增加制表前导符，通过对制表符的编辑可以实现对段落的编排。

【重复制表符】命令是根据制表符与左缩进，或前一个制表符定位点间的距离创建多个制表符。在段落中单击以设置一个插入点，在【制表符】面板中，从标尺上选择一个制表位。从面板菜单中执行【重复制表符】命令来实现重复制表符。

在【制表符】面板中，首先从标尺上选择一个制表位，然后在 X 框中（适用于横排文本）或 Y 框中（适用于直排文本）输入一个新位置，并按回车键，将制表符拖动到新位置，如图 5-39 所示。

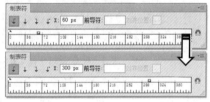

图 5-39　移动制表符

提 示

将制表符拖离制表符标尺，选择制表符，然后从面板菜单中执行【删除制表符】命令。若要恢复为默认制表位，则从面板菜单中执行【清除全部】命令。

在【制表符】面板的制表符标尺上，创建或选择一个小数点制表符，执行【对齐位置】命令，输入要对齐的字符，可以输入或粘贴任何字符，确保进行对齐的段落中包含指定的字符。如果在制表符后的文本中没有包含任何圆点，小数点制表符将以左对齐方式工作。

制表前导符是制表符和后续文本之间的一种重复性字符模式。在【制表符】面板中从标尺上选择一个制表位，在【前导符】面板中输入一种最多含 8 个字符的模式，然后按回车键，在制表符的宽度范围内，将重复显示所输入的字符。

如果要更改制表前导符的字体或其他格式，在文本框中选择制表符字符，然后使用【字符】面板或【文字】菜单来应用格式。

5.5　修饰文本

在 Illustrator 中对文本的修饰很重要，作为矢量绘图软件，可以设计出漂亮的文字，通过对文本添加效果、转换文本为路径、设置图文混排等方法来实现对文本的修饰。

5.5.1　添加填充效果

为文本添加效果可以是单色填充，也可以是图形样式和文字效果的填充，对整段的文字可以改变颜色，对个别字符也可以改变颜色。通过为文本添加颜色和图形样式来创建多种文字的特殊效果。

对文字填充颜色可以对整体的文字改变颜色，首先选择【文字工具】T 输入文字，然后在【色板】面板中单击某个颜色色块，即可改变文本的颜色，如图 5-40 所示。

也可以对个别的文字进行调整颜色，创建出五颜六色的字体。输入文字，使用【文字工具】T 选择要更改颜色的文字，设置不同的颜色，如图 5-41 所示。

对整段的文本填充颜色可以使文本更加漂亮，也可以对文本添加文字的效果，通过对文本添加效果可以制作海报广告。选中文本，执行【窗口】|【图形样式库】|【文字效果】命令，在【文字效果】面板中单击选择需要的效果，如图 5-42 所示。

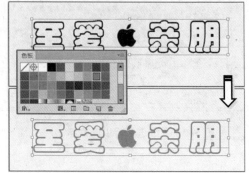

图 5-40　改变文字颜色

图 5-41　改变单个文字颜色

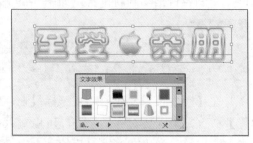

图 5-42　添加文字效果

5.5.2　转换文本为路径

文本可以通过应用路径文字效果来创建一些字体效果。也可以通过将文本转换为轮廓从而创建文字路径，并对文字进行编辑。

要对路径文字添加效果，首先绘制路径创建路径文字，可以执行【文字】|【路径文字】中的子菜单直接选择效果，也可以执行【文字】|【路径文字】中的【路径文件选项】命令，然后从【效果】的下拉列表中选择效果，路径文字效果分为【彩虹】、【倾斜】、【3D带状】、【阶梯】和【重力】效果，如图 5-43 所示。

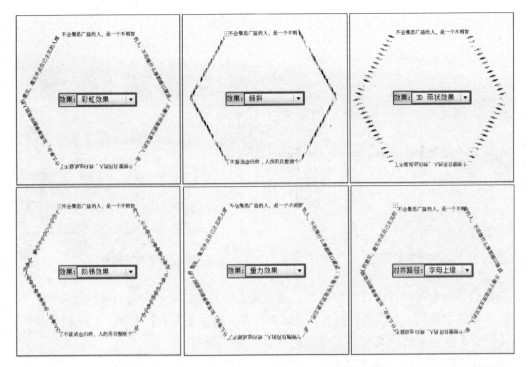

图 5-43　路径文字效果

　　将文字转换为一组复合路径或轮廓，对其进行编辑和处理，与编辑任何其他图形对象一样。当创建文本轮廓时，字符会在其当前位置转换，这些字符仍保留着所有的图形格式，如描边和填色。

　　选择【文字工具】T输入文字，然后执行【文字】|【创建轮廓】命令（快捷键 Ctrl+Shift+O），将文字图形化，以方便对文字进一步的编辑，可以为文字填充渐变，如图 5-44 所示。

　　这时发现渐变颜色是以单个字符为单位进行填充的，要想针对所有文本图形进行填

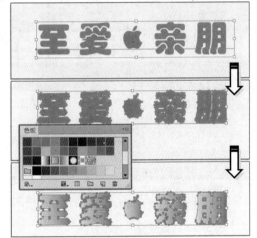

图 5-44　文字转换为图形

充，首先选中文本图形对象，选择【渐变工具】▓。然后在图形对象上单击并拖动，以改变渐变填充效果，如图 5-45 所示。

　　图形化的文字上将出现一些可编辑的锚点，在工具箱中选择【直接选择工具】▷，拖动想要调整的锚点，可以改变字母的形状，如图 5-46 所示。

5.5.3　文本显示位置

　　通过调整排字的方向对排版有很重要的作用，在 Illustrator 中，不仅能够改变文字的

方向位置，还能够设置图形对象与文本之间的显示关系。

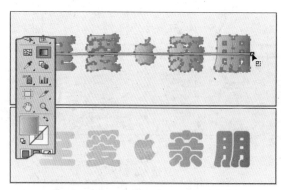

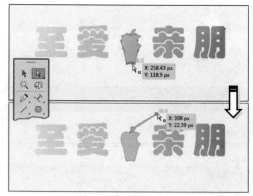

图 5-45　改变渐变效果　　　　图 5-46　改变文字轮廓

文本的显示方向既可以在创建初期，通过文本工具来决定，也可以通过命令来改变现有文本的显示方法。方法是，选中创建后的文本，执行【文字】|【文字方向】|【水平】或者【垂直】命令来实现文本的方向操作，如图 5-47 所示。

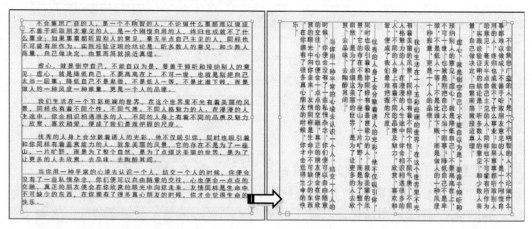

图 5-47　改变文字显示方向

绕排是由对象的堆叠顺序决定的，可以在【图层】面板中单击图层名称旁边的三角形以查看其堆叠顺序。要在对象周围绕排文本，绕排对象必须与文本位于相同的图层中，并且在图层层次结构中位于文本的正上方，可以在【图层】面板中将内容向上或向下拖移以更改层次结构。

输入文本，导入需要的位图并放置在文字上，同时选中文本和图片，执行【对象】|【文本绕排】|【建立】命令，如图 5-48 所示。

区域文本绕排的对象包括文字对象、导入的图像以及在 Illustrator 中绘制的对象。如果绕排对象是嵌入的位图图像，Illustrator 则会在不透明或半透明的像素周围绕排文本，而忽略完全透明的像素，如图 5-49 所示。

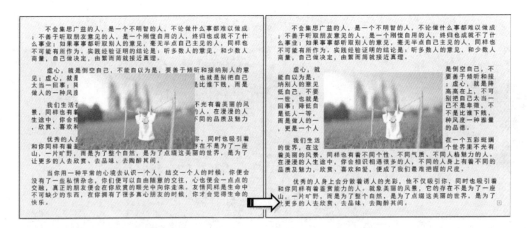

图 5-48 文字绕图片排列

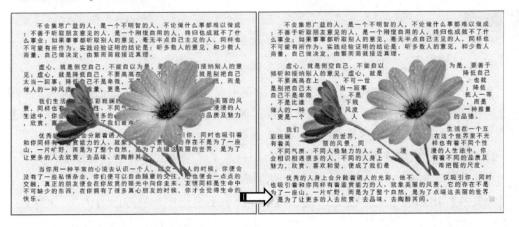

图 5-49 文字绕半透明图片排列

可以在绕排文本之前或者之后设置绕排选项，首先选择绕排对象，执行【对象】|【文本绕排】|【文本绕排选项】命令，然后指定以下选项。

❑ **位移** 指定文本和绕排对象之间的间距大小。

❑ **反向绕排** 围绕对象反向绕排文本。

如果想要使文本不再绕排在对象周围，首先选择绕排对象，然后执行【对象】|【文本绕排】|【释放】命令使文本不再绕排在对象周围。

5.5.4 链接与导出文字

在创建链接文本时可以在将文本放入文本框之前或之后建立链接，链接的文本框可以是任意的文本容器，各文本框的链接顺序可以随意更改。

使用【文字工具】T拖动鼠标绘制文字容器，输入文字从而创建文本块，接着再绘制一个文本框，与前一个文本框都被选中，执行【文字】|【串接文本】|【创建】命令来链接文本框。这时一个文本框里溢出的任何文本都会移到第二个文本框里，这样一直移到这一系列链接的最后一个文本框里，如图 5-50 所示。

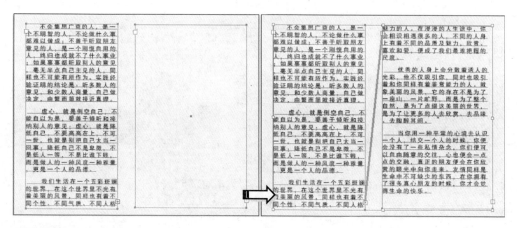

图 5-50 串联文字

文本框链接的顺序由堆叠的顺序确定，放在下面的为最先的，可以通过执行【排列】命令转换各个文本框的顺序。如果要解除各文本框的链接，执行【文字】|【串接文本】|【释放所选文字】命令，这个命令不能从文本框中移走文本。

在 Illustrator 中将文本输出的方式很多，用户除了可以将文本导出到文本文件外，还可以导出到 Flash 中，将文本作为静态、动态或输入文本导出。

将文本导出到文本文件中，首先使用【文字工具】T选中想要输出的文本，执行【文件】|【导出】命令，选择文件位置并输入文件名，然后单击【导出】按钮。格式包含了文本格式和图像格式两种，选择文本格式（TXT）作为文件格式，在【名称】文本框中输入新文本文件的名称，如图 5-51 所示。

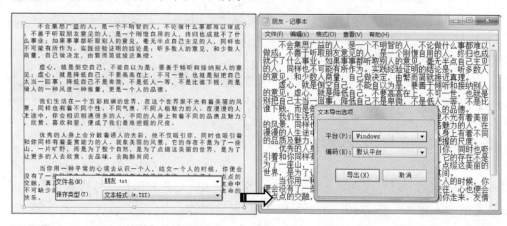

图 5-51 导出文字为记事本格式

Flash 文本可以包含点文本、区域文本以及路径文本，所有文本将以 SWF 格式转换为区域文本。定界框保持不变，将以 SWF 格式保留它们所应用的任何变换，串接文本对象是单独导出的，如果要标记和导出串接中的所有对象，确保选择并标记每个对象。溢流文本将导入到 FlashPlayer 中，并且保持不变。

可以使用多种不同的方法，将文本从 Illustrator 导出到 Flash 中，可以将文本作为静态、动态或输入文本导出。导出方法是，选中文本并单击【控制】面板中的【Flash 文本】选项，选择 Flash 文本类型后，执行【文件】|【导出】命令，选择文件类型为【Flash(.*SWF)】选项，即可创建 Flash 文件，如图 5-52 所示。

提 示

在 Illustrator 中，对文本添加标记或者取消标记并不会更改原始文本，可以随时更改标记，而不会改变原始文本。

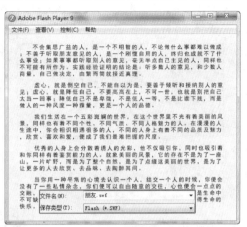

图 5-52 导出文字为动画格式

5.6 课堂练习:制作爱心效果

本实例制作的是爱心效果，如图 5-53 所示。其中文字效果是通过字母的输入，转换为路径并调整路径形状来实现；背景效果则是通过渐变填充与图案填充来完成的。制作过程中，主要通过文本工具与钢笔工具来绘制，配合渐变面板完成色彩的填充。

图 5-53 爱心效果

操作步骤:

1 按 Ctrl+N 快捷键创建空白画板，设置工具箱中的【填充】色块为"枣红色"。选择工具箱中的【文字工具】 T，在画板中单击输入 Love，如图 5-54 所示。

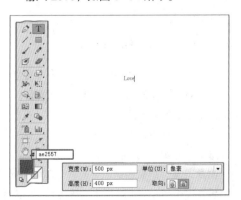

图 5-54 输入字母

2 执行【窗口】|【文字】|【字符】命令，弹出【字符】面板。使用【选择工具】 选中字母后，在该面板中设置【字体大小】为 120pt，【字体系列】为 Lucida Handwriting Italic，如图 5-55 所示。

图 5-55 设置字符

3 继续选中该字母，执行【文字】|【创建轮廓】命令，将文本转换为路径图形对象，如图 5-56 所示。

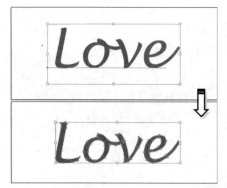

图 5-56　字轮廓化

4 选择【直接选择工具】，扩选 V 字母右上角的两个锚点，并向右上角移动。继续扩选该字母右侧中间的两个锚点，并向左上角移动，如图 5-57 所示。

图 5-57　移动锚点

5 选择【转换锚点工具】，分别单击并拖动 V 字母右侧中间锚点，改变该锚点两侧路径的弧度，如图 5-58 所示。

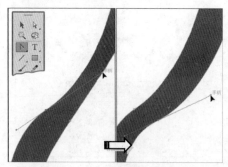

图 5-58　改变路径弧度

6 按照上述方法，搭配【直接选择工具】，分别调整字母 L 与 e 图形对象的路径，如图 5-59 所示。

图 5-59　调整路径形状

提　示

在调整路径形状时，对于多余的锚点可以使用【删除锚点工具】进行删除。如果直接按 Delete 键删除锚点，会将封闭路径转换为开放路径，这时可以将两端的锚点选中进行连接。

7 使用【矩形工具】绘制无描边矩形，其尺寸与画板相同。单击【色板】面板中的某个径向渐变色块后，在【渐变】面板中设置【渐变色块】颜色值。然后使用【渐变工具】确定渐变范围，如图 5-60 所示。

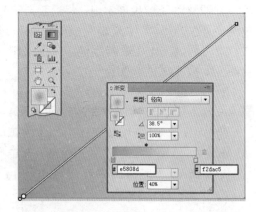

图 5-60　绘制渐变矩形

8 选择【钢笔工具】，并且搭配【转换锚点工具】绘制白色无描边心形图形。将其拖至【色板】面板中创建图案后，双击该心形图案填充【图案选项】面板，设置图案选项，如图 5-61 所示。

9 绘制无描边矩形图形，其尺寸与画板相同。将其选中后单击【色板】面板中的"心形图案"色块，进行填充，如图 5-62 所示。

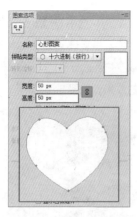

图 5-61 绘制并设置心形图案

图 5-62 填充心形图案

10 执行【窗口】I【透明度】命令，弹出【透明度】面板。选中心形图案矩形后，设置【不透明度】选项为 16%，如图 5-63 所示。

图 5-63 设置不透明度

11 在画板中同时选中渐变矩形和心形图案矩形并右击，选择【排列】I【置于底层】命令，将字母图形对象放置在最上方，如图 5-64 所示。

图 5-64 排列图形顺序

12 选中字母图形对象并复制，将上方字母图形填充为"白色"。然后移动白色字母图形，使其与下方字母图形形成阴影效果，如图 5-65 所示。

图 5-65 复制并移动字母图形

13 使用【钢笔工具】✒️绘制无描边心形图形，并设置【填充】为"枣红色"。复制该图形对象后，改变【填充】为"白色"。双击工具箱中的【比例缩放工具】☑️，呈比例放大该图形对象 110%，如图 5-66 所示。

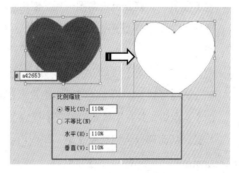

图 5-66 绘制并复制心形图形

14 将"白色"心形图形放置在"枣红色"心形图形下方,并在【透明度】面板中设置【不透明度】为 65%。同时选中这两个心形图形,按 Ctrl+G 快捷键进行编组,如图 5-67 所示。

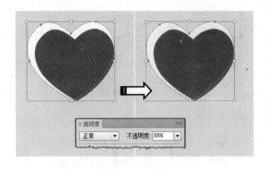

图 5-67 排列并设置透明度

15 使用【选择工具】选中心形编组对象后,复制多个该对象。由字母 V 上方开始向上、由小到大摆放,并且进行不同方向旋转,形成向上上升的效果,如图 5-68 所示。

图 5-68 复制并摆放心形图形

5.7 课堂练习:制作艺术字

本实例制作的是彩条泼油墨背景艺术字,其制作过程非常简单,如图 5-69 所示。其中,文字效果的制作只要通过输入文本后,将其转换为路径,并进行锚点的编辑即可完成;而背景效果则是通过不规则的形状组合成色相渐变效果,最后使用泼油图形进行点缀。

图 5-69 艺术字

操作步骤:

1 按 Ctrl+N 快捷键,新建【颜色模式】为 CMYK,尺寸为 765×963 的空白画板。使用【缩放工具】将画板缩小后,选择【钢笔工具】。建立倒三角图形后,使用【转换锚点工具】调整边缘弧度,如图 5-70 所示。

2 使用【选择工具】,由左至右依次选中建立的图形对象。在【颜色】面板中设置【填色】参数值,并在工具箱中设置【描边】为"无",从而形成色相渐变效果,如图 5-71 所示。

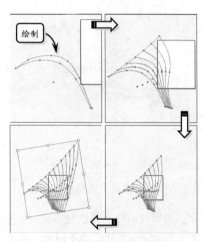

图 5-70 绘制三角图形

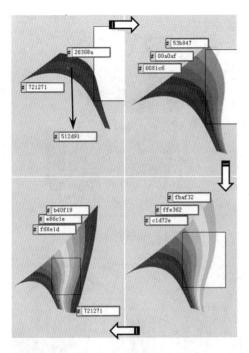

图 5-71 填充颜色

3 将所有图形对象选中并编组后，进行锁定。
选择【文字工具】T，分别输入单个字母，
并设置相同【字体】选项，不同【字号】选
项如图 5-72 所示。

图 5-72 设置字体

4 选择不同的字母，依次为字母填充不同的颜
色值，得到效果如图 5-73 所示。

5 使用【选择工具】选中所有文本后右击，
选择【创建路径】命令，将文本转换为路径
对象，如图 5-74 所示。

图 5-73 改变颜色

图 5-74 转换为路径

6 使用【直接选择工具】，分别调整字母
路径中的锚点，得到不规则字母形状，如图
5-75 所示。

图 5-75 调整字母

7 使用【选择工具】进行字母路径移动后，调整其位置进行组合。为字母对象进行编组后复制该对象，为其填充“黑色”后的效果如图 5-76 所示。

图 5-76 复制对象

8 执行【对象】|【路径】|【偏移路径】命令，将扩大后的对象放置在彩色字母对象下方，形成黑色描边效果，如图 5-77 所示。

图 5-77 位移效果

9 复制“黑色”字母路径对象，单击工具箱中的【转换填色和描边】图标，形成无填充描边对象，如图 5-78 所示。

10 然后为其设置【描边颜色】和【描边粗细】选项后，删除内部描边对象，并将其放置在“黑色”字母对象下方，如图 5-79 所示。

图 5-78 无填充描边对象

图 5-79 设置描边属性

11 再次复制“黑色”字母对象，更改【填色】为“白色”。执行【效果】|【模糊】|【高斯模糊】命令，设置【半径】为 22 像素，如图 5-80 所示。

图 5-80 模糊效果

12 然后将其放置在字母对象下方，形成白色阴影效果，采用背景中已有的颜色，使用【钢笔工具】，在不同区域建立泼墨形状图形，如图 5-81 所示。

图 5-81 绘制图形

13 继续使用【钢笔工具】，绘制不规则图

形，丰富泼墨效果，完成最后制作，如图
5-82 所示。

图 5-82 绘制图形

5.8 课堂练习：制作网格效果文字

本实例制作的是网格效果文字，如图 5-83 所示。在制作过程中，文字的输入与编辑只是为了最终效果做基础，而填色与描边设置才是该效果的主要制作要点。但是文本与图形对象之间的转换，则是所有操作中最为关键的步骤。

图 5-83 网格效果文字

操作步骤：

1 按 Ctrl+N 快捷键，创建横版空白画板。选择【文字工具】，在其中输入字母 KING，并且在【字符】面板中设置【字体】和【字号】选项，如图 5-84 所示。

图 5-84 输入字母

2 右击字母，选择【创建轮廓】命令，将文本转换为图形对象后，进行解组，并执行【对象】|【复合路径】|【释放】命令，得到单色图形对象，将多余图形对象删除，如图 5-85 所示。

图 5-85 字母轮廓化

3 选择【直接选择工具】，单击选中字母 K 左上角上方中间的锚点。然后向下拖动该锚点，改变字母边缘形状。依次类推，使用相同方法，改变其他字母边缘形状，如图 5-86 所示。

图 5-86　调整锚点

4 选中全部图形对象，单击工具箱底部的【互换填色和描边】图标，使其呈现无填色只描边效果，并且在【控制】面板中，设置【描边粗细】为 "10pt"，如图 5-87 所示。

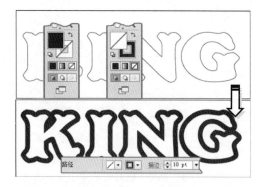

图 5-87　互换填色和描边

5 执行【窗口】|【描边】命令，弹出【描边】面板。单击【边角】的【圆角连接】按钮后，逐一选择不同的字母形状向画板中心移动。然后全部选择后，按 Ctrl+G 快捷键进行编组，如图 5-88 所示。

6 按住 Alt 键单击并拖动字母对象进行复制后，在工具箱中设置【填色】为默认渐变，【描边】为 "无"。然后使用【渐变工具】由上至下单击并拖动，创建垂直统一渐变，如图 5-89 所示。

图 5-88　设置描边效果

图 5-89　填充渐变

7 执行【窗口】|【渐变】命令，弹出【渐变】面板。在渐变指示条中单击添加渐变滑块，并设置不同的颜色，从而得到多色渐变效果，如图 5-90 所示。

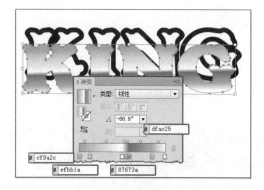

图 5-90　设置渐变颜色

8 将渐变对象与 "黑色" 描边对象重叠后，原位置复制渐变对象。设置【填色】为 "无"，【描边颜色】为 "白色"，【描边粗细】为

"4.5pt"，如图 5-91 所示。

图 5-91　复制并设置描边

⑨ 原位复制"白色"描边对象后，在【控制】面板中重新设置【描边颜色】为"褐色"，【描边粗细】为 1.5pt，如图 5-92 所示。

图 5-92　复制并设置描边

⑩ 再次选中"白色"描边对象，执行【效果】|【风格化】|【投影】命令，在填充的【投影】对话框中设置参数，如图 5-93 所示。

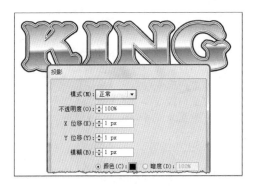

图 5-93　添加投影

⑪ 沿用【描边颜色】参数，选择【直线段工具】 ／ ，按住 Shift 键绘制水平直线。禁用【描边颜色】选项，使用【矩形工具】 ▣ 绘制矩形路径。然后将两者居中对齐后，执行【编

辑】|【定义图案】命令，将该图形定义在【色板】面板中，如图 5-94 所示。

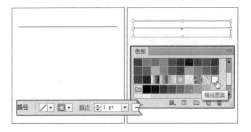

图 5-94　定义图案

提　示

在绘制横线图形时，无描边矩形的宽度必须与直线段相同，否则在填充图案时无法形成无缝隙效果。

⑫ 原位置复制渐变字母图形对象，单击【色板】面板中的【横线图案】色块，为其添加图案效果，如图 5-95 所示。

图 5-95　填充图案

⑬ 选中最底层的"黑色"描边对象，为其添加【投影】效果，完成最后制作，如图 5-96 所示。

图 5-96　添加投影

14　选择【矩形工具】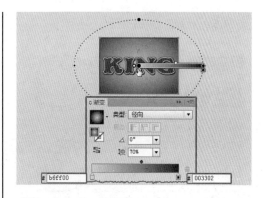，在所有图形对象底部，绘制无描边矩形，其尺寸与画板相同。填充径向渐变颜色后，在【渐变】面板中设置参数，完成背景制作，如图 5-97 所示。

图 5-97　绘制背景

5.9　思考与练习

一、填空题

1.【文本工具】包括 6 种工具，分别为【文字工具】、_____ 和【区域文字工具】、【直排区域文字工具】还有【路径文字工具】、【直排路径文字工具】。

2.外部的文本信息可以通过【打开】或者 _____ 命令显示在 Illustrator 中。

3.使用 _____ 工具，只可以改变文本框的大小。

4.在【段落】面板中段落的对齐方式分为 7 种，分别是左对齐、右对齐、_____、两端对齐末行左对齐、两端对齐末行右对齐、两端对齐末行居中对齐以及全部两端对齐。

5.在创建文本绕图后，执行 _____ 命令才能使文本不再绕排在对象周围。

二、选择题

1.在创建路径文字时，使用 _____ 工具创建出的文字排列会与基线垂直。
    A.直排路径文字
    B.路径文字工具
    C.直排区域文字工具
    D.区域文字工具

2.默认的自动行距选项将行距设置为字体大小的 _____ %。
    A. 100　　　　　B. 120
    C. 140　　　　　D. 80

3.使用 _____ 工具，能够创建出竖直排列的文字。
    A.【文字工具】T
    B.【区域文字工具】T
    C.【直排文字工具】
    D.【路径文字工具】

4.图形化的文字上将出现一些可编辑的锚点，在工具栏中选择 _____，拖动一个锚点，改变文字的形状。
    A.【选择工具】
    B.【套索工具】
    C.【钢笔工具】
    D.【直接选择工具】

5.执行【文字】|【_____】|【创建】命令，能够将一个文本框里溢出的任何文本移到另外一个文本框里。
    A.路径文字　　　B.文字方向
    C.串接文本　　　D.创建轮廓

三、问答题

1.如何在某个图形区域内创建文字？
2.字符样式与段落样式的作用是什么？
3.如何改变段落之间的间距？
4.如何改变排字的方向？
5.怎么才能够创建渐变文字？

四、上机练习

1.为文字添加效果

为了使文字的显示效果更加符合所表达的内容信息，可以为文字添加样式效果。在 Illustrator CS6 中，为文字准备的各种样式效果，只要选中输入后的文字，在【文字效果】面板中单击样式即可改变文字的显示效果，如图 5-98 所示。

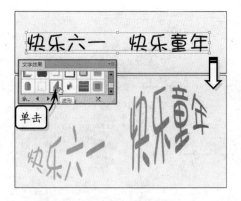

图 5-98 文字效果

2. 创建图形文字

图形形状的文字创建非常简单，只要建立图形路径，使用【路径文字工具】，在图形路径上单击并输入文字即可，如图 5-99 所示。而文字的颜色、字体、大小都可以在创建前或者创建后进行设置。

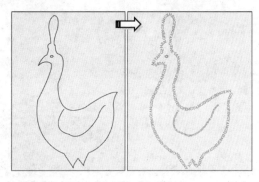

图 5-99 图形文字效果

第6章

组织图形对象

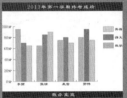

　　Illustrator 中的矢量图形对象，无论是否存在同一个图层，均能够将不同的矢量图形对象组合成一个对象，比如前面介绍的路径查找器、复合路径与复合形状等。而除了这些方式外，还可以通过图层面板、剪切蒙版、透明度、混合模式以及混合对象等方式，以不同的形式组合多个矢量图形对象。

　　在该章节中，分别从不同的角度、不同的功能介绍了图形对象的各种组织方式，帮助读者更加灵活地组合图形对象。

本章学习要点：

➢ 使用【图层】面板管理对象
➢ 使用混合模式组合对象
➢ 使用剪切蒙版组合对象
➢ 使用不透明度蒙版组合对象

6.1 图层

【图层】面板提供了一种简单易行的方法，它可以对作品的外观属性进行选择、隐藏、锁定和更改，也可以创建模板图层。简单来说，可以将图层比作结构清晰的含作品的文件夹。如果重新安排文件夹，就会更改作品中项目的堆叠顺序。

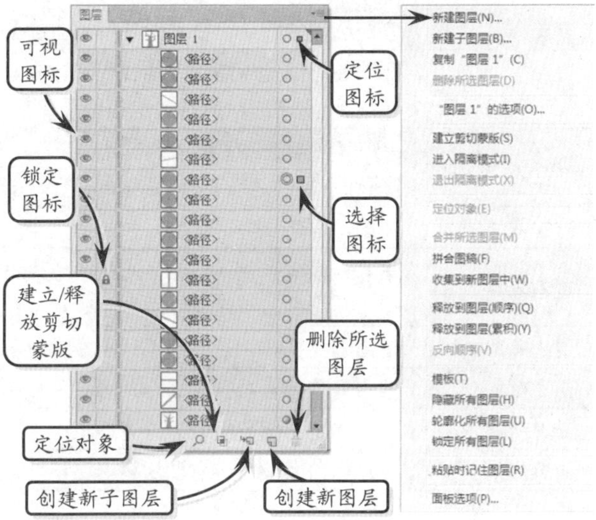

图 6-1 【图层】面板

6.1.1 认识图层面板

创建复杂图形时，要跟踪文档窗口中的所有项目，绝非易事。有些较小的项目隐藏于较大的项目之下，增加了选择图稿的难度。而图层则提供了一种有效方式来管理组成图稿的所有项目。执行【窗口】|【图层】命令，弹出【图层】面板，如图 6-1 所示。使用面板底部的按钮可以创建剪切蒙版，并可以新建、删除图层，表 6-1 出示了各按钮的作用。

表 6-1 【图层】面板底部的按钮功能简介

名　称	按　钮	作　用
建立/释放剪切蒙版	▣	用于创建或是释放剪切蒙版
创建新子图层	↰	可在父图层中创建图层（子图层）。选中父图层，单击该按钮，可新建子图层
创建新图层	◻	创建新的父图层
删除所选图层	🗑	可删除所选的图层或项目。选中要删除的图层或项目，单击该按钮，可直接删除。如果要删除的图层包含项目，会弹出提示对话框，选择【是】，可将图层以及图层中的项目全部删除
定位对象	🔍	单击该按钮，可以在面板中查找对象的位置

单击面板右上端的黑三角，可打开面板关联菜单。该菜单显示了选定图层可用的不同选项。其中既包括与面板底部按钮相同的功能，也包括其他不同的选项，如表 6-2 所示。

表 6-2 【图层】面板关联菜单中的命令及相关作用

名　称	作　用
新建图层	在当前选定图层的上方新建图层，如果没有选定图层，将在面板最顶端创建新图层。新建图层时，将弹出【图层选项】对话框，设定新建图层的各个选项

名　称	作　用
新建子图层	选择父图层后选择该命令，可在该图层的顶端创建一个子图层
复制当前图层	复制选定的图层，以及这些图层上的任何对象
删除所选图层	删除图层以及该图层上的任何对象。如果选择了几个图层，该命令变为【删除所选图层】，它将删除所有选定的图层
"图层"的选项	打开【图层选项】对话框，设置当前图层的选项。若选择了多个图层，该命令变为【所选图层的选项】，对话框的设置将影响每个选中的图层
建立剪切蒙版	在图层中建立剪切蒙版，位于图层顶端的对象将作为蒙版形状
进入隔离模式	进入一种编辑模式，在不扰乱作品其他部分的情况下，可以编辑组中的对象，而无须重新堆叠、锁定或隐藏图层，可轻松选择、编辑难以查找的对象
退出隔离模式	退出隔离模式。在隔离模式的空白位置双击鼠标，可退出隔离模式
定位对象	选中对象后，执行该命令，可在面板中查找对象的位置
合并所选图层	可将选定的图层组合为一个图层
拼合图稿	可将当前面板内所有图层拼合，组合成为一个图层
收集到新图层中	选中一个图层或组，将当前图层或组中的对象，重新放置到一个新的图层中
释放到图层（顺序）	可将选定的图层或组，移动到各个新图层，即面板每个项目各占一个新的图层
释放到图层（累积）	以累积的顺序将选定的对象移动到图层中，即第一个图层一个对象，第二个图层两个对象，第三个图层三个对象，依此类推
反向顺序	可反转选定图层的堆叠顺序，该图层必须是相邻的
模板	将所选对象设置为模板，与【图层选项】对话框中的【模板】复选框功能相同
隐藏其他图层	除选中图层外隐藏其他图层。当面板中只有一个图层时，该命令变为【隐藏所有图层】命令，可将唯一的图层隐藏。隐藏图层后，该命令相应变为【显示其他图层】或是【显示所有图层】，选中后恢复图层的显示状态
轮廓化其他图层和预览其他图层	除选定图层外，将其他图层更改到轮廓视图；或将所有未选图层更改为预览图层
锁定其他图层和锁定所有图层	锁定选定图层以外的所有图层，或解锁选定图层以外的所有图层
粘贴时记住图层	决定对象在图层结构中的粘贴位置。默认情况下，该命令处于关闭状态，并会将对象粘贴到【图层】面板中处于现用状态的图层中。当该命令选中时，会将对象粘贴到复制对象的图层中，而不管该图层在面板中是否处于现用状态。如果在文档间粘贴对象，并希望将对象自动置入到与其原所在图层名称相同的图层中，可选中该命令。如果目标文档中没有与原图层名称相同的图层，Illustrator 便会创建一个新的图层
面板选项	通过【图层面板选项】对话框，可更改【行大小】、【缩览图】视图，以及是否只显示图层

1．面板与图形对象

图形对象与【图层】面板是息息相关的，比如显示与隐藏、选中与否等均在该面板中以不同的图标进行标识。下面通过如何通过查看各部分的状态，以了解当前所编辑对象的状况。

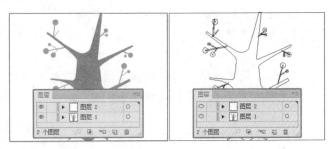

当画板中的图形对象以不同的方式显示时，【图层】面板中的【可视】图标会发生不同的变化。这里分别为预览图层与轮廓图层的可视图标的显示效果，如图6-2所示。

图 6-2　不同显示方式的可视图标变化

而【图层】面板中的【可视】图标，可以通过单击来控制相应图层中的图形对象的显示与隐藏。通过单击隐藏不同项目，从而得到不同的显示效果，如图6-3所示。

默认情况下，每个新建的文档都包含一个图层，该图层称为父图层。所有项目都被组织到这个单一的父图层中。

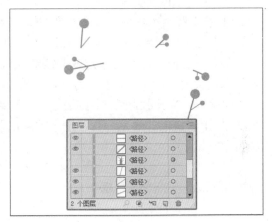

当【图层】面板中的图层或是项目包含其他内容时，图层或项目名称的左侧会出现一个三角形。单击此三角形可展开或折叠图层或是项目内容。如果没有三角形，则表明该图层或项目中不包含任何其他内容。

图 6-3　图层显示与隐藏

图形对象的选择与否不是通过单击图层来实现的，而是通过单击图层右侧的【定位】图标（未选定状态）来实现。单击该图标后，图标显示为双环图标时，表示项目已被选定；若图标为，表示项目添加有滤镜和效果，如图6-4所示。

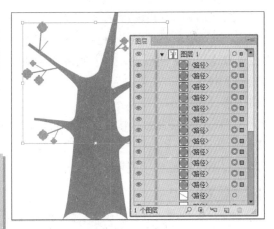

> **提　示**
>
> 当选定项目时，会显示一个颜色框。如果一个项目（如图层或组）包含一些已选定的对象以及其他一些未选定的对象，则会在父图层旁显示一个较小的选择颜色框。如果父图层中的所有对象均已被选中，则选择颜色框的大小将与选定对象旁的标记大小相同。

图 6-4　图形对象选中与否

2．锁定图层

锁定图层最直接的方法，就是在要锁定图层的可编辑列单击，添加锁状图标。只需锁定父图层，即可快速锁定其包括的多个路径、组和子图层。

❏ 若要锁定图层或对象，单击面板中与要锁定的图层或对象对应的编辑列按钮（位于眼睛图标的右侧）。

❏ 使用鼠标指针拖过多个编辑列按钮可一次锁定多个项目。

❏ 选择要锁定的对象，然后选择【对象】|【锁定】|【所选对象】命令。

❏ 单击面板中与要解锁的对象或图层对应的锁图标，可解锁图层或对象。

❏ 若要锁定与所选对象所在区域有所重叠且位于同一图层中的所有对象，选择对象后，执行【对象】|【锁定】|【上方所有图稿】命令。

❏ 若要锁定除所选对象或组所在图层以外的所有图层，选择【对象】|【锁定】|【其他图层】命令。

❏ 若要解锁文档中的所有对象，选择【对象】|【解锁全部对象】命令。

显示图层或是项目为锁定或非锁定状态。若显示锁状图标，则表示项目为锁定状态，内容不可编辑；若显示为空白，则表示项目可编辑其中，上级图层的显示与否控制子图层以及项目中的显示效果，如图 6-5 所示。

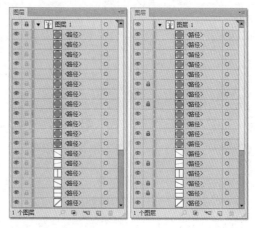

图 6-5　锁定不同对象

6.1.2　创建图层

在新建空白文档中，如果在画板中绘制图形对象，那么该图形对象会显示在默认"图层1"中，以项目方式进行保存。该项目并不是图层，其属性也不是图层属性，如图 6-6 所示。

在【图层】面板中，单击底部的【创建新图层】按钮，能够在当前图层上方新建空白图层，如图 6-7 所示。

当选中图层后，单击【图层】面板底部的【创建新子图层】按钮，会在选中图层的内部创建图层，形成子图层，如图 6-8 所示。

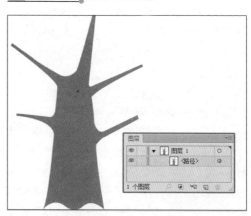

图 6-6　图形对象保存在项目中

提　示

在图层内部，当选中子图层后单击【创建新子图层】按钮，会在该子图层内部继续创建新的子图层；当选中图层中的项目后单击【创建新子图层】按钮，那么该按钮不可用。

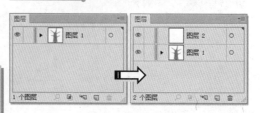

图 6-7　新建空白图层

如果选中图层内部的子图层后，单击【创建新图层】按钮，那么会创建与子图层同等级的子图层，如图 6-9 所示。

如果选中图层内部的项目后，单击【创建新图层】按钮 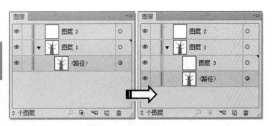，那么会在该图层上方创建空白图层。

无论是图层还是子图层，通过【图层】面板关联菜单中的创建命令，均能够弹出【图层选项】对话框。在该对话框中显示图层的基本属性选项，如图 6-10 所示。

图 6-8　新建子图层

❑ **名称**　指定项目在【图层】面板中显示的名称。

❑ **颜色**　指定图层的颜色设置。可以从菜单中选择颜色，或双击颜色色板以选择颜色。

❑ **模板**　使图层成为模板图层。

❑ **锁定**　禁止对项目进行更改。

❑ **显示**　显示画板图层中包含的所有图稿。

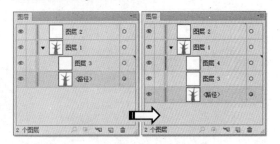

图 6-9　同一按钮创建不同图层

❑ **打印**　使图层中所含的图稿可供打印。

❑ **预览**　以颜色而不是按轮廓来显示图层中包含的图稿。

❑ **变暗图像至**　将图层中所包含的链接图像和位图图像的强度降低到指定的百分比。

图 6-10　【图层选项】对话框

模板图层是锁定的非打印图层，可用于手动描摹图像，起到一个辅助作用。由于在打印时不显示，所以不影响最终效果。要创建模板图层，在创建图层时，或者双击现有图层，在弹出的【图层选项】中启用【模板】选项即可。

6.1.3　通过面板查看图层

在【图层】面板中，除了可以进行上述操作外，还可以设置图层缩览图尺寸，以及在该面板中改变图形对象在不同图层中的显示。

1. 更改图层缩览图显示

在默认情况下图层缩览图以"中"尺寸显示，在【图层】面板关联菜单中选择【面板选项】命令，弹出【图层面板选项】对话框。在【行大小】选项组中启用不同的选项，能够得到不同尺寸的图层缩览图，如图 6-11 所示。其中，启用【其他】选项后，可以在文本框中输入一个介于 12 到 100 之间的数值。

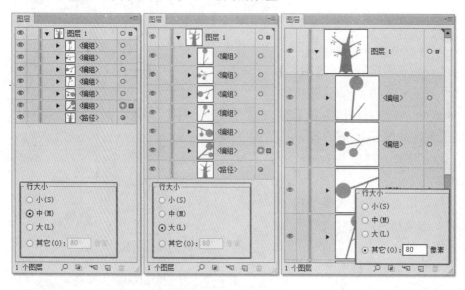

图 6-11　设置图层缩览图尺寸

2. 将对象移动到另一图层

绘制后的图形对象在画板移动，只是改变该对象在画面中的位置。要想改变图形对象在图层中的位置，那么需要在【图层】面板中进行操作。

在【图层】面板中，新建空白图层。然后选中图形对象所在的图层，单击图层右侧的【选择】图标○，使其显示【选择】图标■。单击并拖动【选择】图标■至空白图层中，即可将图形对象移动至空白图层中，如图 6-12 所示。

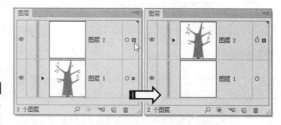

图 6-12　移动对象至其他图层

3. 将对象释放到单独图层

【释放到图层】命令可以将图层中的所有项目重新分配到各图层中，并根据对象的堆叠顺序在每个图层中构建新的对象，此功能可用于准备 Web 动画文件。

要想将每个项目都释放到新的图层，首先选中项目所在图层，打开【图层】面板关联菜单，选择【释放到图层（顺序）】命令，即可将图形对象分别放置在子图层中，如图6-13 所示。

要想将项目释放到图层并复制对象以创建累积顺序，首先选中项目所在图层，打开【图层】面板关联菜单，选择【释放到图层（累积）】命令，这时底部的对象出现在每个新建的图层中，而顶部的对象仅出现在顶层的图层中，如图 6-14 所示。

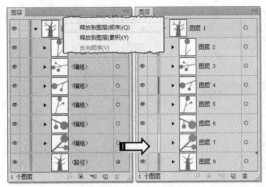

图 6-13　释放到图层（顺序）命令

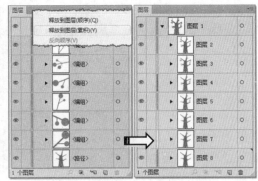

图 6-14　释放到图层（累积）命令

6.2　编辑和管理图层

在【图层】面板中，除了可以实现对象的位置移动、图层间的堆叠顺序调整外，还可以通过各种方式合并图层，以达到管理图层的目的。

6.2.1　移动与合并图层

在【图层】面板中，无论所选图层位于面板中的哪个位置，新建图层均会放置在所选图层的上方。当绘制图形对象后，可以通过移动与合并来重新确定对象在图层中的效果。

1．移动图层

通过面板菜单中的命令，可以实现特定位置的图层移动，也可以直接使用鼠标拖动来自由地调整图层的位置。

使用鼠标在图层名称或是其名称右侧的空白处单击并拖动，在黑色的插入标记出现在期望位置时，释放鼠标按钮，移至所需的位置，如图 6-15 所示效果。黑色插入标记出现在面板中其他两个项目之间，或出现在图层的左边和右边。在图层之上释放的项目将被移动至项目中所有其他对象上方。

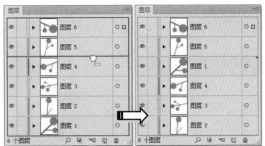

图 6-15　拖动图层调整其位置

如果在拖动图层的过程中按下 Alt 键，鼠标下侧会出现一个小加号，此时可创建要复制图层的副本，如图 6-16 所示效果。

技　巧

若要选择多个图层，按住 Ctrl 键单击图层，可选择不相邻的项目；按住 Shift 键可选择相邻的项目。不能将路径、组或元素集移动到【图层】面板中的顶层位置，只有图层才可位于图层层次结构的顶层。

2. 合并图层

在【图层】面板的关联菜单中，【合并所选图层】和【拼合图稿】命令可以将对象、组和子图层合并到同一图层或组中，这两个功能较为相似。无论使用哪种功能，图稿的堆叠顺序都将保持不变，但其他的图层级属性（如剪切蒙版属性）将不会保留。

若要将项目合并到一个图层或组中，单击要合并的图层，或者配合 Ctrl 键和 Shift 键选择多个图层。然后在面板关联菜单中选择【合并所选图层】命令，图形将会被合并到最后选定的图层中，并可以消除空的图层，如图 6-17 所示。

关联菜单中的【拼合图稿】命令，能够将面板中的所有图层合并为一个图层。方法是，单击面板中的某个图层，然后在面板关联菜单中选择【拼合图稿】命令，即可将所有图形对象合并在所选图层中，如图 6-18 所示。

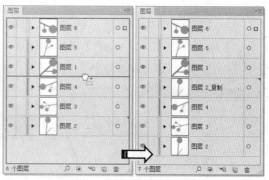

图 6-16　创建要复制图层的副本

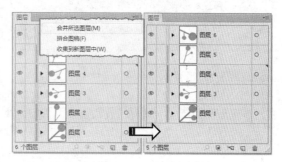

图 6-17　合并所选图层

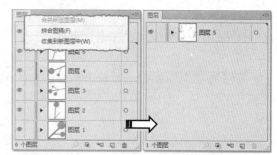

图 6-18　拼合图稿

提　示

图层只能与面板中相同层级上的其他图层合并。同理，子图层只能与相同图层中位于同一层级上的其他子图层合并，而对象无法与其他对象合并。

6.2.2　编组与取消编组

在图层合并过程中，虽然在合并图层的同时，也将图层所在的图形对象合并至同一个图层中，但是还是独立的项目并可以使用【选择工具】▶分别选择与编辑，而不影响其他的图形对象，如图 6-19 所示。

而【编组】命令不仅从操作方面，而且从图形对象的效果方面都与图层合并有着本质的区别。【编组】命令是将若干个对象合并到一个组中，把这些对象作为一个单元同时进行处理。这样，就可以同时移动或变换若干个对象，且不会影响其属性或相对位置。

要对多个图形对象进行编组，首先要在画板中选中多个图形对象。然后执行【对象】|【编组】命令（快捷键 Ctrl+G），得到编组对象，如图 6-20 所示。

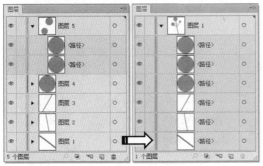

图 6-19　合并图层后的图形对象

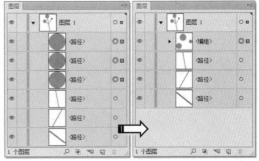

图 6-20　对象编组

如果选择的是位于不同图层中的对象并将其编组，那么其所在图层中的最靠前图层，即是这些对象将被编入的图层，如图 6-21 所示。

提　示

组对象还可以是嵌套结构，也就是说，组可以被编组到其他对象或组之中，形成更大的组对象。而组对象的取消，只要执行【对象】|【取消编组】命令（快捷键 Ctrl＋Shift＋G）即可。

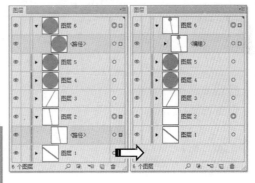

图 6-21　将不同图层中的对象进行编组

6.3　混合对象

将多个图形对象组合为一个对象，除了可以通过编组命令外，还可以通过混合对象的方式。但是前者只是将多个图形组合为一个组对象，而后者则是将多个图形对象组合为一个新的对象。

混合对象是在两个对象之间平均分布形状，从而形成新的对象。可以在两个开放路径之间进行混合，在对象之间创建平滑的过渡；或组合颜色和对象的混合，在特定对象形状中创建颜色过渡。

6.3.1　创建混合对象

混合对象的创建既可以在两个对象之间，也可以在多个对象之间。既可以是同属性的图形对象，也可以是不同属性的图形对象。而不同情况下的图形对象进行混合，均会得到不同的混合效果。

1．创建同属性的图形对象混合

当画板存在两个相同属性、不同形状的图形对象时，选择工具箱中的【混合工具】。单击一个图形对象后，再单击另外一个图形对象，即可在两个图形对象之间建立混合效果，如图 6-22 所示。

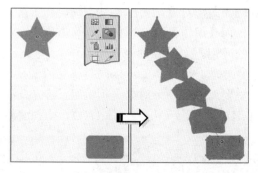

图 6-22　创建同色混合对象

> **提　示**
>
> 如果是通过【对象】|【混合】|【建立】命令（快捷键 Ctrl＋Alt＋B）创建混合对象，那么需要在执行该命令之前，同时选中要创建混合的图形对象。

当画板中存在两个以上图形对象时，如果通过【对象】|【混合】|【建立】命令创建混合对象，只能得到一种混合效果；如果通过使用【混合工具】单击对象来创建混合对象，那么根据单击顺序的不同，会得到不同的混合效果，如图 6-23 所示。

图 6-23　多个图形对象的混合效果

若要为开放路径创建混合对象，选择【混合工具】，单击一条路径的端点后，单击另外一条路径的端点，从而创建两者之间的混合效果，如图 6-24 所示。

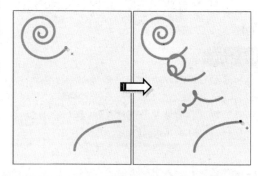

图 6-24　为开放路径对象创建混合对象

2．创建不同属性的图形对象混合

当画板中的两个图形对象的填充颜色不同时，使用【混合工具】依次单击这两个图形对象，建立的混合对象除了图形形状发生过渡变化外，颜色也发生自然的渐变效果，如图 6-25 所示。

> **注　意**
>
> 如果两个图形对象的填充颜色相同，但是一个是无描边效果，另一个具有描边效果，那么创建的混合对象同样会显示描边颜色的从有到无的过渡效果。

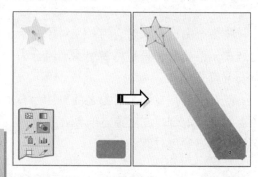

图 6-25　为不同颜色的图形对象建立混合效果

如果是不同填充类型的图形对象之间建立混合对象，那么同样会产生不同的混合效果。例如在单色图形对象与渐变图形对象之间建立混合对象，渐变与单色之间的混合效果；如果是单色图形与图案图形之间创建混合对象，混合过渡效果将只使用最上方图层中对象的填色，如图 6-26 所示。

提 示

无论是两个图案图形对象之间，还是混合模式图形对象之间，都将使用上方图形对象的填充效果或者是混合模式效果为过渡效果。而在多个外观属性（效果、填色或描边）的对象之间进行混合，则 Illustrator 会试图混合其选项。

3. 设置混合选项

图 6-26　其他混合效果

无论是什么属性图形对象之间的混合效果，在默认情况下创建的混合对象，均是根据属性之间的差异来得到相应的混合效果。而混合选项的设置能够得到具有某些相同元素的混合效果。双击【混合工具】或者执行【对象】|【混合】|【混合选项】命令，弹出【混合选项】对话框，如图 6-27 所示。

在该对话框中，主要包括【间距】和【取向】两个选项组，其中各个选项组中的选项及作用如下。

【间距】选项组确定要添加到混合的步骤数。

❏ **平滑颜色**　让 Illustrator 自动计算混合的步骤数。如果对象是使用不同的颜色进行的填色或描边，则计算出的步骤数将是为实现平滑颜色过渡而取的最佳步骤数。如果对象包含相同的颜色，或包含渐变或图案，则步骤数将根据两对象定界框边缘之间的最长距离计算得出。这是默认混合效果的选项设置。

图 6-27　【混合选项】对话框

❏ **指定的步骤**　用来控制在混合开始与混合结束之间的步骤数，如图 6-28 所示。
❏ **指定的距离**　用来控制混合步骤之间的距离。指定的距离是指从一个对象边缘起到下一个对象相对应边缘之间的距离（例如，从一个对象的最右边到下一个对象的最右边），如图 6-29 所示。

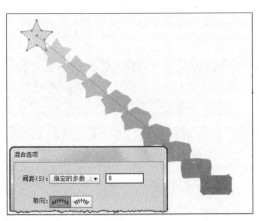

图 6-28　设置混合步骤数

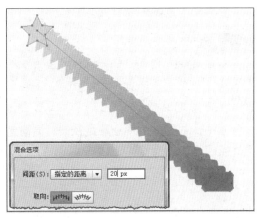

图 6-29　设置混合距离

【取向】选项组确定混合对象的方向。

❑ **对齐页面** 使混合垂直于页面的 X 轴。

❑ **对齐路径** 使混合垂直于路径。

6.3.2 编辑混合对象

无论是创建混合对象之前还是之后，均能够通过【混合选项】对话框中的选项进行设置。而建立混合对象后，还可以在此基础上改变混合对象的显示效果，以及释放或者扩展混合对象。

1．更改混合对象的轴

混合轴是混合对象中各步骤对齐的路径。默认情况下，混合轴会形成一条直线。要改变混合轴的形状，可以使用【直接选择工具】 单击并拖动路径端点来改变路径的长度与位置；或者使用【转换锚点工具】 改变路径的弧度，如图 6-30 所示。

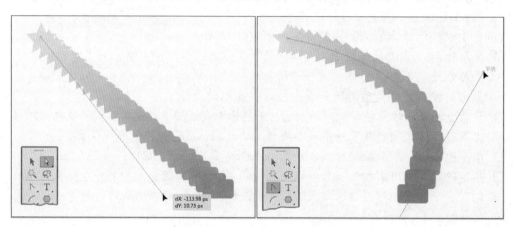

图 6-30　改变混合轴

当画板中存在另外一条路径时，同时选中该路径和混合对象，执行【对象】|【混合】|【替换混合轴】命令，将混合对象依附于另外一条路径上，如图 6-31 所示。

2．颠倒混合对象中的堆叠顺序

当混合对象中的路径为弧线时，即可在【混合选项】对话框中单击【对齐路径】按钮，使用混合对象垂直于路径，如图 6-32 所示。

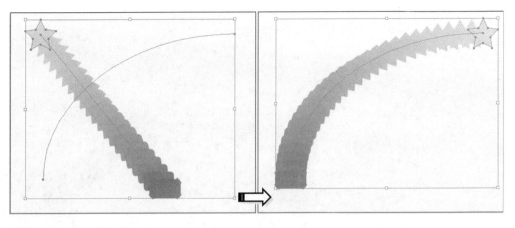

图 6-31 替换混合轴

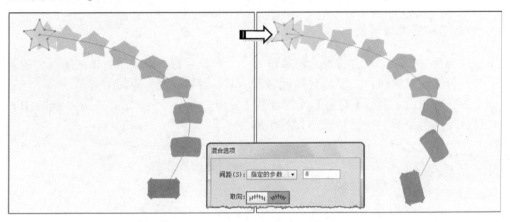

图 6-32 对齐路径效果

选中混合对象，当执行【对象】|【混合】|【反向混合轴】命令时，混合对象中的原始图形对象对调，并且改变混合效果，如图 6-33 所示。

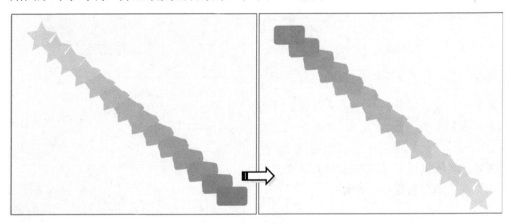

图 6-33 反向混合轴效果

当混合效果中的对象呈现堆叠效果时，执行【对象】|【混合】|【反向堆叠】命令，那么对象的堆叠效果就会呈相反方向，如图 6-34 所示。

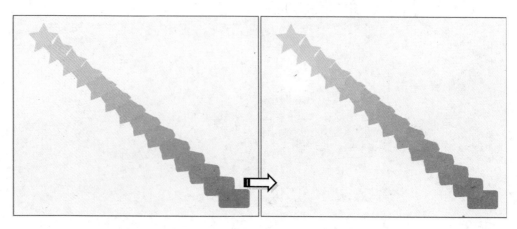

图 6-34 反向堆叠效果

3．释放与扩展混合对象

当创建混合对象后，就会将混合对象作为一个对象看待，而原始对象之间混合的新对象不会具有其自身的锚点。要想对其再编辑，可以将其分割为不同的对象。

选中混合对象后，执行【对象】|【混合】|【释放】命令（快捷键 Ctrl+Alt+Shift+B），将混合对象还原为原始的图形对象，如图 6-35 所示。

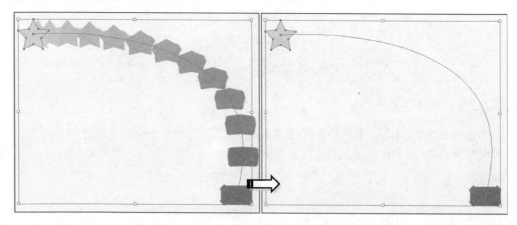

图 6-35 释放混合对象

如果选中混合对象后，执行【对象】|【混合】|【扩展】命令，那么混合对象在保持效果不变的情况下转换为编组对象，如图 6-36 所示。这时，就可以通过【取消编组】命令，将其拆分为单个图形对象进行编辑。

6.4 剪切蒙版

剪切蒙版是一个可以用其形状遮盖其他图稿的对象，因此使用剪切蒙版，只能看到蒙

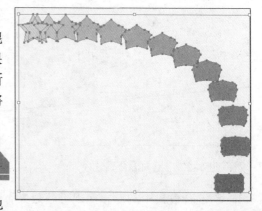

图 6-36 扩展混合对象

版形状内的区域，从效果上来说，就是将对象裁剪为蒙版的形状。

剪切蒙版和被蒙版的对象统称为剪切组合，并在【图层】面板中用下划线线标出，如图 6-37 所示效果。可以通过选择两个或多个对象、一个组或图层中的所有对象来建立剪切组合。

图 6-37 剪贴蒙版

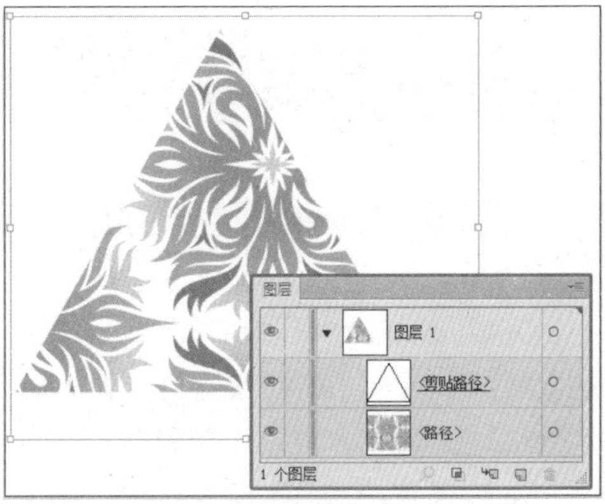

通常在页面上绘制的路径都可生成蒙版，它可以是各种形状的开放或闭合路径、复合路径或者文本对象，或者是经过各种变换后的图形对象。而被蒙版的对象可以是在 Illustrator 中直接绘制的，也可以是从其他应用程序中导入的矢量图或位图文件，在预览视图模式下，在蒙版以外的部分不会显示，并且不会打印出来，而在线框视图模式下，所有对象的轮廓线就会显示出来。

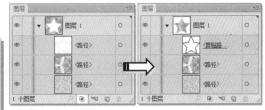

6.4.1 创建剪切蒙版

在创建蒙版时，可分为针对对象添加剪切蒙版和针对图层和组添加剪切蒙版。而当选中对象后，既可以通过【图层】面板中的按钮或者关联菜单中的命令来创建剪切蒙版，也可以在通过【对象】|【剪切蒙版】命令中的子命令来创建。

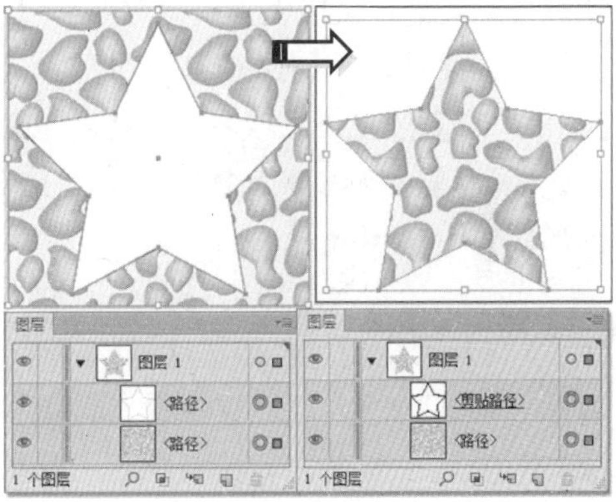

图 6-38 创建剪贴蒙版

1. 为对象添加剪切蒙版

选择被蒙版对象及蒙版图形，使用下列操作：执行【对象】|【剪切蒙版】|【建立】命令（快捷键 Ctrl+7）；或者单击【图层】面板底部的【建立/释放剪切蒙版】，如图 6-38 所示。

提 示

当一个对象被定义成蒙版后，就会在被蒙版的图形或位图图像上修剪出该对象的形状，并且可以进行各种变换，如旋转、扭曲等，这样就可控制被蒙版对象的显示情况。

图 6-39 为图层创建剪贴蒙版

2. 为图层和组添加剪切蒙版

首先创建要用作蒙版的对象，将蒙版路径以及要遮盖的对象移入图层或组，在【图层】面板中，确保蒙版对象位于组或图层的上方，单击图层或组的名称，再单击【建立/释放剪切蒙版】按钮。与上图相比可以发现，使用这种方法可以将该图层中的蒙版对象以下的所有内容囊括在蒙版范围内，如图 6-39 所示。

在创建剪切蒙版时应注意：蒙版对象将被移到【图层】面板中的剪切蒙版组内；只有矢量对象可以作为剪切蒙版；不过，任何对象都可以被蒙版；如果使用图层或组来创建剪切蒙版，则图层或组中的第一个对象将会遮盖图层或组的子集的所有内容；无论对象先前的属性如何，剪切蒙版会变成一个不带填色也不带描边的对象。

6.4.2 编辑剪切蒙版

完成蒙版的创建，或者打开一个已应用剪切蒙版的文件后，还可以调整蒙版的形状，以增加或减少蒙版内容，以及释放剪切蒙版。

蒙版和被蒙版图形能像普通对象一样被选择或修改。在【图层】面板中，单击【定位】图标○，可选中蒙版图形，这时显示【控制】面板中的【编辑剪切路径】按钮◙。当单击【编辑内容】按钮◈，或者执行【对象】|【剪切蒙版】|【编辑内容】命令，可选中被蒙版图形，如图 6-40 所示。

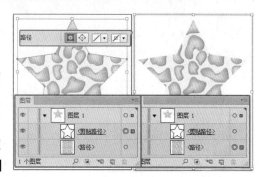

图 6-40　选择蒙版与蒙版内容

当使用【直接选择工具】选中剪贴路径后，可对其应用填色或描边操作。但是由于剪贴对象是通过区域进行显示与隐藏图形对象，所以只有描边效果能够显示，如图 6-41 所示。

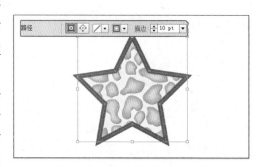

图 6-41　为剪贴路径添加描边

当建立剪贴蒙版后，无论是否在同一个图层中绘制图形对象，均不影响剪贴蒙版组合。而要想将再次绘制的图形对象与剪贴蒙版组合，那么只要在【图层】面板中，将图形对象拖至剪贴组合中即可，如图 6-42 所示。

无论要删除蒙版路径还是蒙版内容，都可以在【图层】面板中展开剪切蒙版组，选中要删除的对象，再单击面板底部的【删除所选图层】按钮🗑即可。

而要想将剪贴组合中的图形对象脱离，只要选中并展开剪切蒙版组，在【图层】面板中将被蒙版图形拖动到剪切蒙版组以外的其他图层位置，即可将其脱离剪切蒙版，如图 6-43 所示。

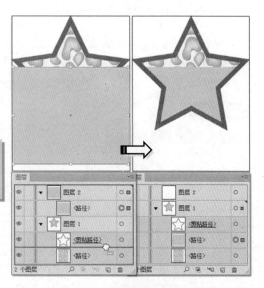

图 6-42　在剪贴蒙版中添加对象

Illustrator CS6 中文版标准教程

如果要分离整个剪切蒙版，那么选中该剪切蒙版后，执行【对象】|【剪切蒙版】|
【释放】命令（快捷键 Ctrl+Alt+7），或者在【图层】面板中，单击包含剪切蒙版的图层，
单击【建立/释放剪切蒙版】按钮 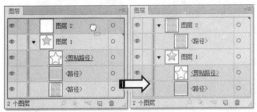，将剪切蒙版释放，并转换为图形对象。但是后者
在保留了编组的同时取消了剪贴组合，而前者则是直接编组内的剪贴组合拆分为图形对
象，如图 6-44 所示。

图 6-43 释放剪贴蒙版中的对象   **图 6-44** 释放剪贴蒙版

6.5 透明度效果

Illustrator 中的图层就像一张张堆叠在一起的透明纸，每张透明纸就是一个图层，这
是最基本的透明效果。当绘制图形对象后，
还可以通过不透明度、混合模式以及不透明度
蒙版等功能来设置图形对象的透明度效果。

6.5.1 认识透明度面板

Illustrator 中的图层就像一张张堆叠在一
起的透明纸，每张透明纸就是一个图层，这
是最基本的透明效果。当绘制图形对象后，
还可以通过不透明度、混合模式以及不透明
度蒙版等功能来设置图形对象的透明度效
果，而这些均能够在【透明度】面板中设置。

对于图形对象的不透明度、混合模式以
及不透明度蒙版等效果，是在【透明度】面
板中进行设置的。执行【窗口】|【透明度】
命令（快捷键 Ctrl+Shift+F10），弹出【透明
度】面板，如图 6-45 所示。

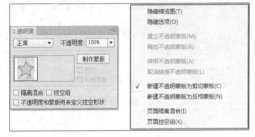

图 6-45 【透明度】面板

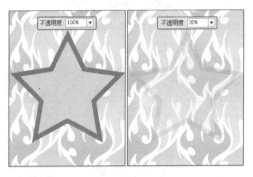

图 6-46 设置不透明度

提 示

关联菜单中，能够通过选择【新建不透明蒙版为剪切蒙版】命令，将不透明度蒙版作为剪切蒙版显示。

当绘制图形对象后，在【控制】面板中可以直接设置该图形对象的不透明度效果。
只要选中该图形对象，直接在【不透明度】文本框中设置数值即可。当然在【透明度】
面板中，同样能够设置图形对象的【不透明度】选项，如图 6-46 所示。

【控制】面板中的各个选项，能够在相应的面板中找到。比如【不透明度】选项显示在【透明度】面板中；【描边粗细】选项显示在【描边】面板中等。

6.5.2 混合模式

混合模式可以用不同的方法将对象颜色与底层对象的颜色混合。当一种混合模式应用于某一对象时，在此对象的图层或组下方的任何对象上都可看到混合模式的效果。

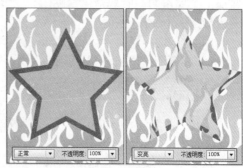

为了便于下面讲解，可以把混合色看作选定对象、组或图层的原始色彩，基色是图稿的底层颜色，结果色是混合后得到的颜色，如图6-47所示。

图 6-47 设置混合模式

Illustrator 中包含了 16 种混合模式，如表6-3所示展示了各混合模式的效果描述。

表 6-3 各混合模式的名称与效果描述

名　称	效 果 描 述
正常	使用混合色对选区上色，而不与基色相互作用。这是默认模式
变暗	选择基色或混合色中较暗的一个作为结果色。比混合色亮的区域会被结果色所取代。比混合色暗的区域将保持不变
正片叠底	将基色与混合色相乘。得到的颜色总是比基色和混合色都要暗一些。将任何颜色与黑色相乘都会产生黑色。将任何颜色与白色相乘则颜色保持不变。其效果类似于使用多个魔术笔在页面上绘图
颜色加深	加深基色以反映混合色。与白色混合后不产生变化
变亮	选择基色或混合色中较亮的一个作为结果色。比混合色暗的区域将被结果色所取代。比混合色亮的区域将保持不变
滤色	将混合色的反相颜色与基色相乘。得到的颜色总是比基色和混合色都要亮一些。用黑色滤色时颜色保持不变。用白色滤色将产生白色。此效果类似于多个幻灯片图像在彼此之上投影
颜色减淡	加亮基色以反映混合色。与黑色混合则不发生变化
叠加	对颜色进行相乘或滤色，具体取决于基色。图案或颜色叠加在现有的图稿上，在与混合色混合以反映原始颜色的亮度和暗度的同时，保留基色的高光和阴影
柔光	使颜色变暗或变亮，具体取决于混合色。此效果类似于漫射聚光灯照在图稿上。如果混合色（光源）比50%灰色亮，图片将变亮，就像被减淡了一样。如果混合色（光源）比50%灰度暗，则图稿变暗，就像加深后的效果。使用纯黑或纯白上色会产生明显的变暗或变亮区域，但不会出现纯黑或纯白
强光	对颜色进行相乘或过滤，具体取决于混合色。此效果类似于耀眼的聚光灯照在图稿上。如果混合色（光源）比50%灰色亮，图片将变亮，就像过滤后的效果。这对于给图稿添加高光很有用。如果混合色（光源）比50%灰度暗，则图稿变暗，就像正片叠底后的效果。这对于给图稿添加阴影很有用。用纯黑色或纯白色上色会产生纯黑色或纯白色
差值	从基色减去混合色或从混合色减去基色，具体取决于哪一种的亮度值较大。与白色混合将反转基色值。与黑色混合则不发生变化
排除	创建一种与【差值】模式相似但对比度更低的效果。与白色混合将反转基色分量。与黑色混合则不发生变化

名 称	效 果 描 述
色相	用基色的亮度和饱和度以及混合色的色相创建结果色
饱和度	用基色的亮度和色相以及混合色的饱和度创建结果色。在无饱和度（灰度）的区域上用此模式着色不会产生变化
颜色	用基色的亮度以及混合色的色相和饱和度创建结果色。这样可以保留图稿中的灰阶，对于给单色图稿上色以及给彩色图稿染色都会非常有用
明度	用基色的色相和饱和度以及混合色的亮度创建结果色。此模式创建与【颜色】模式相反的效果

使用不同的混合模式，可产生不同的混合效果，可以参照出示的几种混合效果对比图来进行工作，如图 6-48 所示。

图 6-48　众多的混合效果对比

6.5.3　创建不透明度蒙版

使用不透明度蒙版，可以更改底层对象的透明度。蒙版对象定义了透明区域和透明度，可以将任何着色对象或栅格图像作为蒙版对象。Illustrator 使用蒙版对象中颜色的等效灰度来表示蒙版中的不透明度。如果不透明蒙版为白色，则会完全显示被蒙版对象。如果不透明蒙版为黑色，则会隐藏被蒙版对象。蒙版中的灰阶会导致被蒙版对象中出现不同程度的透明度，如图 6-49 所示。

要创建不透明蒙版，首先要建立两个图形对象，并且其中一个图形对象的填充效果为黑色到白色渐变，如图 6-50 所示。

使用【选择工具】移动图形对象，使其完全或者部分重叠后，打开【透明度】面板

图 6-49　不透明度蒙版效果

图 6-50　建立蒙版与被蒙版对象

的关联菜单，选择【建立不透明度蒙版】命令，或者直接在面板中单击【制作蒙板】按钮 制作蒙板 ，即可得到下方图形对象的渐隐效果，如图 6-51 所示。

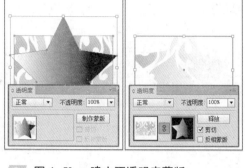

图 6-51　建立不透明度蒙版

还有一种创建不透明度蒙版的方法，就是选择一个图形对象，或在【图层】面板中定位一个图层。在紧靠【透明度】面板缩览图右侧双击鼠标。将创建一个空蒙版，并且 Illustrator 自动进入蒙版编辑模式，如图 6-52 所示。

提　示

如果未显示缩览图，单击【透明度】面板右上端的黑三角，从面板菜单中选择【显示缩览图】命令，以显示缩览图。

这时，使用绘图工具绘制图形对象，并填充黑色到白色渐变，得到透明的对象。完成蒙版对象绘制后，单击【透明度】面板中被蒙版的缩览图，退出蒙版编辑模式，如图 6-53 所示。

图 6-52　创建空蒙版

提　示

通过单击【透明度】面板中蒙版与被蒙版缩览图，从而选中不同的对象进行单独编辑。比如选中蒙版缩览图后，改变渐变颜色的类型。

6.5.4　编辑不透明蒙版

图 6-53　绘制蒙版形状

当不透明蒙版创建完毕后，就是将多个图形对象组合为一个对象。这时既可以对组合后的不透明蒙版对象进行编辑，也可以分别对其中的单个对象进行编辑。比如可以对其进行是否链接状态，以及启用或取消不透明度蒙版，或者重新编辑蒙版对象来改变蒙版效果等相关操作，从而使不透明度蒙版效果更加完美。

1．取消不透明蒙版的链接

默认情况下，将链接被蒙版对象和蒙版对象，此时移动被蒙版对象时，蒙版对象也会随之移动；而移动蒙版对象时，被蒙版对象却不会随之移动。

当建立不透明蒙版后，【图层】面板中项目的显示会有所不同。如果选中蒙版对象缩览图，又会发生不一样的变化，如图 6-54 所示。

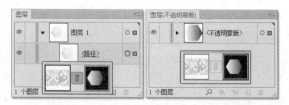

图 6-54　【图层】缩览图效果

当选中蒙版对象缩览图后，使用【选择工具】在画板中单击并拖动，改变的是黑白渐变的蒙版对象位置，如图6-55所示。

图 6-55　移动蒙版对象

如果在【透明度】面板中选中的是被蒙版缩览图，那么使用【选择工具】在画板中单击并拖动，改变的是不透明蒙版组合对象，如图6-56所示。

要想保持蒙版对象不变，单独改变被蒙版对象，那么可以单击【透明度】面板中缩览图之间的链接符号，这时可以独立于蒙版来移动被蒙版的对象并调整其大小，如图6-57所示。

图 6-56　移动不透明度蒙版组合对象

提　示

要重新链接蒙版，再次单击面板中缩览图之间的区域。或者从【透明度】面板菜单中选择【链接不透明蒙版】命令。

2. 停用、启用或取消不透明蒙版

要停用蒙版，在【图层】面板中定位被蒙版对象，然后按住 Shift 键并单击【透明度】面板中蒙版对象的缩览图，或者从【透明度】面板关联菜单中选择【停用不透明蒙版】命令，临时显示被蒙版对象，如图6-58所示。

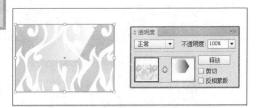

图 6-57　移动被蒙版对象

提　示

要重新启用蒙版，在【图层】面板中定位被蒙版对象，然后按住 Shift 键单击【透明度】面板中的蒙版对象缩览图。或者从【透明度】面板菜单中选择【启用不透明蒙版】命令。

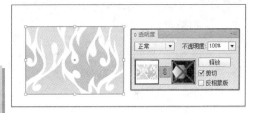

图 6-58　停用不透明度

在【图层】面板中选中被蒙版对象，然后从【透明度】面板关联菜单中选择【释放不透明蒙版】命令，或者直接单击面板中的【释放】按钮 释放 ，蒙版对象会重新出现在被蒙版的对象的上方，如图6-59所示。

3. 剪切或反相不透明蒙版

选择被蒙版对象，在【透明度】面板中启用【剪切】或【反相蒙版】选项，可以调整蒙版状态。

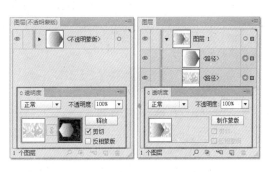

图 6-59　释放不透明度蒙版

❏ **剪切**　为蒙版指定黑色背景，以将被蒙版的图稿裁剪到蒙版对象边界。禁用【剪

切】选项可关闭剪切行为。要为新的不透明蒙版默认选择剪切，从【透明度】面板菜单中选择【新建不透明蒙版为剪切蒙版】命令。

❑ **反相蒙版** 反相蒙版对象的明度值，这会反相被蒙版对象的不透明度。例如，80%
透明度区域在蒙版反相后变为 20%的
透明度。禁用【反相蒙版】选项，可
将蒙版恢复为原始状态，如图 6-60 所
示。要默认反相所有蒙版，从【透明
度】面板菜单中选择【新建不透明蒙
版为反相蒙版】命令。

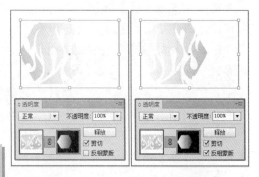

提 示

Illustrator 中的不透明蒙版在 Photoshop 中会被转换
为图层蒙版，反之亦然。无法在处于蒙版编辑模式
时进入隔离模式。

图 6-60　启用【反相蒙版】选项

6.6　课堂练习：设计结婚请柬封面

本实例制作的是结婚请柬封面效果，如图 6-61 所示。在制作过程中，主要采用网格工具进行绘制。而花朵与花朵之间、花朵与背景之间则通过混合模式与不透明度来进行组合，形成透亮的效果。

图 6-61　结婚请柬封面效果

操作步骤：

1 按 Ctrl+N 快捷键，创建【颜色模式】为 RGB 的空白文档。设置【填色】色块为"淡橘红色"后，单击工具箱中的【钢笔工具】🖉，绘制花瓣基本路径。选择【转换锚点工具】

🔽，调整路径弧度，如图 6-62 所示。

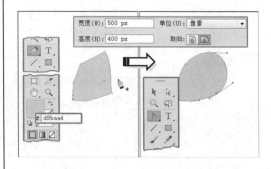

图 6-62　绘制花瓣图形

2 单击工具箱中的【网格工具】🔲，设置【填色】色块为"白色"，在花瓣图形右上方位置单击添加网格点。在花瓣图形左下方位置单击添加网格点，设置【填充】色块为"深橄榄色"，如图 6-63 所示。

3 按照上述方法，创建不同形状的花瓣图形。采用相同的颜色，在不同位置添加网格点，绘制不同纹理的花瓣效果，如图 6-64 所示。

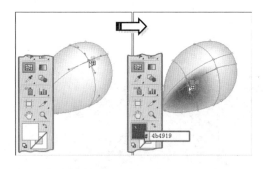

图 6-63　添加网格点

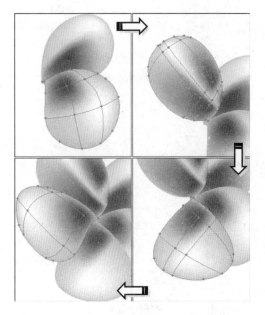

图 6-64　绘制不同纹理的花瓣图形

4　使用【选择工具】🔲扩选所有花瓣图形，进行原位复制后顺时针旋转。执行【窗口】|【透明度】命令，弹出【透明度】面板，分别设置【混合模式】与【不透明度】选项，如图 6-65 所示。

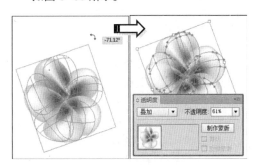

图 6-65　复制并设置透明效果

5　绘制圆点花蕊图形后，选择【钢笔工具】✐，并搭配【转换锚点工具】🔲建立"墨绿色"绿叶路径。使用【网格工具】🔲在绿叶右上角边缘单击添加网格点，设置为"草绿色"，并设置【混合模式】为"正片叠底"，如图 6-66 所示。

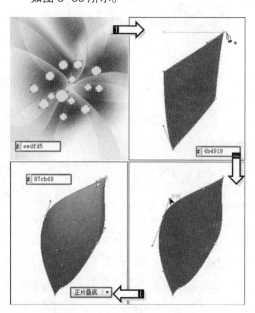

图 6-66　绘制绿叶图形

6　按照上述方法，采用【钢笔工具】✐绘制不同形状的绿叶图形，并且添加网格点建立纹理效果。为所有的绿叶图形设置相同的【混合模式】选项后，设置最左端的绿叶图形【不透明度】为 60%，如图 6-67 所示。

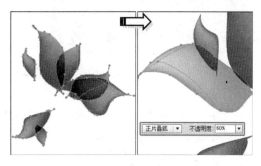

图 6-67　绘制不同形状的绿叶图形

7　将所有绿叶图形对象放置在花瓣图形对象下方，并且进行位置摆放，形成完成的花朵效果。选中所有图形对象并复制后，按 Ctrl+G 快捷键进行编组。成比例缩小后，设置【混合模式】为"叠加"，如图 6-68 所示。

图 6-68　复制并设置花朵效果

技 巧

当复制花朵图形并成比例缩小后，进行小角度的顺时针旋转，并且删除部分绿叶图形对象，使花朵效果看起来更加丰富而不呆板。

8　使用【矩形工具】■绘制单色矩形图形，并设置【不透明度】为 44%。选择【网格工具】▦，在矩形中间偏下位置单击添加网格点，设置颜色为"白色"，如图 6-69 所示。

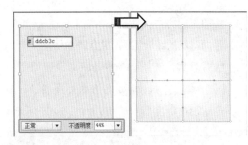

图 6-69　绘制网格渐变矩形

9　将所有花朵图形对象进行编组，并将其放置在矩形图形上方。复制多个花朵图形后，成比例缩小成不同尺寸的花朵效果，在矩形图形四周进行摆放，如图 6-70 所示。

10　选择【椭圆工具】⬭，绘制不同尺寸、无描边的"白色"正圆图形，散布在矩形图形上边缘周围。然后全部选中并编组后，设置【混合模式】为"叠加"。接着复制编组后的

小圆点对象进行复制，并放置在矩形四周，如图 6-71 所示。

图 6-70　复制并缩小花朵图形

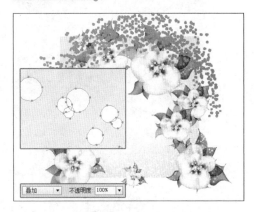

图 6-71　绘制小圆点

11　选择【矩形工具】■，在矩形图形中间位置绘制竖版矩形后，将所有图形对象进行编组。在【图层】面板中单击该编组后，单击面板底部的【建立/释放剪切蒙版】按钮▣，建立剪切蒙板如图 6-72 所示。

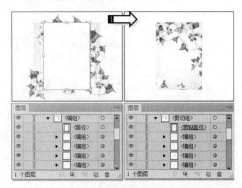

图 6-72　建立剪切蒙板

12 选择【钢笔工具】 ☑ ，使用尽量少的锚点，建立热气球的轮廓路径，并设置【填色】为"黄绿色"，如图8-73所示。

图 6-73　输入文字

13 执行【文件】|【置入】命令，载入文件"背景.jpg"。右击该位图对象，选择【排列】|【置于底层】命令，并且将该位图放置在请柬正下方，如图6-74所示。

图 6-74　置入位图

14 选择【矩形工具】 ☑ ，绘制无描边"白色"

矩形，其尺寸与请柬相同。复制该"白色"矩形并成比例放大，选择【网格工具】 ☑ ，并设置【填充】色块为"黑色"，在矩形左上角与右下角位置单击，形成虚边效果，如图6-75所示。

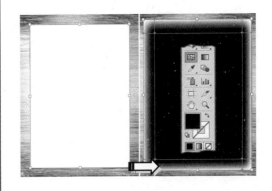

图 6-75　制作阴影图形

15 打开【透明】面板，设置阴影图形的【混合模式】为"正片叠底"，【不透明度】为73%。将该图形放置在"白色"矩形下方后，选中这两个矩形对象，放置在请柬对象下方，形成阴影效果，如图6-76所示。

图 6-76　排列顺序

6.7　课堂练习：绘制线型花朵

　　本实例绘制的是线型花朵效果，该抽象矢量花卉风格独特，造型优美，工整而雅致，如图6-77所示。而绘制的方法非常简单，只要将不同形状的两个线条对象进行混合，依此类推，并且进行组合，即可得到线型花朵效果。

图 6-77 线型花朵效果

操作步骤：

1 按 Ctrl+N 快捷键，创建【颜色模式】为 RGB 的竖版空白画板。选择【钢笔工具】，设置【填色】为"无"，【描边】为"粉色"。按照树叶形状，分别绘制两个曲线路径，并重新设置下方对象【描边颜色】为"紫色"，如图 6-78 所示。

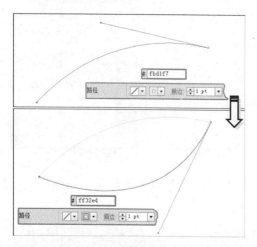

图 6-78 绘制曲线线条

2 双击工具箱中的【混合工具】，在弹出的【混合选项】对话框中，设置参数后，依次分别单击画板中的线条，形成混合效果，如图 6-79 所示。

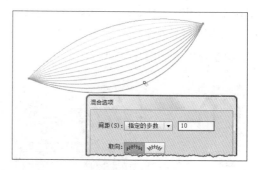

图 6-79 创建混合对象

3 使用【选择工具】选中混合对象后，选择【旋转工具】，在该对象一端单击以确定旋转中心点。按住 Alt 键单击并拖动该对象，进行旋转并复制。然后按 Ctrl+D 快捷键，进行对象复制，如图 6-80 所示。

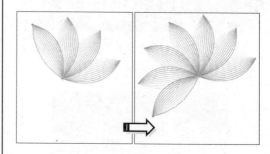

图 6-80 旋转并复制

4 使用【旋转工具】，确保旋转中心点位于混合对象交叉点，分别将左右两侧的对象向下旋转，并缩小。然后旋转所有对象，进行顺时针旋转，完成花朵制作，如图 6-81 所示。

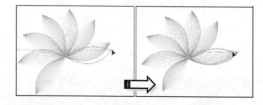

图 6-81 旋转并缩小

5 选择【钢笔工具】，使用上述两种描边颜色，建立两个曲线对象。双击【混合工具】，在弹出的【混合选项】对话框中，设置"指定的步数"为8，并进行两者之间的混合，作为花朵的茎，如图6-82所示。

项】对话框中，设置"指定的步数"为3，依次单击曲线创建具有翻转效果的右侧叶子图形，如图6-85所示。

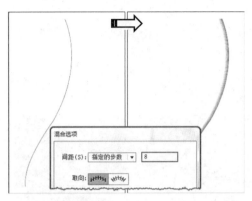

图 6-82 绘制花朵的茎

6 使用上述方法，分别绘制直线与曲线，并设置"指定的步数"为5。创建混合对象后，反方向再次绘制直线与曲线并创建混合对象。然后将两者无缝隙合并，形成叶子效果，如图6-83所示。

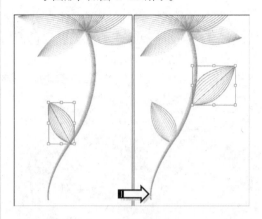

图 6-84 复制并旋转

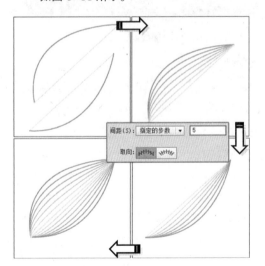

图 6-83 绘制叶子

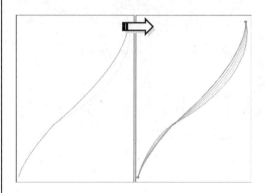

图 6-85 绘制叶子

9 使用上述方法，绘制左侧叶子图形。然后将其分别放置在茎图形的两侧，并调整其尺寸。最后绘制"白色"到"淡绿色"径向渐变，作为背景，完成最后制作，如图6-86所示。

7 将叶子图形进行编组后，使用【选择工具】，将花朵、茎和叶子进行组合，并且复制叶子图形，旋转后放置在茎图形右侧，如图6-84所示。

8 使用【钢笔工具】绘制两条交叉曲线，双击【混合工具】，在弹出的【混合选

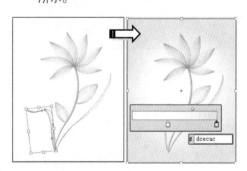

图 6-86 绘制背景

6.8 课堂练习：设计公益海报

本案例是一则为宣传保护树木制作的公益性宣传海报，其作用是为了加强人们爱护资源，保护自然环境意识。海报以绿色调为主，主要突出保护树木，保护绿色环境，如图 6-87 所示。在 Illustrator 中，通过运用绘图工具绘制绿树，以及通过【混合工具】制作修饰图形，从而使海报整体效果更加丰富。

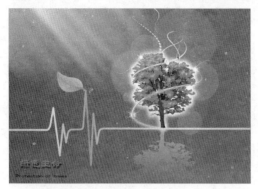

图 6-87　保护树木宣传海报

操作步骤：

1. 新建一个【色彩模式】为 CMYK 横排文档，使用【矩形工具】，绘制与页面大小相同的矩形，禁用描边效果，填充"绿色"，设置参数，如图 6-88 所示。

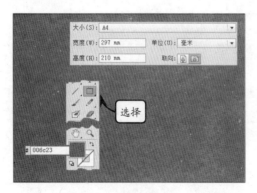

图 6-88　绘制矩形

2. 在画板下方绘制小矩形并选中，执行【效果】|【纹理】|【纹理化】命令。对图形添加纹理效果，并设置【不透明度】为 8%，如图 6-89 所示。

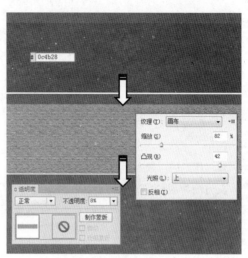

图 6-89　添加纹理

提　示

选中所有图形对象，在【对齐】面板中，分别单击【水平居中对齐】按钮和【垂直底对齐】，将矩形重合放置到页面上。

3. 选择【钢笔工具】，绘制树干图形。使用【直接选择工具】调整路径形状后，对图形对象禁用描边效果，并填充"黑色"，如图 6-90 所示。

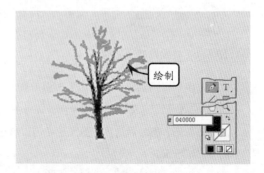

图 6-90　绘制树干图形

4 执行【窗口】|【画笔库】|【wacom6D 画笔】
|【6D 艺术钢笔画笔】命令，打开画笔面板。
选择"6d 散点画笔 1"笔触，使用【画笔工
具】 ，在页面上单击，如图 6-91 所示。

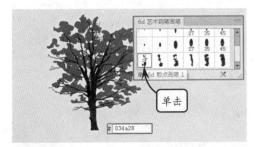

图 6-91　绘制深色树叶

提　示

选中画笔路径，执行【对象】|【扩展外观】命
令，可以将路径转为形状，然后填充颜色，通
过【变换】任意放大或缩小。

5 由深至浅设置【填色】参数值，按照上述方
法，继续使用【画笔工具】 ，绘制树叶
图形，如图 6-92 所示。

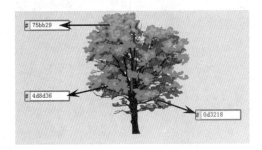

图 6-92　绘制树叶层次效果

6 将"树"编组后，按住 Alt 键拖动，复制出
一个"树"，使用【镜像工具】 将副本进
行水平翻转。执行【效果】|【素描】|【便
条纸】命令，设置参数，如图 6-93 所示。

7 使用【矩形工具】 ，绘制由上至下"白
色"到"黑色"渐变矩形。单击【透明度】
面板中的【制作蒙板】按钮 制作蒙版 建立不
透明蒙版后，使用【渐变工具】 调整渐
变颜色范围，如图 6-94 所示。选中倒影树
图形，设置【不透明度】为 50%。

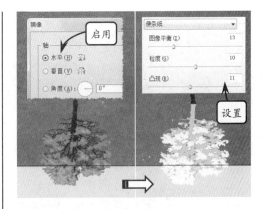

图 6-93　添加效果

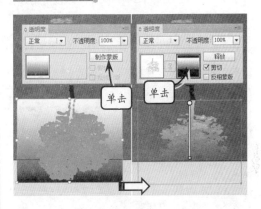

图 6-94　添加蒙版

8 使用【钢笔工具】 ，绘制心电图线条图
形。在【描边】面板中设置参数后，填充径
向渐变。并在【渐变】面板中分别设置【角
度】【长宽比】以及【渐变滑块】参数值，
如图 6-95 所示。

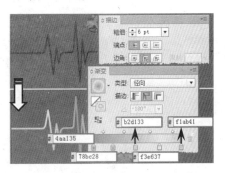

图 6-95　绘制"生命线"图形

9 使用【钢笔工具】 和【转换锚点工具】 ，
绘制叶子图像。分别设置单色与渐变颜色的
设置参数，如图 6-96 所示。

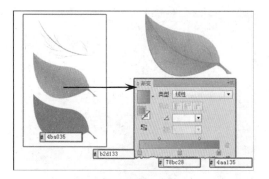

图 6-96　绘制叶子

10　使用【椭圆工具】 ◎ ，绘制"绿色"正圆，分别设置不同【不透明度】参数值，得到不同程度的透明圆形效果，如图 6-97 所示。

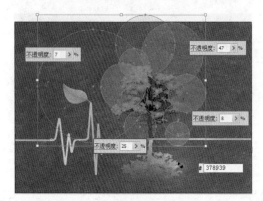

图 6-97　绘制半透明圆形

11　再次复制"树"图像，并将其放置在所有对象上方。执行两次【效果】|【风格化】|【外发光】命令，对"树"添加"白色"外发光，设置参数，如图 6-98 所示。

图 6-98　绘制发光

12　选择【钢笔工具】 ✎ ，并设置【画笔】为

"箭头 1.30"，建立路线路径。禁用填充效果，添加描边，设置【粗细】为"0.1pt"，如图 6-99 所示。

图 6-99　绘制箭头路线

13　按照上述方法，绘制相同箭头路线。然后分别将其放置在不同颜色树叶下方，形成穿梭效果，如图 6-100 所示。

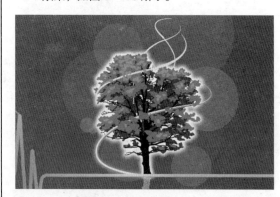

图 6-100　绘制曲线箭头

14　使用【椭圆工具】 ◎ ，建立大小不同两个正圆。填充颜色为"淡黄色"，禁用描边效果。使用【混合工具】 ◎ ，将其逐步连在一起，设置参数，如图 6-101 所示。

15　选中一列正圆，执行【效果】|【变形】|【旗形】命令。打开【变形选项】对话框，设置参数，如图 6-102 所示。

16　按照上述方法，绘制相同图形。并使用【星形工具】 ☆ ，绘制图形，添加装饰，如图 6-103 所示。

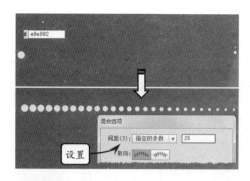

图 6-101　图形混合

图 6-102　图形变形

图 6-103　对"树"添加装饰效果

17　使用【钢笔工具】 ✐，绘制三角形。禁用描边效果，填充"白色"，分别设置参数不相同的【不透明度】参数，如图 6-104 所示。

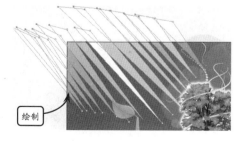

图 6-104　绘制图形

18　执行【效果】|【模糊】|【高斯模糊】命令，设置【半径】参数为"14.0 像素"，得到光线效果，如图 6-105 所示。

图 6-105　添加光线

19　使用【文字工具】 T，在页面左下角输入"绿色生命"文字和 Protection of trees 字母。禁用描边效果，设置参数，如图 6-106 所示。

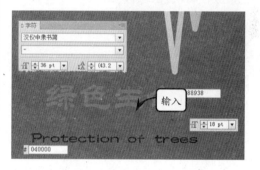

图 6-106　输入文字

20　选中"绿色生命"文字，执行【效果】|【风格化】|【投影】命令，对文字添加投影，设置参数，如图 6-107 所示。

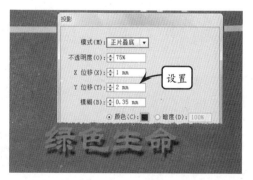

图 6-107　添加投影效果

一、填空题

1. 在＿＿＿＿面板中，能够创建图层与子图层。

2. 使用＿＿＿＿命令能够将所有图层合并为一个图层。

3. ＿＿＿＿工具可以改变组合图形对象的同时，创建新对象。

4. 使用【图层】面板中的＿＿＿＿按钮，可以对组或图层创建剪切蒙版。

5. 在＿＿＿＿面板中，能够设置混合模式。

二、选择题

1. 在【图层】面板中，按住＿＿＿＿键移动图层，能够复制该图层。

A. Alt

B. Ctrl

C. Shift

D. Enter

2. 【编组】的快捷键是＿＿＿＿。

A. Alt+G

B. Ctrl+G

C. Shift+G

D. Shift+Ctrl+G

3. ＿＿＿＿是在两个对象之间平均分布形状，从而形成新的对象。

A. 混合模式

B. 图层

C. 不透明度

D. 混合对象

4. 使用混合模式可以产生不同的效果，在【透明度】面板中共包括了＿＿＿＿种混合模式。

A. 15   B. 16

C. 17   D. 18

5. ＿＿＿＿是使用蒙版对象中颜色的等效灰度来表示蒙版中的不透明度。

A. 图层

B. 剪贴蒙版

C. 不透明度蒙版

D. 混合对象

三、问答题

1. 简述图层、子图层与项目之间的关系。

2. 如何使图层中的对象显示但不被打印。

3. 如何快速地将多个对象组合成一个对象？

4. 如何创建剪贴蒙版？

5. 【不透明度】选项能够在什么面板中设置？

四、上机练习

1. 使用混合对象创建渐变效果

在 Illustrator 中除了能够使用【渐变工具】创建渐变颜色效果外，还可以使用【混合工具】创建颜色渐变效果。而【混合工具】的使用，还可以根据图形对象形状的不同，从而创建不同的渐变颜色效果，如图 6-108 所示。

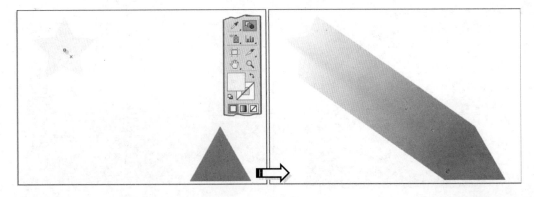

图 6-108　混合效果

2. 制作倒影效果

对象的倒影效果与阴影效果不同，前者必须是对象本身的倒立渐隐效果。其制作方法非常简单，只要复制并垂直翻转该对象。然后建立由上至下的白色到黑色渐变矩形，将倒立的对象完全覆盖。接着同时选中重叠的这两个对象，在【透明度】面板中选择关联菜单中的【建立不透明度蒙版】命令，即可得到倒影效果，如图 6-109 所示。

图 6-109　倒影效果

第7章

图形对象艺术效果

   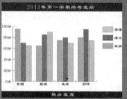

  Illustrator 虽然是一款矢量图形绘制软件，但是为了使绘制的矢量图形效果更加丰富，Illustrator 还为其准备了各种艺术效果，比如立体效果、扭曲效果、模糊效果、纹理效果等。这些效果的应用既可以通过详细设置的方式进行添加，也可以通过预设方式快速添加。而添加后的效果还可以随时重新设置选项参数，从而得到全新的艺术效果。

  在该章节中，主要为图形对象的各种艺术效果添加、以及不同途径的添加进行介绍，从而全面掌握图形对象艺术效果的制作方法。

本章学习要点：

  ➢ 扭曲效果添加

  ➢ 立体效果添加

  ➢ 样式效果添加

  ➢ 纹理效果添加

  ➢ 外观属性应用

  ➢ 图形样式应用

7.1 添加矢量效果

在 Illustrator 的【效果】菜单中，被应用的效果命令主要针对矢量和位图两种图片格式。其中，【效果】菜单上部分的效果是矢量效果；下部分的效果为位图效果，但是部分效果命令又同时能够应用于矢量和位图格式的图片。在矢量效果命令中，某些效果命令虽然与编辑对象命令得到的效果相似，但是它们有着本质的区别。

7.1.1 各种变形效果

【效果】菜单中的【变形】与【扭曲和变换】命令，虽然与编辑图形对象章节中的变形与变换的效果相似，但是前者是改变图形形状得到的效果，后者则是在不改变图形的基本形状基础上，对对象进行变形。

1. 变形

【变形】命令将扭曲或变形对象，应用的范围包括路径、文本、网格、混合以及位图图像。执行【效果】|【变形】菜单中的任意子命令，可通过【变形选项】对话框为对象选择一种预定义的变形形状，然后选择混合选项所影响的轴，并指定要应用的混合及扭曲量，对对象实施变形操作。

如图 7-1 所示的效果，为图形变形的部分展示。在其中发现效果与【对象】|【封套扭曲】|【用变形建立】命令中的相同，而通过前者得到图形对象的外形虽然发生了变化，但是图形对象的路径并没有任何变化。

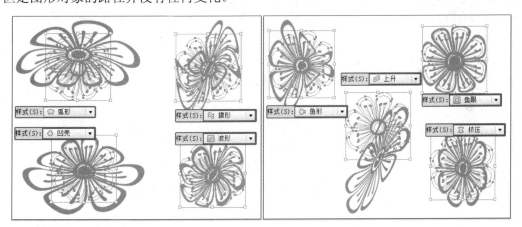

图 7-1 变形对象

2. 扭曲和变换

【扭曲和变换】菜单中的命令可以快速改变矢量对象的形状，与使用液化工具组中的工具编辑图形对象得到的效果相似。同样，前者也是在不改变图形对象的路径基础上改变图形外形的。

❑ **扭拧**

【扭拧】命令可以随机地向内或向外弯曲和扭曲路径段，如图 7-2 所示。使用绝对量或相对量设置垂直和水平扭曲。指定是否修改锚点、"导入"控制点和"导出"控制点。

❑ **扭转**

【扭转】命令可旋转对象，中心的旋转程度比边缘的旋转程度大，在对话框内【角度】参数栏中输入正值将顺时针扭转，输入负值将逆时针扭转，如图 7-3 所示。

❑ **收缩和膨胀**

【收缩和膨胀】命令在将线段向内弯曲（收缩）时，向外拉出矢量对象的锚点；在将线段向外弯曲（膨胀）时，向内拉入锚点。这两个选项都可相对于对象的中心点来拉出锚点，如图 7-4 所示。

❑ **波纹效果**

【波纹效果】命令可将对象的路径段变换为同样大小的尖峰和凹谷形成的锯齿和波形数组。在该效果对话框中，使用绝对大小或相对大小设置尖峰与凹谷之间的长度。设置每个路径段的脊状数量，并选择波形边缘（平滑）或锯齿边缘（尖锐），如图 7-5 所示效果。

❑ **粗糙化**

【粗糙化】效果与波纹效果相似，可将矢量对象的路径段变形为各种大小的尖峰和凹谷的锯齿数组，如图 7-6 所示。

❑ **自由扭曲**

【自由扭曲】命令是在打开的对话框中，通过拖动预览框中线框图形的四个控制点的方式来改变矢量对象的形状，效果如图 7-7 所示。

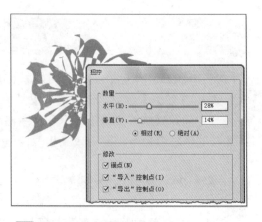

❍ **图 7-2　应用扭拧效果**

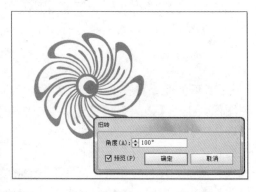

❍ **图 7-3　扭转对象**

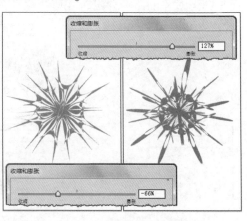

❍ **图 7-4　设置不同的收缩和膨胀效果**

> **提　示**
>
> 矢量效果中的【路径】命令中的子命令与【路径查找器】命令中的子命令，均与前面章节中所介绍的路径编辑命令相似，只是前者保留了图形对象的原始路径。

3. 转换为形状

【转换为形状】命令包括三个特效命令，分别可以将矢量对象的形状转换为矩形、圆角矩形或椭圆，如图 7-8 所示效果。

图 7-5　设置波纹效果　　　图 7-6　应用粗糙化效果

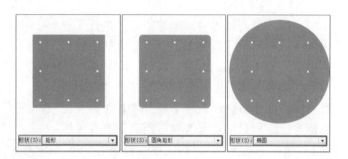

图 7-7　使用自由扭曲变换对象　　图 7-8　转换为图形

7.1.2　各种风格化效果

效果中的【风格化】子菜单中的命令是较为常用的特效命令，主要为对象添加箭头、投影、圆角、羽化边缘、发光以及涂抹风格的外观。而这些还可以重复应用，以加强效果的展示。

1.　内发光和外发光

选择要添加特效的对象、组或图层，执行【效果】|【风格化】|【内发光】或【外发光】命令，如图 7-9 所示。

【内发光】与【外发光】对话框中的选项基本相同，只是前者对话框中多出【中心】与【边缘】选项。其中各个选项以及作用如下。

❏ **模式**　指定发光的混合模式。

❏ **设置颜色**　双击混合模式旁边的色块，在【拾色器】中指定发光的颜色。

❏ **不透明度**　指定所需发光的不透明度百分比。

❏ **模糊**　指定要进行模糊处理之处到选

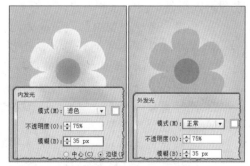

图 7-9　添加外发光和内发光效果

区中心或选区边缘的距离。

❑ **边缘** 从选区内部边缘向外发散的发光效果。

❑ **中心** 设置内发光效果时，从选区中心向外发散的发光效果，如图 7-10 所示。

> **提 示**
>
> 将带内发光效果的对象扩展，内发光本身会呈现为一个不透明蒙版；对带外发光效果的对象进行扩展时，外发光会变成一个透明的栅格对象。

图 7-10 中心内发光效果

2. 投影

投影效果可以为对象添加阴影，执行【效果】|【风格化】|【投影】命令，使用默认参数即可得到投影效果，如图 7-11 所示。

其中【不透明度】参数栏可以指定投影的透明度，而【X 位移】和【Y 位移】参数栏可以指定投影相对于对象的偏移距离。改变【模糊】参数栏的数值，可以指定模糊效果的大小。如果双击【颜色】单选按钮右侧的色块，可指定阴影的颜色；若启用【暗度】单选按钮，可以指定为投影添加的黑色深度百分比，如图 7-12 所示为重新设置选项得到的投影效果。

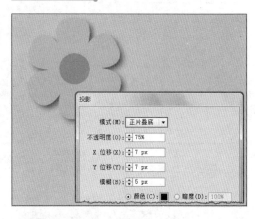

图 7-11 添加投影效果

3. 涂抹

【涂抹】效果是一个较为特别的命令，它可以为对象的描边或填色添加类似手绘的效果。执行【效果】|【风格化】|【涂抹】命令，如图 7-13 所示。通过该对话框可以对添加线条的角度、密度、线宽、间距、范围等属性进行设置，以得到不同的涂抹效果。

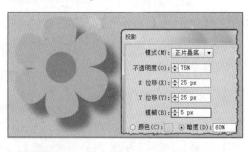

图 7-12 改变投影效果

❑ **角度** 用于控制涂抹线条的方向。可以单击角度图标中的任意点，围绕角度图标拖曳角度线，或在框中输入一个介于 –179 到 180 之间的值（如果输入了一个超出此范围的值，则该值将被转换为与其相当且处于此范围内的值）。

❑ **路径重叠** 用于控制涂抹线条在路径边界内部距路径边界的量，或在路径边界外距路径边界的量。负值将涂抹线条控制在路径边界内部，正值则将涂抹线条延伸至路径边界外部。

❑ **变化（适用于路径重叠）** 用于控制涂抹线条彼此之间的相对长度差异。

❑ **描边宽度** 用于控制涂抹线条的宽度。

❑ **曲度** 用于控制涂抹曲线在改变方向之前的曲度。

❏ **变化（适用于曲度）**　用于控制涂抹曲线彼此之间的相对曲度差异大小。

❏ **间距**　用于控制涂抹线条之间的折叠间距量。

❏ **变化（适用于间距）**　用于控制涂抹线条之间的折叠间距差异量。

在【涂抹】对话框的【设置】下拉列表中，选择不同的预设选项，能够得到相应的涂抹效果。在此基础上，还可以通过下方选项重新设置。如图 7-14 所示为部分预设涂抹效果。

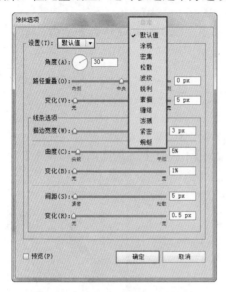

图 7-13　【涂抹】对话框

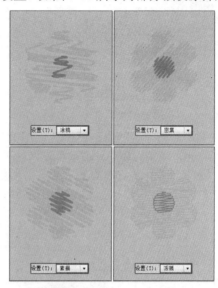

图 7-14　预设涂抹效果

4. 羽化

【羽化】效果可以创建出边缘柔化的效果。选择对象、组或图层，执行【效果】|【风格化】|【羽化】命令，设置【羽化半径】参数，控制对象从不透明渐隐到透明的中间距离，如图 7-15 所示效果。

5. 其他风格化效果

在风格化效果中还包括圆角效果。圆角效果可以使矢量对象的角控制点转换为平滑的曲线，如图 7-16 所示。

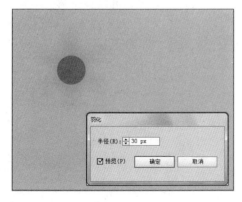

图 7-15　设置羽化效果

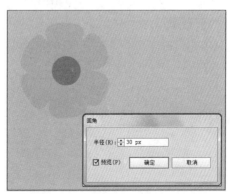

图 7-16　圆角效果

7.2　3D 效果

Illustrator 中【效果】菜单中的 3D 命令，可以将二维对象创建为三维效果。在创建的过程中，可以通过改变高光方向、阴影、旋转及更多的属性来控制 3D 对象的外观，而且还可以将对象转换为符号后贴到 3D 图形中的每一个表面上。

创建 3D 对象的方法包括两种，即通过【凸出和斜角】和【绕转】命令。另外还可以使用【旋转】命令，来模拟三维空间的旋转效果。

7.2.1　创建基本立体效果

【凸出和斜角】命令可以将一个二维对象沿其 Z 轴拉伸成为三维对象，是通过挤压的方法为路径增加厚度来创建立体对象。执行【效果】|【3D（3）】|【凸出和斜角】命令，弹出【3D 凸出和斜角选项】对话框，使用默认的参数创建 3D 对象，如图 7-17 所示。

图 7-17　将二维图形创建三维模型

既然是立体效果，那么就可以任意地旋转其角度，从而查看各个角度的展示效果。在该对话框的【位置】选项组中，可以设置立体图形的旋转与透视选项。

1. 旋转角度

在【位置】选项下拉列表框中可以选择系统预设的角度，也可以自定旋转角度。直接拖动观景窗口内模拟立方体直接设置角度，或者在【绕水平（X）轴旋转】、【绕垂直（Y）轴旋转】和【绕深度（Z）轴旋转】文本框中输入数值旋转角度。同一对象的不同角度位置如图 7-18 所示。

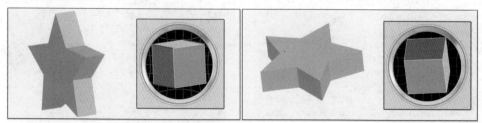

图 7-18　同一对象的不同角度位置

2．透视

在"透视"文本框中输入数值，可以设置对象透视效果，使其对象立体感更加真实。如图 7-19 所示的未设置透视效果的立体对象和设置透视效果的立体对象。

7.2.2 设置凸出和斜角效果

通过【凸出和斜角】命令创建立体对象后，不仅可以设置该对象的厚度，还可以设置倒角等效果。在【3D 凸出和斜角】对话框的【凸出和斜角】选项组中，分别包含【凸出厚度】、【端点】、【斜角】和【高度】4 个子选项。

1．凸出厚度

凸出厚度是用来设置对象沿 Z 轴挤压的厚度，该值越大，对象的厚度越大。如图 7-20 所示为不同厚度参数的同一对象挤压效果。

2．端点

端点指定显示的对象是实心（开启端点以建立实心外观◙），还是空心（关闭端点以建立空间外观◙）对象。两者不同效果如图 7-21 所示。

3．斜角

斜角是沿对象的深度轴（Z 轴）应用所选类型的斜角边缘，在该选项下拉列表框中选择一个斜角形状，可以为立体对象添加斜角效果。在默认情况下，【斜角】选项为"无"，选择不同的选项，斜角效果均有所变化，如图 7-22 所示。

4．高度

对立体对象添加斜角效果后，可以在【高度（H）】文本框输入参数，设置斜角的高度。另外单击【斜角外扩】按钮，可在对象大小的基础上增加部分像素形成斜角效果；单击【斜角内缩】按钮，则从对象上切除部

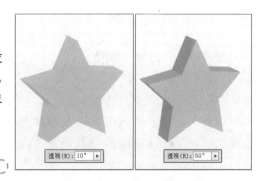

图 7-19　未透视效果和透视效果

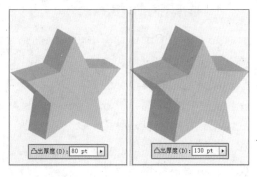

图 7-20　同一对象不同厚度的挤压效果

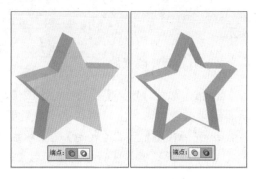

图 7-21　实心对象和空心对象

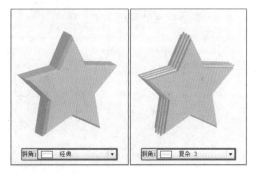

图 7-22　不同斜角效果

分详述形成的斜角，如图 7-23 所示。

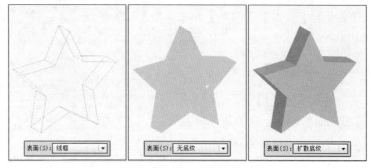

7.2.3 设置表面

在【3D 凸出和斜角选项】对话框中，还可以设置对象表面效果，以及添加与修改光源。单击【更多选项】按钮，在该对话框中全部显示"表面"选项组内容（及光源设置选项）。

图 7-23　斜角外扩效果和斜角内缩效果

1. 选择不同的表面格式

在【表面】下拉列表中提供了四种不同的表面模式。线框模式下，显示对象的几何形状轮廓；无底纹模式不显示立体的表面属性，但保留立体的外轮廓。扩散底纹模式使对象以一种柔和、扩散的方式反射光；而塑料效果底纹模式会使对象模拟塑料的材质及反射光效果，如图 7-24 所示。

图 7-24　设置不同的表面格式

2. 添加与修改光源

对于对象表面效果【扩散底纹】或【塑料效果底纹】选项，可以在对象上添加光源，从而创建更多光影变化，使其立体效果更加真实。

❑ **光源预览框**　在【表面】选项组左侧是光源预览框，在默认情况下只有一个光源，单击预览框下【新建光源】按钮 ，可添加一个新光源。单击选中光源，并按住左键拖动可以定义光源位置。单击【删除光源】按钮 ，可以删除当前所选择光源；但至少保留一个光源。单击 按钮或 按钮，可切换光源在物体上的前后位置，如图 7-25 所示。

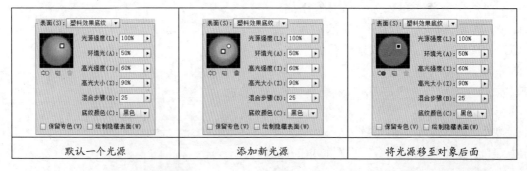

| 默认一个光源 | 添加新光源 | 将光源移至对象后面 |

图 7-25　添加及切换光源位置

❑ **光源强度**　更改选定光源的强度，强度值在 0%到-100%之间。参数值越高，灯
光强度越大。如图 7-26 所示为不同光源强度的对比图。

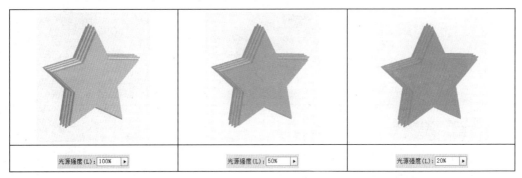

图 7-26　不同光源强度

❑ **环境光**　设置周围环境光的强度，影响对象表面整体亮度。不同环境的对比图如
图 7-27 所示。

图 7-27　不同环境光

❑ **高光强度**　专门设置高光区域亮度，默认值为 60%，该值越大，高光点越亮，如
图 7-28 所示。

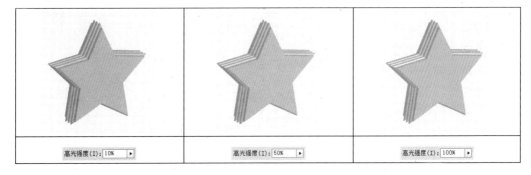

图 7-28　不同高光强度

❑ **高光大小**　用来设置高光区域范围大小，值越大，高光的范围也就越大。
❑ **混合步骤**　设置对象表面观色变化程度，值越大，色彩变化过渡效果越细腻。
❑ **底纹颜色**　设置对象暗部的颜色，默认为"黑色"。它包括"无"、"黑色"和"自定"，
如图 7-29 所示。

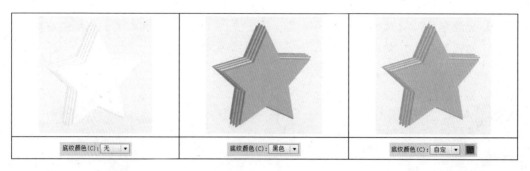

图 7-29 底纹颜色

- ❑ **保留专色** 如果在"底纹颜色"选项中选择了"自定"，则无法保留专色。如果使用了专色，选择该选项可保证专色不发生变化。
- ❑ **绘制隐藏表面** 显示对象的隐藏背面。如果对象透明，或是展开对象并将其拉开时，便能看到对象的背面。

7.2.4 设置贴图

在【3D 凸出和斜角选项】对话框中单击【贴图】按钮，通过【贴图】对话框，可将符号或指定的符号添加到立体对象的表面上，效果如图 7-30 所示。

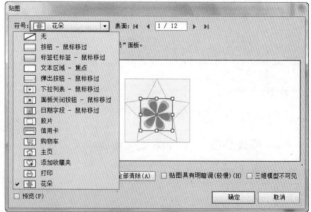

注 意

要想在【符号】列表中选择想要的符号，必须首先在【符号】面板中载入要使用的符号或自定义符号。而【符号】面板的应用将在下一章节进行介绍。

图 7-30 【贴图】对话框

由于立体对象都由多个表面组成，比如三角形对象的立体效果有12 个表面，可将符号贴到立体对象的每个表面上。方法是，单击【表面】选项后面的三角按钮，可选择立体图形的不同表面。然后在【符号】下拉列表中可选择一个符号图案添加到当前的立体表面，效果如图 7-31 所示。

预览框中的浅灰色块表示当前操作面为可见表面，深灰色块表示当前操作面是立体效果中隐藏的表面。当选中一个表面后，在文档中会以红色轮廓标出，效果如图 7-32 所示。

图 7-31 为表面添加符号

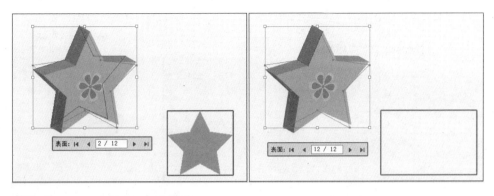

图 7-32　根据提示添加符号

在【贴图】对话框中，添加符号对象后，还可以通过以下选项调整符号对象在立体对象中的显示效果。

❏ **缩放以适合**　单击该按钮，可使选择的符号适合所选表面的边界，如图 7-33 所示。

❏ **清除贴图**　使用【清除】和【全部清除】按钮可以清除当前所选表面或所有表面的贴图符号。

❏ **贴图具有明暗**　启用该复选框，可使添加的符号与立体表面的明暗保持一致，如图 7-34 所示。

❏ **三维模型不可见**　显示作为贴图的符号，而不显示立体对象的外形，如图 7-35 所示。

7.2.5　设置绕转效果

执行【效果】|【3D】|【绕转】命令，为图形对象添加立体效果。该命令是围绕全局 Y 轴（绕转轴）绕转一条路径或剖面，使其作圆周运动。由于绕转轴是垂直固定的，因此用于绕转的路径应为所需立体对象面向正前方时垂直剖面的一半，效果如图 7-36 所示。

【3D 绕转选项】对话框所包含选项组基本与【3D 凸出和斜角选项】对话框所包含的相同，唯一不同的是该对话框包含【旋转】选项组，而没有【凸出和斜角】选项组。该选项组包含【角度】、【端点】、【偏移】等选项。

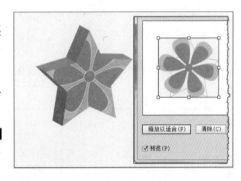

图 7-33　符号适合表面

图 7-34　符号与表面明暗保持一致

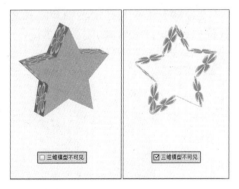

图 7-35　显示与未显示立体对象

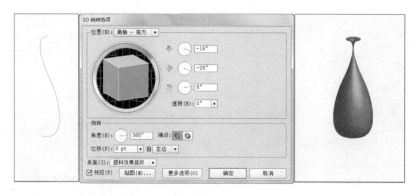

图 7-36　通过绕转创建立体效果

1. 角度

系统默认的绕转【角度】为 360°，是用来设置对象的环绕角度。如果角度值小于 360°，则对象上会出现断面，如图 7-37 所示。

图 7-37　不同角度

提　示

【端点】选项与【3D 凸出和斜角选项】对话框中选项设置方法相同，单击【开启端点以建立实心外观】按钮，对象显示实心；单击【关闭端点以建立空间外观】按钮，对象则显示的是空心。

2. 位移

【位移】选项是在绕转轴与路径之间添加距离，默认参数值为 0。该参数值越大，对象偏离轴中心越远，如图 7-38 所示。

图 7-38　不同距离偏移中心轴

3. 指定旋转轴

【指定旋转轴】选项是用来设置对象绕之转动的轴，可以是"左边缘"，也可以是"右边缘"。根据创建绕转图形来选择"左边"还是"右边"，否则会产生错误结果，如图7-39所示。

● 7.2.6 设置旋转效果

【旋转】效果可以将图形对象在模拟的三维空间中旋转。方法是，选中图形对象后，执行【效果】|【3D】|【旋转】命令。在【3D 旋转选项】对话框内的预览框中拖动模拟立方体，可以设置选项效果，如图7-40所示。

【凸出和斜角】、【绕转】和【旋转】三者选项对话框中，"位置"选项组相同，但在"位置"设置相同的参数，显示的对象效果不同。数字"5"分别执行三个命令，效果图如图7-41所示。

图 7-39　左边绕转图形和右边绕转图形

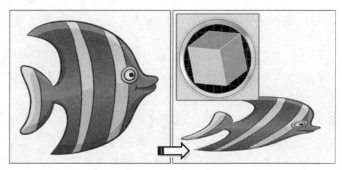

图 7-40　旋转对象

执行【凸出和斜角】命令	执行【绕转】命令	执行【旋转】命令

图 7-41　相同位置参数的不同效果图

> **提 示**
>
> 【旋转】命令不同于【凸出和斜角】和【绕转】命令有贴图功能，并且在该对话框的"表面"选项组中，只包含两个"无底纹"和"扩散底纹"两种渲染样式。

7.3 添加位图效果

【效果】菜单下半部分的效果为位图效果，该命令既能够针对位图图像，也能够针对矢量图形，但是对于后者应用该命令后，矢量图形会以位图格式显示。所以无论何时对矢量对象应用这些效果，都将使用文档的栅格效果设置。

7.3.1　模糊效果

【模糊】效果可在图像中对指定线条和阴影区域的轮廓边线旁的像素进行平衡，从而润色图像，使过渡显得更柔和。它包括了三个命令：【高斯模糊】、【特殊模糊】和【径向模糊】命令。

【高斯模糊】命令以可调的量来快速模糊选区。此效果将移去高频出现的细节，并产生一种朦胧的效果，如图 7-42 所示。在 Illustrator CS6 中，该对话框中添加了【预览】选项。启用该选项，可以实时查看应用于图稿的高斯模糊效果。

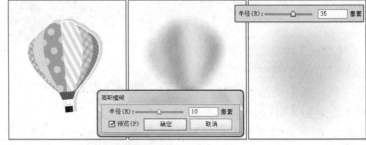

图 7-42　不同程度的模糊效果

【径向模糊】命令模拟对相机进行缩放或旋转而产生的柔和模糊。启用【旋转】选项，沿同心圆环线模糊，然后指定旋转的度数；启用【缩放】选项沿径向线模糊，好像是在放大或缩小图像，然后指定 1 到 100 之间的值，如图 7-43 所示。

对话框中的模糊【品质】选项包括【草图】、【好】和【最好】子选项，启用【草图】子选项速度最快，但结果往往会颗粒化，【好】或者【最好】子选项都可以产生较为平滑的结果。当通过拖移【模糊中心】框中的图案，可以指定模糊的原点，如图 7-44 所示。

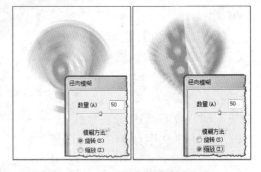

图 7-43　旋转与缩放模糊效果

7.3.2　纹理效果

【纹理】效果能够使图像表面具有深度感或质地感，或是为其赋予有机风格，该效果也是基于栅格的效果。它们可以为对象的表面添加上拼缀、染色玻璃、颗粒、马赛克等纹理特效，使对象的表面变化更为丰富，如图 7-45 所示。

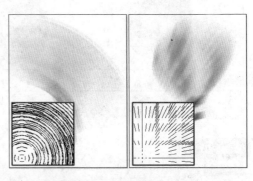

图 7-44　改变模糊原点

- ❏ **龟裂缝**　将图像绘制在一个高处凸现的模型表面上，以循着图像等高线生成精细的网状裂缝。使用此效果可以对包含多种颜色值或灰度值的图像创建浮雕效果。
- ❏ **颗粒**　通过模拟不同种类的颗粒（常规、柔和、喷洒、结块、强反差、扩大、点刻、水平、垂直或斑点)，对图像添加纹理。

- □ **马赛克拼贴** 绘制图像，使它看起来像是由小的碎片或拼贴组成，然后在拼贴之间添加缝隙。
- □ **拼缀图** 将图像分解为由若干方形图块组成的效果，图块的颜色由该区域的主色决定。此效果随机减小或增大拼贴的深度，以复现高光和暗调。
- □ **染色玻璃** 将图像重新绘制成许多相邻的单色单元格效果，边框由前景色填充。
- □ **纹理化** 将所选择或创建的纹理应用于图像。

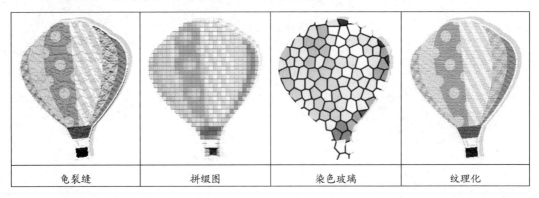

| 龟裂缝 | 拼缀图 | 染色玻璃 | 纹理化 |

图 7-45 纹理化效果

【像素化】命令类似于纹理效果，是通过将颜色值相近的像素集结成块来清晰地定义一个选区。在该命令中包括彩色半调、晶格化、铜版雕刻与点状化，如图 7-46 所示。

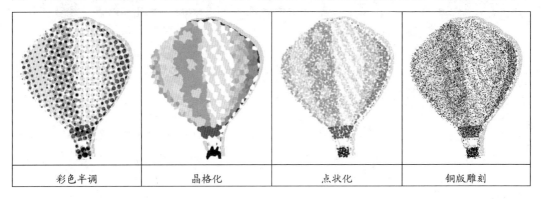

| 彩色半调 | 晶格化 | 点状化 | 铜版雕刻 |

图 7-46 像素化效果

- □ **彩色半调** 模拟在图像的每个通道上使用放大的半调网屏的效果。对于每个通道，效果都会将图像划分为多个矩形，然后用圆形替换每个矩形。圆形的大小与矩形的亮度成比例。
- □ **晶格化** 将颜色集结成块，形成多边形。
- □ **铜版雕刻** 将图像转换为黑白区域的随机图案或彩色图像中完全饱和颜色的随机图案。若要使用此效果，请从"铜版雕刻"对话框的"类型"弹出式菜单中选择一种网点图案。
- □ **点状化** 将图像中的颜色分解为随机分布的网点，如同点状化绘画一样，并使用背景色作为网点之间的画布区域。

7.3.3 扭曲效果

【效果】菜单下半部分同样具有【扭曲】命令，该命令是对图像进行几何扭曲及改变对象形状。与上半部分的【扭曲和变换】命令，甚至使用液化工具得到的效果完全不同。该命令包括【扩散亮光】、【玻璃】以及【海洋波纹】效果命令，如图 7-47 所示。

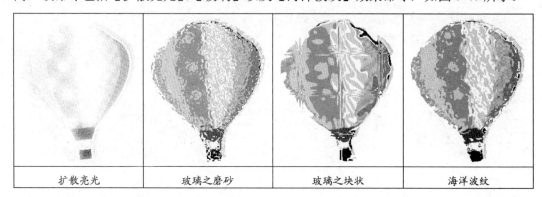

| 扩散亮光 | 玻璃之磨砂 | 玻璃之块状 | 海洋波纹 |

图 7-47　各种扭曲效果

- ❑ **扩散亮光**　将图像渲染成像是透过一个柔和的扩散滤镜来观看的。此效果将透明的白杂色添加到图像，并从选区的中心向外渐隐亮光。
- ❑ **玻璃**　使图像显得像是透过不同类型的玻璃来观看的。可以选择一种预设的玻璃效果，也可以使用 Photoshop 文件创建自己的玻璃面。并且可以调整缩放、扭曲和平滑度设置，以及纹理选项。
- ❑ **海洋波纹**　将随机分隔的波纹添加到图稿，使图稿看上去像是在水中。

7.3.4 艺术化效果

位图效果主要是为图形对象或者位图图像添加美术效果，在【效果】菜单下半部分的【素描】、【艺术效果】以及【画笔描边】效果命令中的子命令为其准备了各种绘画效果命令。这些效果是基于栅格的效果，无论何时对矢量图形应用这些效果，都将使用文档的栅格效果设置。

1. 素描

【素描】命令可以向图像添加纹理，还适用于创建美术效果或手绘效果。该命令中的不同子命令，均能够制作出不同的美术效果，如图 7-48 所示。

- ❑ **基底凸现**　变换图像，使之呈现浮雕的雕刻状和突出光照下变化各异的表面。图像中的深色区域将被处理为黑色；而较亮的颜色则被处理为白色。
- ❑ **粉笔和炭笔**　重绘图像的高光和中间调，其背景为粗糙粉笔绘制的纯中间调。阴影区域用对角炭笔线条替换。炭笔用黑色绘制，粉笔用白色绘制。
- ❑ **炭笔**　重绘图像，产生色调分离的、涂抹的效果。主要边缘以粗线条绘制，而中间色调用对角描边进行素描。炭笔被处理为黑色；纸张被处理为白色。

- ❑ **铬黄渐变**　将图像处理成好像是擦亮的铬黄表面。高光在反射表面上是高点，暗调是低点。
- ❑ **炭精笔**　在图像上模拟浓黑和纯白的炭精笔纹理。炭精笔效果对暗色区域使用黑色，对亮色区域使用白色。
- ❑ **绘图笔**　使用纤细的线性油墨线条捕获原始图像的细节。此效果将通过用黑色代表油墨，用白色代表纸张来替换原始图像中的颜色。此命令在处理扫描图像时的效果十分出色。
- ❑ **半调图案**　在保持连续的色调范围的同时，模拟半调网屏的效果。
- ❑ **便条纸**　创建像是用手工制作的纸张构建的图像。此效果可以简化图像并将【颗粒】命令的效果与浮雕外观进行合并。图像的暗区显示为纸张上层中被白色所包围的洞。
- ❑ **影印**　模拟影印图像的效果。大的暗区趋向于只复制边缘四周，而中间色调要么为纯黑色，要么为纯白色。
- ❑ **塑料效果**　对图像进行类似塑料的塑模成像，然后使用黑色和白色为结果图像上色。暗区凸起，亮区凹陷。
- ❑ **网状**　模拟胶片乳胶的可控收缩和扭曲来创建图像，使之在暗调区域呈结块状，在高光区域呈轻微颗粒化。
- ❑ **图章**　此滤镜可简化图像，使之呈现用橡皮或木制图章盖印的样子。此命令用于黑白图像时效果最佳。
- ❑ **撕边**　将图像重新组织为粗糙的撕碎纸片的效果，然后使用黑色和白色为图像上色。此命令对于由文本或对比度高的对象所组成的图像很有用。
- ❑ **水彩画纸**　利用有污渍的、像画在湿润而有纹的纸上的涂抹方式，使颜色渗出并混合。

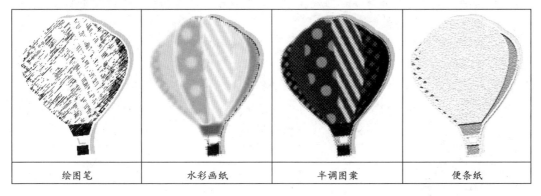

| 绘图笔 | 水彩画纸 | 半调图案 | 便条纸 |

图 7-48　素描部分效果展示

2. 艺术效果

【艺术效果】就是在传统介质上模拟应用绘画效果，在该命令中包括了各种美术类型效果，以及不同工具绘制的效果，如图 7-49 所示。

- ❑ **彩色铅笔**　使用彩色铅笔在纯色背景上绘制图像。保留重要边缘，外观呈粗糙阴影线；纯色背景色透过比较平滑的区域显示出来。

❏ **木刻**　将图像描绘成好像是从彩纸上剪下的边缘粗糙的剪纸片组成的。高对比度的图像看起来呈剪影状，而彩色图像看上去是由几层彩纸组成的。

❏ **干画笔**　使用干画笔技巧（介于油彩和水彩之间）绘制图像边缘。效果通过减小其颜色范围来简化图像。

❏ **胶片颗粒**　将平滑图案应用于图像的暗调色调和中间色调。将一种更平滑、饱和度更高的图案添加到图像的较亮区域。在消除混合的条纹和将各种来源的图素在视觉上进行统一时，此效果非常有用。

❏ **壁画**　以一种粗糙的方式，使用短而圆的描边绘制图像，使图像看上去像是草草绘制的。

❏ **霓虹灯光**　为图像中的对象添加各种不同类型的灯光效果。在为图像着色并柔化其外观时，此效果非常有用。若要选择一种发光颜色，需要单击发光框，并从拾色器中选择一种颜色。

❏ **绘画涂抹**　可以选择各种大小（从 1 到 50）和类型的画笔来创建绘画效果。画笔类型包括简单、未处理光照、暗光、宽锐化、宽模糊和火花。

❏ **调色刀**　减少图像中的细节以生成描绘得很淡的画布效果，可以显示出其下面的纹理。

❏ **塑料包装**　使图像有如罩了一层光亮塑料，以强调表面细节。

❏ **海报边缘**　根据设置的海报化选项值减少图像中的颜色数，然后找到图像的边缘，并在边缘上绘制黑色线条。图像中较宽的区域将带有简单的阴影，而细小的深色细节则遍布图像。

❏ **粗糙蜡笔**　使图像看上去好像是用彩色蜡笔在带纹理的背景上描出的。在亮色区域，蜡笔看上去很厚，几乎看不见纹理；在深色区域，蜡笔似乎被擦去了，使纹理显露出来。

❏ **涂抹棒**　使用短的对角描边涂抹图像的暗区以柔化图像。亮区变得更亮，并失去细节。

❏ **海绵**　使用颜色对比强烈、纹理较重的区域创建图像，使图像看上去好像是用海绵绘制的。

❏ **底纹效果**　在带纹理的背景上绘制图像，然后将最终图像绘制在该图像上。

❏ **水彩**　以水彩风格绘制图像，简化图像细节，并使用蘸了水和颜色的中号画笔绘制。当边缘有显著的色调变化时，此效果会使颜色更饱满。

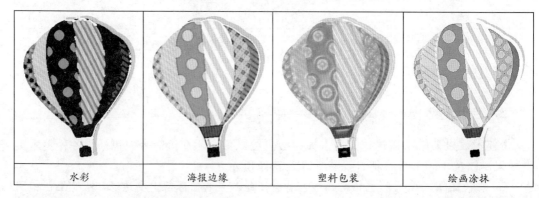

| 水彩 | 海报边缘 | 塑料包装 | 绘画涂抹 |

图 7-49　艺术部分效果展示

3.画笔描边

【画笔描边】命令是使用不同的画笔和油墨描边效果,创建绘画效果或美术效果。这里为其准备了 8 种效果,不同的子命令其效果各不相同,如图 7-50 所示。

- ❑ **强化的边缘** 强化图像边缘。当【边缘亮度】控制设置为较高的值时,强化效果看上去像白色粉笔。当它设置为较低的值时,强化效果看上去像黑色油墨。
- ❑ **成角的线条** 使用对角描边重新绘制图像。用一个方向的线条绘制图像的亮区,用相反方向的线条绘制暗区。
- ❑ **阴影线** 保留原稿图像的细节和特征,同时使用模拟的铅笔阴影线添加纹理,并使图像中彩色区域的边缘变粗糙。【强度】选项用于控制阴影线的数目(从 1 到 3)。
- ❑ **深色线条** 用短线条绘制图像中接近黑色的暗区;用长的白色线条绘制图像中的亮区。
- ❑ **墨水轮廓** 以钢笔画的风格,用纤细的线条在原细节上重绘图像。
- ❑ **喷溅** 模拟喷溅喷枪的效果。增加选项值可以简化整体效果。
- ❑ **喷色描边** 使用图像的主导色,用成角的、喷溅的颜色线条重新绘画图像。
- ❑ **烟灰墨** 以日本画的风格绘画图像,看起来像是用蘸满黑色油墨的湿画笔在宣纸上绘画。其效果是非常黑的柔化模糊边缘。

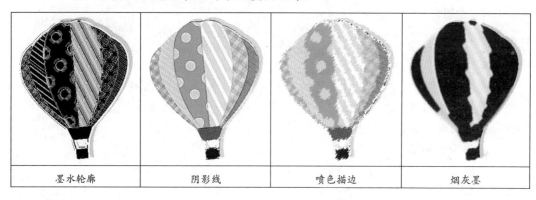

| 墨水轮廓 | 阴影线 | 喷色描边 | 烟灰墨 |

图 7-50 画笔描边部分效果展示

7.4 外观属性

外观属性是一组在不改变对象基础结构的前提下影响对象外观的属性。外观属性包括填色、描边、透明度和效果。如果把一个外观属性应用于某对象而后又编辑或删除这个属性,该基本对象以及任何应用于该对象的其他属性都不会改变。

7.4.1 外观面板

当在画板中绘制图形对象后,【外观】面板中自动显示该图形对象的基本属性,比如填色、描边、不透明度等,执行【窗口】|【外观】命令(快捷键 Shift+F6),弹出【外

观】面板，如图 7-51 所示。其中面板底部的各个按钮名称以及作用如表 7-1 所示。

表 7-1　【外观】面板中的按钮名称与作用

名　称	按　钮	作　用
添加新描边	▢	无论是否选择属性，单击该按钮即可添加描边属性
添加新填色	▣	无论是否选择属性，单击该按钮即可添加填色属性
添加新效果	*fx*	单击该按钮弹出效果选项，该选项与【效果】菜单中的命令相同
清除外观	◯	选择图形对象后，单击该按钮清除该对象中的所有属性
复制所选项目	▢	选择某个属性后单击该按钮，即可复制该属性
删除所选项目	🗑	选择某个属性后单击该按钮，即可删除该属性

7.4.2　编辑属性

【外观】面板中除了显示基本属性外，当为图形对象添加效果滤镜时，同样显示在该面板中。在该面板中不仅能够重新设置所有属性的参数，还可以复制该属性至其他对象中，以及通过隐藏某属性，而使对象显示不同的效果。

1．重设属性

当绘制图形对象后，既可以在【控制】面板中更改对象的填色与描边属性，还可以通过【外观】面板重新设置。方法是，打开【外观】面板，单击【描边】或者【填色】右侧的下拉三角，选择预设颜色即可，如图 7-52 所示。

在【外观】面板中，不仅可以通过更改原有属性参数改变对象外观效果，还可以通过添加新的【描边】与【填色】属性来改变对象显示效果。方法是选中对象后，单击【外观】面板底部的【添加新描边】按钮 ▢ 或者【添加新填色】按钮 ▣ 即可。如图 7-53 所示为添加新填色属性得到的效果。

当对象添加效果滤镜时，同样显示在【外观】面板中。只要选中对象，并且单击该属性右侧的【效果】按钮 *fx*，即可打开效果对话框进行编辑，从而改变对象的效果，如图 7-54 所示。

2．复制属性

属性的复制包括两种方式，一种是为所选对象复制属性；一种是将所选对象的属性复制到其他对象中。

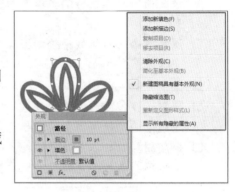

图 7-51　【外观】面板

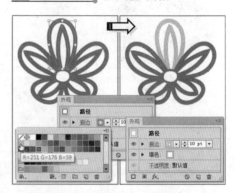

图 7-52　更改描边颜色

图 7-53　添加新填色

Illustrator CS6 中文版标准教程

当在【外观】面板中选中某属性，并将其拖至面板底部的【复制所选项目】按钮 ▣，即可复制该属性。这时，更改复制后的属性参数，改变对象属性，如图 7-55 所示。

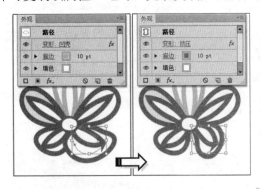

图 7-54 改变效果参数

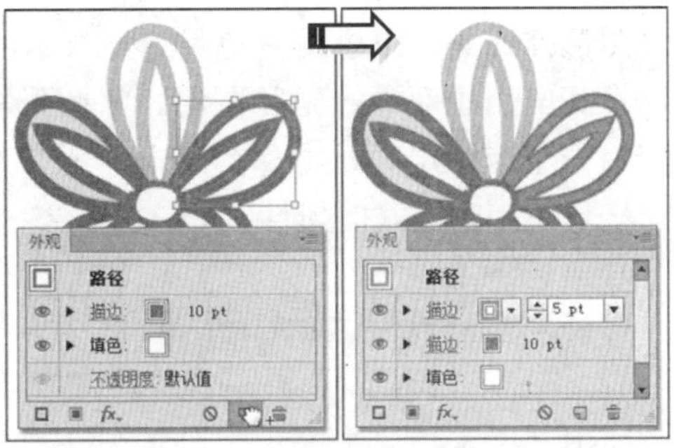

图 7-55 复制属性并修改

当画板中存在两个不同属性的对象时，选中其中一个，在【外观】面板中单击并拖动缩览图至另外一个对象中，即可将对象属性复制到其他对象中，如图 7-56 所示。

注 意

要想复制属性至其他对象时，【外观】面板中的缩览图必须显示，否则将无法进行复制。当面板中的缩览图被隐藏时，选择该面板关联菜单中的【显示缩览图】命令即可。

3. 隐藏属性

一个对象不仅能够包含多个填色与描边属性，还可以包含多个效果。当【外观】面板中存在多个属性时，可以通过单击属性左侧的眼睛图标 👁 临时隐藏，显示下方的属性，如图 7-57 所示。

在【外观】面板中，通过向上或向下拖动外观属性，同样能够改变对象显示效果，或者是隐藏某个属性效果，如图 7-58 所示。

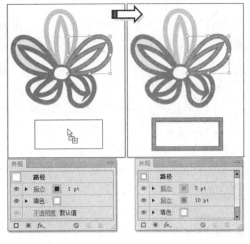

图 7-56 复制属性至其他对象中

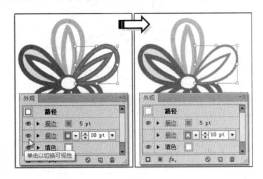

图 7-57 隐藏属性

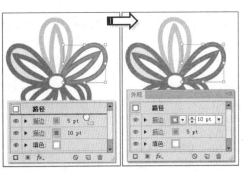

图 7-58 改变属性顺序

7.5 图形样式

图形样式是一组可反复使用的外观属性，图形样式可以快速更改对象的外观，并且可以将其应用于对象、组和图层。将图形样式应用于组或图层时，组和图层内的所有对象都将具有图形样式的属性。

7.5.1 图形样式面板

使用【图形样式】面板可以来创建、命名和应用外观属性集，执行【窗口】|【图形样式】命令（快捷键 Shift+F5），弹出【图形样式】面板，如图 7-59 所示。在该面板中，会列出一组默认的图形样式。

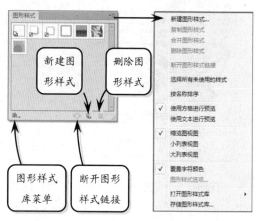

图 7-59　【图形样式】面板

无论是选择【图形样式】面板关联菜单中的【打开图形样式库】命令，还是单击面板底部的【图形样式库菜单】按钮，均能够弹出一个样式命令。选择任何一个命令，均能够打开相应的样式面板。如图 7-60 所示为部分样式面板展示。

【图形样式】面板中的样式只能够以缩览图和列表方式显示，当无法清楚地查看样式效果时，可以通过右击样式缩览图的方式，以查看大型弹出式缩览图，如图 7-61 所示。

> **提示**
>
> 当画板中没有任何对象，或者是没有选中任何对象时，右击样式缩览图，放大后的缩览图是以矩形形状显示。如果是选中某个对象后右击样式缩览图，那么会以该对象的形状显示放大后的效果。

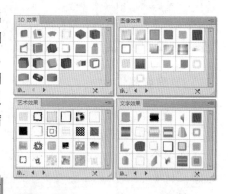

图 7-60　预设样式面板

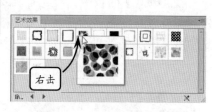

图 7-61　查看样式缩览图

7.5.2 应用与创建图形样式

在【图形样式】面板中，包含各种类型的样式面板。当绘制图形对象后，要想应用【图形样式】面板中的样式效果，只要选中该对象后，单击面板中的某个样式缩览图即可，如图 7-62 所示。

由于【图形样式】面板中的样式较少，要应用其他样式时，可以单击面板底部的【图形样式库菜单】按钮，选择其中一个命令后，即可弹出相应的面板。单击其中的样式缩览图后，对象被应用的同时，【图形样式】面板中自动添加该样式，如图 7-63 所示。

当绘制后的对象应用图形样式后，【外观】
面板中的基本属性被替换为样式属性，如图
7-64 所示。在该面板中，还可以继续为对象属
性进行编辑。

在【图形样式】面板中除了预设的类型样
式外，还可以将现有对象中的效果存储为图形
样式，以方便以后的应用。创建图形样式的方
法是，选中对象后，单击【图形样式】面板底
部的【新建图形样式】按钮 ▣ ，或者将【外
观】面板中的缩览图拖至【图形样式】面板中，
均能够创建，如图 7-65 所示。

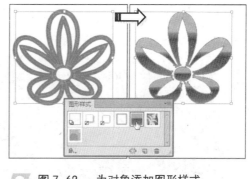

图 7-62　为对象添加图形样式

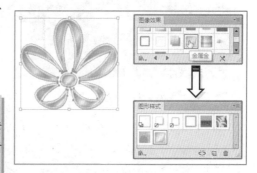

图 7-63　为对象添加类型样式

提　示

当没有选中任何对象，或者是在一个空白文档中，
单击【图形样式】面板底部的【新建图形样式】按
钮 ▣ ，通过绘制工具箱中的【填色】和【描边】参
数来创建图形样式。

图 7-64　添加图形样式后的【外观】面板

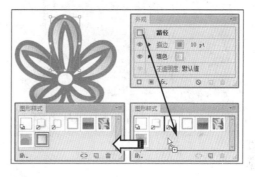

图 7-65　创建图形样式

7.6　课堂练习：制作油画效果

油画是以油剂调和颜料，并在亚麻布上进行创
作的画种。由于油画所用的颜料在干后不会变色，
而多种油画颜料调和在一起后，也不会变得脏，因
此能够画出色彩丰富、逼真的画面。而在 Illustrator
中，同样能够编辑位图，使其呈现油画效果，如图
7-66 所示。在制作过程中，主要采用了一系列效果
滤镜命令。

图 7-66　油画效果

操作步骤：

1 在新建的横版空白文档中，执行【文件】|
【置入】命令，选择素材"风景.jpg"导入画
板中。然后按住 Shift 键，成比例放大位图，
使其宽度与画板相等，如图 7-67 所示。

图 7-67　导入位图素材

2 使用【选择工具】选中该位图后，在【控
制】面板中单击【嵌入】按钮　嵌入　，使
链接文件转换为图像，如图 7-68 所示。

图 7-68　嵌入文件

3 执行【效果】|【扭曲】|【玻璃】命令，设
置【扭曲度】和【平滑度】参数均为 3，并
设置其他参数，如图 7-69 所示。

图 7-69　玻璃效果

4 选择【效果】|【艺术效果】|【绘画涂抹】
命令，设置【画笔大小】为 6，【锐化程度】
为 1，其他选项如图 7-70 所示。

图 7-70　绘画涂抹

5 选择【效果】|【画笔描边】|【成角的线条】
命令，设置【方向平衡】为 46，【描边长度】
为 3，【锐化程度】为 1，得到的效果如图
7-71 所示。

图 7-71　成角的线条效果

6 选择【效果】|【纹理】|【纹理化】命令，
设置【缩放】为 65，【凸现】为 6，其他选
项如图 7-72 所示。

图 7-72　纹理化效果

7 在【图层】面板中，单击并拖动"图像"项
目至【创建新图层】按钮 进行复制。然
后锁定下方"图像"项目，选中上方"图像"
项目，如图 7-73 所示。

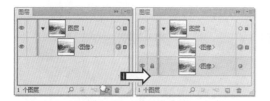

图 7-74　彩色转灰度

图 7-73　复制图像

8 执行【编辑】|【编辑颜色】|【转换为灰度】
命令，将选中的彩色图像转换为灰色，如图
7-74 所示。

9 选中灰度图像，打开【透明度】面板，选择
【模式】下拉列表中的"叠加"，提高油画亮
度，完整最终制作，如图 7-75 所示。

图 7-75　设置混合模式

7.7　课堂练习：制作夜店海报

本实例制作的是夜店海报，其效果主要由舞台球与放射背景组合而成，形成华丽的
画面效果，如图 7-76 所示。在制作过程中，舞台球是通过 3D 绕转制作而成；放射背景
则是通过放射图形，以及不同渐变效果的混合模式叠加，形成具有空间感的画面效果。

图 7-76　夜店海报效果

白文档，选择工具箱中的【椭圆工具】 。
单击空白位置，在弹出的【椭圆】对话框中
设置【高度】和【宽度】均为80mm，绘制
无描边的"紫色"正圆，如图 7-77 所示。

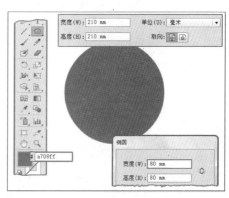

图 7-77　绘制正圆

操作步骤：

1 按 Ctrl+N 快捷键创建颜色模式为 RGB 的空

2 使用【矩形工具】▭在正圆左半部分绘制矩形后，同时选中这两个图形对象，单击【路径查找器】面板中的【减去顶层】按钮▣，得到半圆图形，如图 7-78 所示。

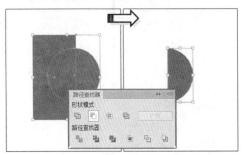

图 7-78　图形运算

3 执行【效果】|【3D】|【绕转】命令，在弹出的【3D 绕转选项】对话框中添加一个光源，并且放置在立方体的左下角位置。单击该对话框中的【确定】按钮，将平面图形转换为立体对象，如图 7-79 所示。

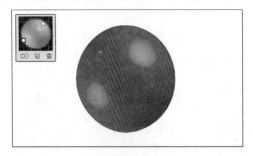

图 7-79　建立 3D 球体

4 执行【文件】|【置入】命令，将文件"夜光.jpg"导入画板中，单击【控制】面板中的【嵌入】按钮取消链接。使用【选择工具】▸，直接将该位图拖入【符号】面板中，创建符号，如图 7-80 所示。

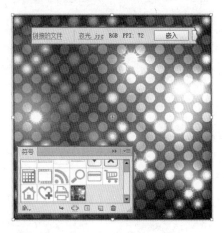

图 7-80　创建符号

5 选中球体对象，在【外观】面板中双击【3D 绕转】选项，弹出【3D 绕转选项】对话框。单击【贴图】按钮，弹出【贴图】对话框，在【符号】列表中选择新建的符号后，单击【缩放以适合】按钮，并启用【贴图具有明暗调（较慢）】选项，单击【确定】按钮完成贴图，如图 7-81 所示。

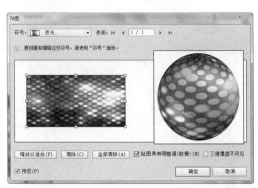

图 7-81　为球体贴图

6 返回【3D 绕转选项】对话框后，启用【预览】选项。在【位图】选项的观景窗口内旋转模拟立方体，得到想要的球体效果，如图 7-82 所示。

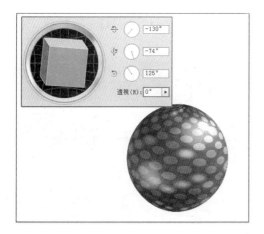

图 7-82　旋转球体

7 使用【矩形工具】□□绘制无描边的"深蓝
色"正方形，其尺寸与画板相同。在原位置
复制该正方形，并更改填充颜色为"黑色"
后，绘制同尺寸矩形，并填充"黑色"到"白
色"径向渐变。然后同时选中渐变矩形和"黑
色"矩形，单击【透明度】面板中的【制作
蒙版】按钮，设置【混合模式】为"颜色加
深"，如图 7-83 所示。

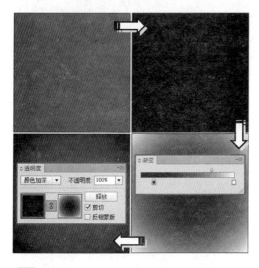

图 7-83　绘制背景

8 使用【钢笔工具】✐绘制倒三角图形后，
填充由上至下的"黑白"渐变。然后 15°
旋转并复制该对象，按 Ctrl+D 快捷键进行
重制。全部选中这些图形对象进行编组，设
置【混合模式】为"颜色减淡"，【不透明度】

为 35%，如图 7-84 所示。

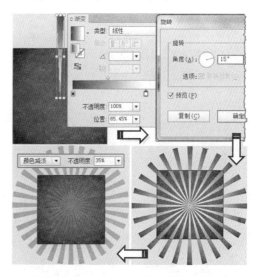

图 7-84　绘制放射图形

9 绘制"黑白"径向渐变的正圆，其直径为画
板的宽度。在【透明度】面板中设置【混合
模式】为"颜色减淡"，如图 7-85 所示。

图 7-85　绘制径向渐变正圆

10 使用【椭圆工具】◯，绘制不同尺寸的"黑
白"径向渐变圆形，并在【透明度】面板中
设置【混合模式】为"滤色"，【不透明度】
为 75%，如图 7-86 所示。

图 7-86　绘制径向渐变圆形

11 绘制不同尺寸的"黑红"径向渐变正圆后，绘制相同渐变颜色的椭圆，并且十字交叉。使用【选择工具】同时选中渐变圆形后，在【透明度】面板中设置【混合模式】为"滤色"，并进行编组，如图 7-87 所示。

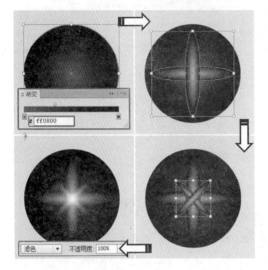

图 7-87　圆形组合

12 按照上述方法，绘制"黑白"径向渐变圆形组合。分别复制不同颜色的圆形组合并进行缩小，随意放置在背景不同位置，如图 7-88 所示。

图 7-88　复制并缩小圆形组合

13 使用【矩形工具】绘制正圆形，其尺寸与画板相同。选中除球体外的所有对象，按 Ctrl+G 快捷键进行编组。在【图层】面板中单击<编组>项目，单击面板底部的【建

立/释放剪切蒙版】按钮，如图 7-89 所示。

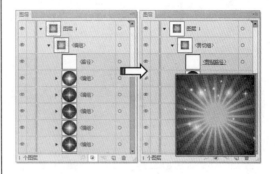

图 7-89　建立剪切蒙版

14 将球体放置在所有对象上方，并且放置在画板中间位置。选择工具箱中的【光晕工具】，在画板中单击并拖动，创建光晕效果，其高光与球体高光位置重叠，如图 7-90 所示。

图 7-90　绘制光晕效果

15 选择【文字工具】，分别输入字母 Happy every day 与& Carnival night，并在【字符】面板中分别设置【字体】与【字号】选项，完成最终制作，如图 7-91 所示。

图 7-91　输入文本

7.8 课堂练习：制作立体花瓶

本实例制作的是立体的花瓶效果，如图 7-92 所示。在 Illustrator 中，平面图形只要通过 3D 命令中的绕转命令，即可转换为三维立体效果。然后添加适合的符号作为花瓶的贴图，来完成立体花瓶的制作。在制作过程中，平面图形的形状尤为重要，关系到立体效果的完整性，所以要仔细调整平面图形的路径。

图 7-92 立体花瓶效果

操作步骤:

1 新建【颜色模式】为 CMYK 的横版空白文档，选择【钢笔工具】，设置【填色】为"褐色"。在画板中建立花瓶右侧的基本平面路径，如图 7-93 所示。

2 选择【转换锚点工具】，分别在图形对象右侧的锚点中单击并拖动，使锚点两侧的直线路径转换为曲线路径，完成花瓶右侧图形绘制，如图 7-94 所示。

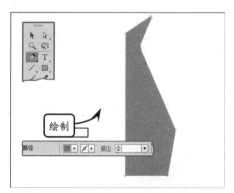

图 7-93 建立花瓶右侧基本路径

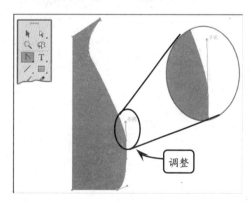

图 7-94 调整路径形状

3 使用【选择工具】，选中该图形对象，执行【效果】l3Dl【绕转】命令，直接单击对话框中的【确定】按钮，使平面图形转换为立体效果，如图 7-95 所示。

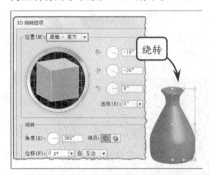

图 7-95 转换为立体效果

4 执行【窗口】l【符号】命令（快捷键 Ctrl + Shift + F11），弹出【符号】面板。单击该面板底部的【符号库菜单】按钮，选择【花朵】命令。单击【花朵】面板中的【雏菊】缩览图，将其添加至【符号】面板中，如图 7-96 所示。

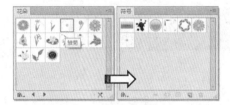

图 7-96 添加符号至面板

5 执行【窗口】l【外观】命令（快捷键 Shift + F6），弹出【外观】面板。选中立体对象后，双击该面板【3D 绕转】属性，重新打开【3D 绕转选项】对话框。单击该对话框右侧的【贴图】按钮 贴图(M)... ，弹出【贴图】对话框，如图 7-97 所示。

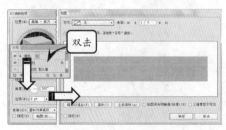

图 7-97 打开【贴图】对话框

6 在【贴图】对话框中，连续单击【下一个表面】按钮，选择花瓶主体表面。选择【符号】下拉列表中的"雏菊"选项，如图 7-98 所示。

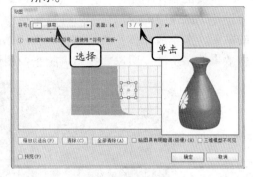

图 7-98 添加符号

7 启用【贴图具有明暗调】选项后，按住 Shift 键成比例放大符号，并且将其向右移动，使其放置在花瓶右侧，如图 7-99 所示。

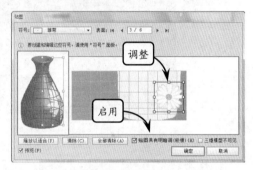

图 7-99 调整符号

8 连续单击【确定】按钮后，关闭对话框，立体花瓶主体表面呈现花朵图案。而【外观】面板的属性中成为【3D 绕转（映射）】属性，如图 7-100 所示。

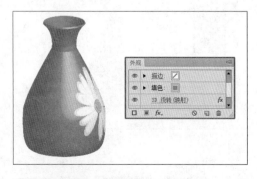

图 7-100 贴图效果

9 选择【矩形工具】 ▣，绘制默认的黑白渐变矩形，其尺寸与画板相等。使用【选择工具】 ▶ 选中渐变矩形后，在【渐变】面板中选择【类型】选项为"径向"，如图 7-101 所示。

▱ **图 7-101** 绘制径向渐变矩形

10 在【渐变】面板中，分别设置两端的【渐变滑块】颜色后，选择【渐变工具】 ▣，重新在画板单击并拖动，改变渐变展示效果，如图 7-102 所示。

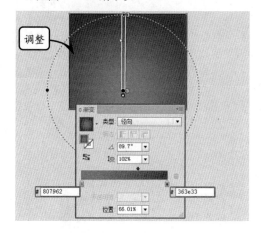

▱ **图 7-102** 改变渐变颜色与方向

11 将背景图形放置在花瓶对象下方后，使用【椭圆工具】 ◯ 绘制单色椭圆图形。然后执行【效果】|【模糊】|【高斯模糊】命令，设置参数如图 7-103 所示。

12 继续将阴影图形放置在花瓶对象下方后，并设置【混合模式】为"叠加"。按照花瓶高

光位置移动阴影图形，形成正确的光影效果，如图 7-104 所示。

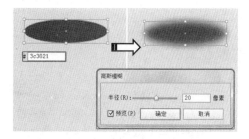

▱ **图 7-103** 制作阴影

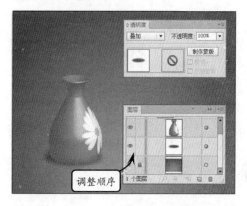

▱ **图 7-104** 确定图形对象顺序

13 选择【文字工具】 T，在画板右下角区域分别输入 Marguerite 和日期数字，并且在【字符】面板中设置选项，如图 7-105 所示，完整最后的制作。

▱ **图 7-105** 输入文字

7.9 思考与练习

一、填空题

1. _____命令能够为对象添加阴影效果。

2. _____命令能够为对象添加发光的效果。

3. 使用_____命令，可以轻松地创建出立体效果。

4. 通过_____面板，能够重新编辑效果参数。

5. 在_____面板中单击可以快速为对象添加样式。

二、选择题

1. 默认状态下，【外发光】效果中添加的发光是_____颜色。

    A. 无色   B. 白色

    C. 灰色   D. 黑色

2. 3D 中的_____命令，不能为对象添加贴图效果。

    A. 凸出和斜角   B. 绕转

    C. 旋转   D. 旋转和绕转

3. _____命令是围绕全局 Y 轴（绕转轴）绕转一条路径或剖面，使其做圆周运动。

    A. 凸出和斜角   B. 绕转

    C. 旋转   D. 贴图

4. _____命令能够制作出方块磨砂玻璃的效果。

    A. 扩散亮光   B. 玻璃

    C. 海洋波纹   D. 染色玻璃

5. 通过_____面板，可以重新设置对象中添加的效果参数。

    A. 外观   B. 透明度

    C. 图层   D. 属性

三、问答题

1. 哪些命令能够为对象添加发光效果？两者有何区别？

2. 启用【投影】对话框中的【暗度】选项，能够带来什么阴影效果？

3. 如何得到旋转性模糊效果？

4. 简述创建新图形样式的步骤。

5. 如何重新编辑滤镜效果中的参数？

四、上机练习

1. 快速制作立体文字效果

立体文字效果在 Illustrator 中制作非常简单，只要输入文字并设置文字属性后，打开【图形样式】面板。单击该面板底部的【图形样式库

菜单】按钮，选择【3D 效果】命令。在弹出的【3D 效果】面板中，单击任何一个缩览图，均能够将字体转换为立体效果，如图 7-106 所示。

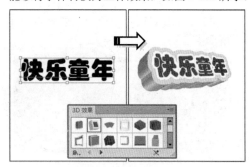

图 7-106   3D 文字效果

2. 制作镂空球体效果

对于二维平面对象转换为三维立体对象，可以通过两个命令来实现。其中，【凸出和斜角】命令能够让二维对象呈现出厚度；而【绕转】命令则能够围绕全局 Y 轴（绕转轴）绕转一条路径或剖面，使其做圆周运动。由于绕转轴是垂直固定的，因此用于绕转的路径应为所需立体对象面向正前方时垂直剖面的一半。如图 7-107 所示为立体镂空球体效果。在该效果中，为了呈现镂空效果，需要启用【三维模型不可见】选项。

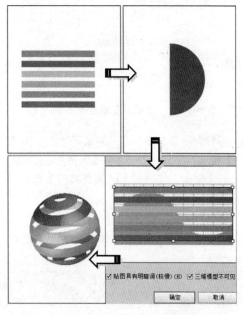

图 7-107   立体镂空球体效果

第8章

符号与图表制作

   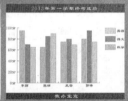

在绘制图形效果时，若需要重复使用相同图案，则可以通过 Illustrator 中的符号功能来实现；而对于较为复杂的信息无法表达时，则可以通过 Illustrator 中的图表功能来实现。前者为在文档中可重复使用的图稿对象；后者则可以可视方式交流统计信息。

在该章节中，分别介绍了符号与图表创建、编辑与应用等操作，使其能够熟练地掌握这两者的操作方法与原理，从而使图形效果更加丰富。

本章学习要点：

➤ 应用符号
➤ 创建符号
➤ 建立图表
➤ 设置图表

8.1 认识与应用符号

符号是在文档中可重复使用的矢量对象，每个符号实例都链接到【符号】面板中的符号或者符号库，这样使用符号绘制图形，可以节省绘制时间并显著减小文件大小。

● 8.1.1 认识符号面板

Illustrator 中的【符号】工具，使得绘制多个重复图形变得更加简单。在【符号】面板中包括大量的符号，还可以自己创建符号和编辑符号。通过执行【窗口】|【符号】命令，打开【符号】面板，如图 8-1 所示。

单击面板底部的【符号库菜单】按钮 ，或者选择管理菜单中的【打开符号库】命令，选择其中的命令即可打开各种类型的符号面板，如图 8-2 所示。

1. 复制面板中的符号

通过复制【符号】面板中的符号，可以很轻松地基于现有符号创建新符号。方法是，在【符号】面板中，选择一个符号并从面板菜单中执行【复制符号】命令，如图 8-3 所示。

> **提 示**
>
> 也可以选择一个符号实例，在【控制】面板中单击【复制】按钮，还可以直接将此符号拖动到【新建符号】按钮 上进行复制。

2. 重命名符号

重命名符号方便以后编辑符号，可以在【符号】面板中单击【符号选项】按钮 ，从而打开【符号选项】对话框，输入名称来实现重命名。也可以选择视图中的符号实例，然后执行面板菜单中的【符号选项】命令，在【名称】文本框中输入新名称确定即可，如图 8-4 所示。

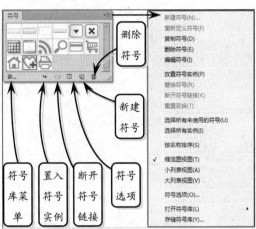

图 8-1 【符号】面板

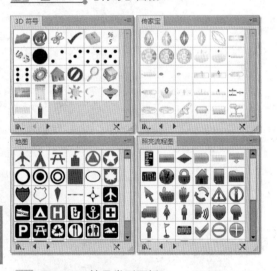

图 8-2 符号类型面板

图 8-3 复制符号

Illustrator CS6 中文版标准教程

8.1.2 应用符号

在符号库中单击某个缩览图后，该符号添加至【符号】面板中，这时就可以开始应用该符号。符号的应用包括两种方式：一种是通过单击并拖动【符号】面板中的缩览图；另一种是使用符号工具。

在【符号】面板中单击并拖动符号缩览图至画板中，即可将该符号应用在画板中，如图8-5所示。

无论是拖入还是单击【符号】面板或者符号库，都只是建立一个符号图案。要想建立符号组，则需要使用【符号喷枪工具】⚐。当选中某个符号后，选择工具箱中的【符号喷枪工具】⚐，在画板中单击并拖动光标，即可得到符号组，如图8-6所示。

如果在【符号】面板中选中其他符号，继续使用【符号喷枪工具】⚐，在画板中单击并拖动光标，那么会在现有的符号组中添加新的符号，如图8-7所示。

要想删除符号组中的某个符号实例，首先在【符号】面板中选中该符号缩览图，然后使用【符号喷枪工具】⚐，按住 Alt 键，在符号组中的符号实例上方单击，即可删除相应的符号实例，如图8-8所示。

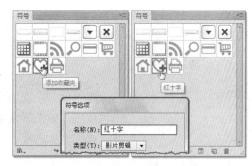

图 8-4　为符号重命名

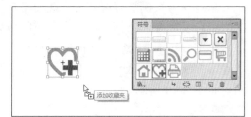

图 8-5　拖至符号至画板

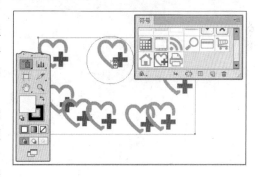

图 8-6　建立符号组

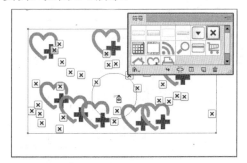

图 8-7　添加新符号

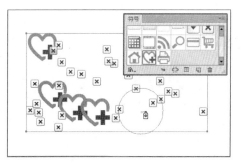

图 8-8　删除符号实例

8.1.3 编辑符号实例

当在画板中建立符号或者符号组后，还可以按照操作其他对象相同的方式，对符号

实例进行简单的操作，并且还能够使符号实例
与符号脱离，形成普通的图形对象。

1. 修改符号实例

在画板中建立符号后，可以对其进行移
动、缩放、旋转或倾斜等操作，如图 8-9 所示
为成比例放大符号实例，如图 8-9 所示。

2. 复制符号实例

当对符号实例进行操作后，就会与再次建
立的符号实例有所不同。要想得到相同效果的
符号实例，需要通过复制画板中的符号实例来
实现。方法是按住 Alt 键，单击并拖动符号实
例，如图 8-10 所示。

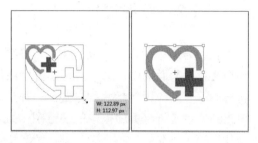

图 8-9 放大符号实例

3. 扩展符号实例

在画板中建立的符号实例，均与【符号】
面板中的符号相连，如果修改符号的形状或颜
色，那么画板中的符号实例同时被修改。

要想独立编辑符号实例，或者与【符号】
面板中的符号分离，可以选中画板中的符号实
例后，单击【符号】面板底部的【断开符号链
接】按钮 ，即可将符号实例转换为普通图
形，如图 8-11 所示。

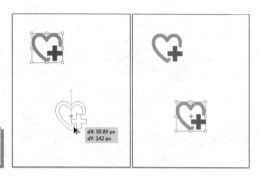

图 8-10 复制符号实例

4. 替换符号实例

如果在画布中编辑符号实例后，又想更换
实例中的符号，那么选中该符号实例，单击【控
制】面板中的【替换】右侧小三角 ，选择其
他符号即可改变实例中的符号，如图 8-12
所示。

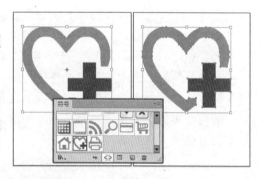

图 8-11 断开符号链接

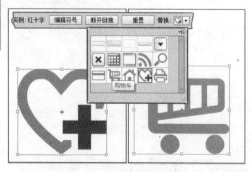

图 8-12 替换符号

8.2 创建与管理符号

虽然符号实例可以通过【选择工具】 进行简单的编辑，但是为了更加精确地编辑符号实例，Illustrator 准备了专门编辑符号的工具组。通过这些工具，能够对符号实例进行创建、位移、旋转、着色等操作，并且还能够将普通的图形对象创建为符号，以方便后期重复使用。

8.2.1 设置符号工具

【符号喷枪工具】 是用来创建符号组的工具，而通过该工具的设置，可以得到不同效果的符号组效果。双击【符号喷枪工具】 ，选择并弹出【符号工具选项】对话框。通过默认的选项参数，得到初始符号组效果，如图 8-13 所示。其中，对话框中的各个选项作用如下。

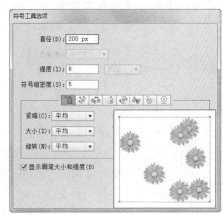

图 8-13　【符号工具选项】对话框

- ❑ **直径** 指定工具的画笔大小。
- ❑ **强度** 指定更改的速率，值越高，更改越快。
- ❑ **符号组密度** 指定符号组的吸引值（值越高，符号实例堆积密度越大）。此设置应用于整个符号集。如果选择了符号集，将更改集中所有符号实例的密度，不仅仅是新创建的实例。
- ❑ **方法** 指定【符号紧缩器】、【符号缩放器】、【符号旋转器】、【符号着色器】、【符号滤色器】和【符号样式器】工具调整符号实例的方式。
- ❑ **显示画笔大小和强度** 启用该选项，使用工具时显示大小。

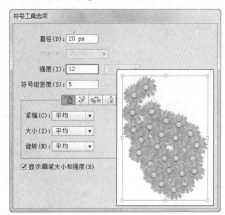

图 8-14　改变参数效果

当更改对话框中【直径】与【强度】参数值后，再次创建符号组，即可得到不同的效果，如图 8-14 所示。

使用【符号喷枪工具】 ，创建的都是大小、方向相同的符号，可以通过不同的符号编辑工具来调整符号以达到所需的效果。在【符号工具选项】对话框中，单击不同的工具按钮，即可更改符号的大小、方向、颜色等属性，如图 8-15 所示。

图 8-15　符号编辑工具选项

- ❑ 【符号位移器工具】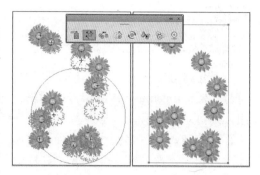 通过该工具，可以调整已选中符号的位置，调整该工具对话框中的设置，可以改变要更改符号的范围，如图 8-16 所示。
- ❑ 【符号紧缩器工具】 改变这些选项可以改变要紧缩符号的范围，如图 8-17 所示。
- ❑ 【符号缩放器工具】 可以改变符号的大小，调整选项可以调整缩放符号的范围，如图 8-18 所示。

图 8-16　调整符号位置

- ❑ 【符号旋转器工具】 可以改变符号的方向，调整选项的数值来调整所要改变符号的范围，如图 8-19 所示。
- ❑ 【符号着色器工具】 可以改变颜色的范围，同时配合【填色】按钮，通过改变选项来调整着色符号的范围，如图 8-20 所示。
- ❑ 【符号滤色器工具】 调整选项可以改变符号透明度的范围，如图 8-21 所示。

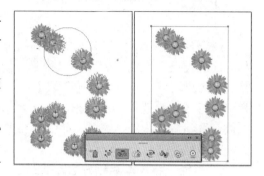

图 8-17　调整符号间距

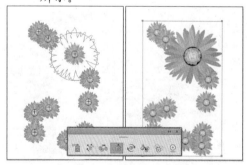

图 8-18　放大符号尺寸

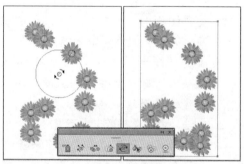

图 8-19　改变符号方向

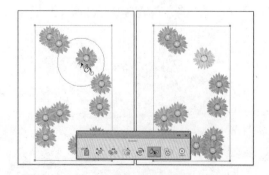

图 8-20　改变符号颜色

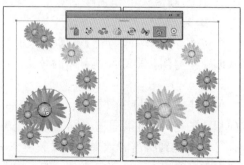

图 8-21　改变符号透明度

无论使用任何符号工具进行编辑，除了要选中画板中的符号实例外，还必须在【符号】面板中选中该符号的缩览图，否则将无法进行编辑。

❑ 【符号样式器工具】⊙　调整该选项的数值改变添加样式的范围，配合【图形样式】面板可以为符号添加样式，如图 8-22 所示。

8.2.2　创建与编辑符号样本

当符号库中的符号无法满足制作需要时，可以将绘制的图形转换为符号，以方便后期的重复使用。而无论是预设符号还是创建的符号，均能够重新编辑与定义该符号。

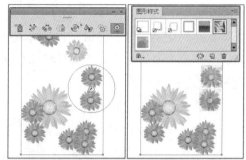

图 8-22　为符号添加图形样式

1. 创建符号

Illustrator 能够将路径、复合路径、文本对象、栅格图像、网格对象和对象组对象转换为符号，但是不能针对链接的位图或一些图表组。

创建新符号的方法是，选中绘制完成的图形后，单击【符号】面板底部的【新建符号】按钮 🖻，即可在该面板中创建符号，并且将图形转换为符号实例，如图 8-23 所示。

当选中绘制完成的图形对象后，直接拖入

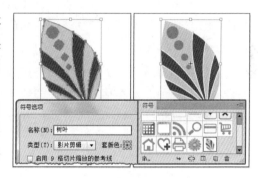

图 8-23　创建符号

【符号】面板中，同样能够将其创建为符号。而在【符号选项】对话框中，除了能够设置符号【名称】、【类型】选项外，还能够通过启用选项，来达到预期的效果。

❑ **名称**　在该文本框中输入设置符号名称。

❑ **类型**　该选项包括"影片剪辑"与"图形"两个子选项，其中"影片剪辑"在 Illustrator 中是默认的符号类型。

❑ **套版色**　在"注册"网格上指定要设置符号锚点的位置。锚点位置将影响符号在屏幕坐标中的位置。

❑ **启用 9 格切片缩放的参考线**　如果要在 Flash 中使用 9 格切片缩放，则需要启用该选项。

❑ **对齐像素网格**　启用该选项，以对符号应用像素对齐属性。

2. 编辑符号

符号也是由图形组成的，所以符号的形状也能够进行修改。如果符号的形状被修改，那么与之相关的符号实例会随之被更改。

当画板中存在符号实例时，既可以通过双击【符号】面板中的符号进行编辑，也可以通过双击该符号实例，或者单击【控制】面板中的【编辑符号】按钮 编辑符号 ，进入符号编辑模式，如图 8-24 所示。

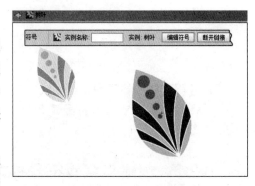

图 8-24　进入符号编辑模式

这时，使用图形的编辑方式编辑该符号形状，即可改变符号。删除符号形状的局部，如图 8-25 所示。

单击【退出隔离模式】按钮 ，即可发现画板中同一个符号的实例，以及【符号】面板中的符号均发生变化，如图 8-26 所示。

如果在创建符号时，启用了【启用 9 格切片缩放的参考线】选项。那么进入符号编辑模式后，会发现画板中显示了 9 格切片缩放的参考线，如图 8-27 所示。

图 8-25　编辑符号形状

当创建的符号启用了【启用 9 格切片缩放的参考线】选项后，在画板中放大或缩小符号实例，会发现符号实例的图形是按照 9 格切片进行缩放的，如图 8-28 所示。

3．重新定义符号

画板中的图形既可以创建为新符号，还可以将其替换为现有符号。也就是说，使用其他图形重新定义符号的形状。

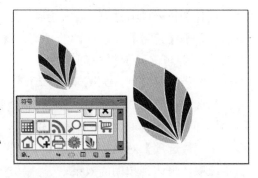

图 8-26　返回画板

方法是，选中画板中的图形后，选中【符号】面板中将要被替换的符号。选择该面板关联菜单中的【重新定义符号】命令，即可将其替换为选中符号中的图形，并且转换为符号实例，如图 8-29 所示。

> **注　意**
>
> 要想将图形替换为符号中的形状，而又保持图形的属性，如果不将其转换为符号实例，那么可以按住 Shift 键，选择【重新定义符号】命令即可。

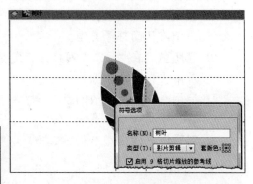

图 8-27　显示 9 格切片缩放的参考线

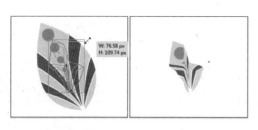

图 8-28　缩小符号实例

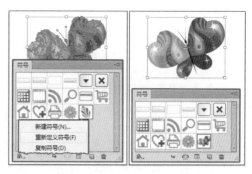

图 8-29　重新定义符号

8.3　创建图表

在 Illustrator 中，不仅能够绘制类似插画的矢量图形，还能够制作统计表，并且 Illustrator 中的图表功能可以可视方式显示统计信息。在图表制作过程中，既可以用简单的几何图形显示，也可以使用符号显示，还可以使用外部图形显示统计信息。

8.3.1　创建柱形图表

在 Illustrator 中，能够创建九种不同图形的图表，可以根据所要表达的信息来决定图表工具的应用。【柱形图工具】创建的图表，是以垂直柱形来比较数值的。该工具创建的图表简单明了，并且操作简单。

方法是，双击【柱形图工具】，弹出【图表类型】对话框。在"图表选项"选项中，可以选择不同的图表工具，也可以设置图表的样式，如图 8-30 所示。

> **提 示**
>
> 图表的绘制，可以直接使用【柱形图工具】，在画板中单击并拖动建立。只是得到的基本图表，其基本信息并不是所需要的。

选择下拉列表中的"数值轴"选项，对话框切换到相应的参数。设置图表显示的刻度值与标签，确定左侧数值，如图 8-31 所示。

继续选择下拉列表中的"类别轴"选项，对话框切换到相应的参数。启用其中的【在标签之间绘制刻度线】复选框，在每组项目间增加间隔线，如图 8-32 所示。

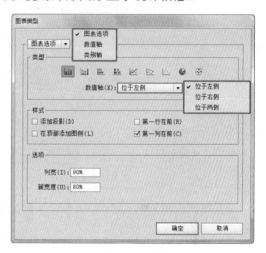

图 8-30　【图表类型】对话框

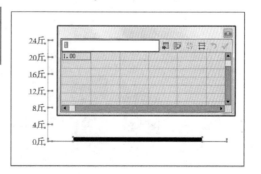

图 8-31　设置图表数值

技 巧

在创建图表时，"类别轴"选项中的选项可以不用设置，因为其中的默认选项即是所需要的。

图 8-32　设置"类别轴"选项

单击【确定】按钮后，关闭该对话框。在画板中单击并拖动光标，创建柱形图表，同时弹出【图表数据】对话框，如图 8-33 所示。

这时，在该对话框中单击【导入数据】按钮，选择弹出【导入图表数据】对话框中文本文件，即可将数据导入其中，如图 8-34 所示。

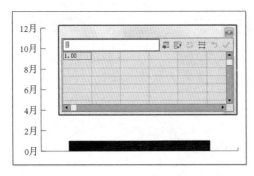

图 8-33　创建柱形图表

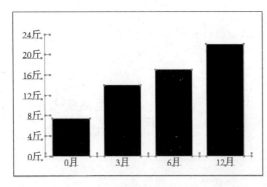

图 8-34　导入数据

提 示

在【图表数据】对话框中，还可以直接输入数据。在该对话框中，行为数据组标签，列为类别标签。其中，文本框右侧的按钮依次是【导入数据】按钮、【换位行/列】按钮、【切换 X/Y】按钮、【单元格样式】按钮、【恢复】按钮和【应用】按钮。

完成数据的输入后，单击【应用】按钮，并且关闭该对话框，数据以柱形显示在图表中，如图 8-35 所示。

完成图表建立，并使用【选择工具】选中图表后，可以使用【颜色】面板，为其更改颜色，如图 8-36 所示。

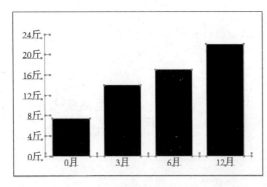

图 8-35　完成图表制作

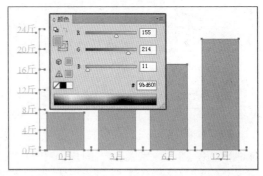

图 8-36　更改图表颜色

8.3.2　创建其他形状图表

统计信息的不同，可以使用不同的图表工具来表示。除了【柱形图工具】 外，还包括八种不同类型的图表工具。其创建过程与前者基本相同，只是显示效果不同。

- ❑ 【堆积柱形图工具】 创建的图表与柱形图类似，但是它将各个柱形堆积起来，而不是互相并列。这种图表类型可用于表示部分和总体的关系。
- ❑ 【条形图工具】 创建的图表与柱形图类似，但是水平放置条形而不是垂直放置柱形，如图 8-37 所示。
- ❑ 【堆积条形图工具】 创建的图表与堆积柱形图类似，但是条形是水平堆积而不是垂直堆积。
- ❑ 【折线图工具】 创建的图表使用点来表示一组或多组数值，并且对每组中的点都采用不同的线段来连接。这种图表类型通常用于表示在一段时间内一个或多个主题的趋势，如图 8-38 所示。
- ❑ 【面积图工具】 创建的图表与折线图类似，但是它强调数值的整体和变化情况，如图 8-39 所示。
- ❑ 【散点图工具】 创建的图表沿 X 轴和 Y 轴将数据点作为成对的坐标组进行绘制。散点图可用于识别数据中的图案或趋势，它们还可表示变量是否相互影响。
- ❑ 【饼图工具】 可创建圆形图表，它的楔形表示所比较的数值的相对比例，如图 8-40 所示。
- ❑ 【雷达图工具】 创建的图表可在某一特定时间点或特定类别上比较数值组，并以圆形格式表示。这种图表类型也称为网状图，如图 8-41 所示。

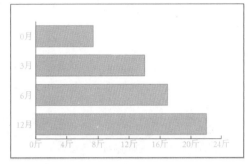

图 8-37　条形图表

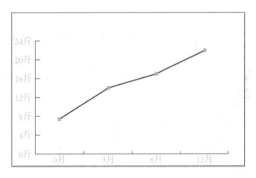

图 8-38　折线图表

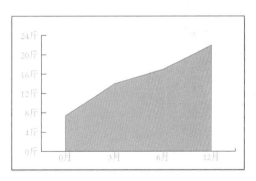

图 8-39　面积图表

提　示

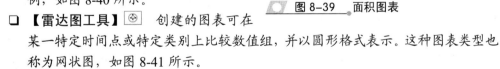

默认的图表颜色为不同程度的灰色，要想改变图表中的颜色，可以按住 Alt 键，使用【直接选择工具】 双击项目即可在【颜色】面板中设置颜色。

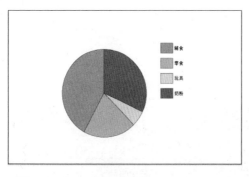

图 8-40　饼图表

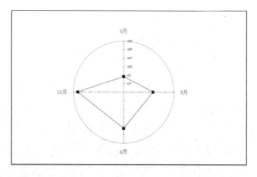

图 8-41　雷达图表

8.4　改变图表的表现形式

当创建图表对象后，还可以重新设置图表中的数据、以及图表的类型，甚至是该图表所展示的各个选项，从而得到更加完善的图表效果。

8.4.1　修改图表数据

在创建图表的过程中，【图表数据】对话框是在创建的同时显示并且进行数据输入的。当图表创建完成后，该对话框同时被关闭。要想重新输入或者修改图表中的数据，可以首先选中该图表，然后执行【对象】|【图表】|【数据】命令，重新打开【图表数据】对话框，如图 8-42 所示。

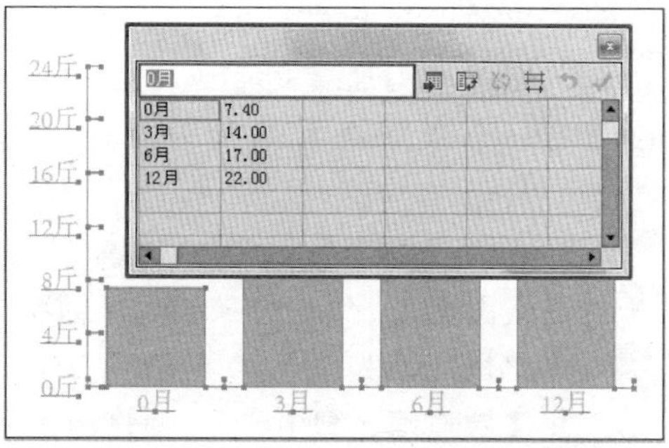

在该对话框中，单击要更改的单元格，在文本框中输入数值或者文字，来修改图表的数据，如图 8-43 所示。

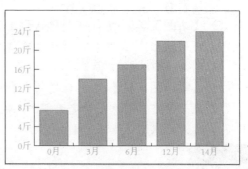

图 8-42　打开【图表数据】对话框

单击对话框中的【应用】按钮✔，并关闭该对话框，发现图表中的数据发生了变化，如图 8-44 所示。

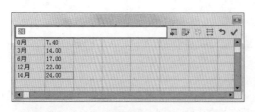

图 8-43　修改数据

图 8-44　修改后的图表

8.4.2 设置图表类型

当创建一种图表类型后，还可以将其更改为其他类型的图表，以更多的方式加以展示。方法是，选中创建后的图表，执行【对象】|【图表】|【类型】命令，在弹出的【图表类型】对话框中，单击【类型】选项组中的某个类型按钮，即可改变图表类型，如图8-45所示。

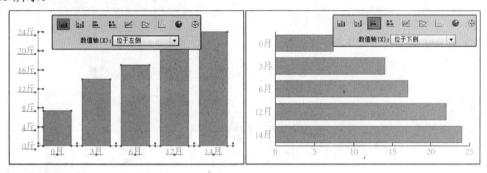

图8-45 改变图表类型

提 示
在【图表类型】对话框中，单击不同的【类型】选项组中的类型按钮，均能够得到相应的图表类型。

在【图表类型】对话框的【类型】选项组中，还能够选择数值轴的位置。只要在【数值轴】下拉列表中选择一个选项，即可改变图表数值轴的位置，如图8-46所示。

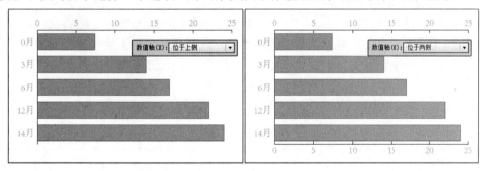

图8-46 改变数值轴位置

8.4.3 设置图表选项

图表可以用多种方式来设置其格式，比如更改图表轴的外观和位置，添加投影，移动图例等，从而组合显示不同的图表类型。通过使用【选择工具】选定图表，并执行【对象】|【图表】|【类型】命令，可以查看图表设置的选项。

1. 设置图表格式和自定格式

除了可以执行【类型】命令来设置图表样式外，还可以自定图表格式。用多种方式手动自定图表可以更改底纹的颜色，更改字体和文字样式，移动、对称、切变、旋转或缩放图表的任何部分或所有部分，并自定列和标记的设计。

在【图表类型】对话框中，启用【样式】选项组中的【添加投影】选项，单击【确定】按钮后，即可为图表添加投影效果，如图 8-47 所示。

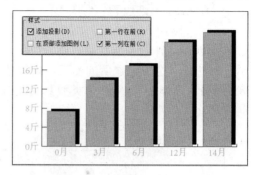

图 8-47　添加投影

默认情况下，在该对话框的【选项】选项组中，【列宽】和【簇宽度】参数值分别为 50% 和 60%，如果重新设置该选项数值，那么同样能够改变图表的展示效果，如图 8-48 所示。

注　意

图表是与其数据相关的编组对象，不可以取消图表编组，如果取消，就无法更改图表。

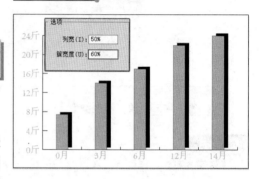

图 8-48　改变图表列宽效果

2. 设置图表轴格式

除了饼图之外，所有的图表都有显示图表的测量单位的数值轴，可以选择在图表的一侧显示数值轴或者两侧显示数值轴。条形、堆积条形、柱形、堆积柱形、折线和面积图也有在图表中定义数据类别的类别轴。

如果要设置图表轴的格式，首先使用【选择工具】 选择图表，然后执行【对象】|【图表】|【类型】命令，要更改数值轴的位置，选择【数值轴】菜单中的选项。其中，【刻度值】命令是确定数值轴、左轴、右轴、下轴或上轴上的刻度线的位置的；【刻度线】命令是确定刻度线的长度和绘制各刻度线刻度的数量的；【添加标签】命令是确定数值轴、左轴、右轴、下轴或上轴上的数字的前缀和后缀的，如图 8-49 所示。

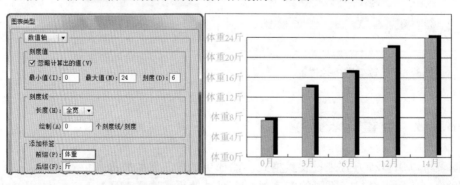

图 8-49　设置【数值轴】

在【图表类型】对话框中，选择下拉列表中的"类型轴"选项，可以更改类型轴的显示样式。其中，【刻度线】选项组中的选项与"数值轴"中的作用基本相同，如图 8-50 所示。

8.4.4 将符号添加到图表

虽然能够使用不同的图表工具来创建图表，但图表效果还是以几何图形为主。为了使图表效果更加生动，还可以使用普通图形或者符号图案来代替几何图形。

无论是普通图形还是符号图案，添加到图表中的方法是相同的，比如符号图案添加到图表。首先将符号导入画板中，并且将其选中。执行【对象】|【图表】|【设计】命令，在弹出的【图表设计】对话框中单击【新建设计】按钮，即可将选中的符号实例添加至列表中，如图 8-51 所示。

继续在该对话框中单击【重命名】按钮，设计新建设计图表的名称，单击【确定】按钮，完成图表设计的创建，如图 8-52 所示。

在图表选中的情况下，执行【对象】|【图表】|【柱形图】命令，在【图列表】对话框中，选择列表中的"奶瓶"选项，单击【确定】按钮，使用图形替换几何图表，如图 8-53 所示。

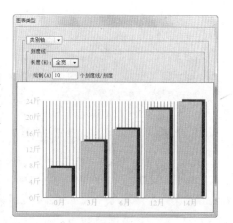

图 8-50 改变类型轴

图 8-51 创建图表设计

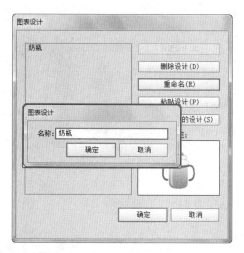

图 8-52 重命名

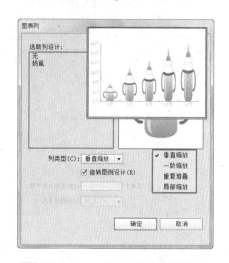

图 8-53 将图形添加到图表中

提 示

在【图列表】对话框的【选取列设计】下拉列表中，还可以选择 Illustrator 预设的各种图案添加到图表中。

在该对话框中,【列类型】下拉列表中
包括 4 个选项,选择不同的选项,可以以不
同的方式显示图表设计。

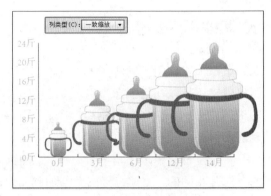

□ **垂直缩放** 在垂直方向进行伸展或
压缩。它的宽度没有改变。

□ **一致缩放** 在水平和垂直方向同时
缩放。设计的水平间距不是为不同
宽度而调整的,如图 8-54 所示。

□ **重复堆叠** 堆积设计以填充柱形。
可以指定每个设计表示的值,以及
是否要截断或缩放表示分数值的设
计,如图 8-55 所示。

图 8-54 一致缩放效果

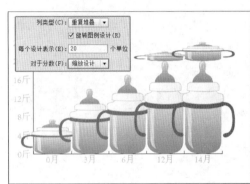

图 8-55 重复堆叠效果

□ **局部缩放** 与垂直缩放设计类似,
但可以在设计中指定伸展或压缩的
位置,如图 8-56 所示。

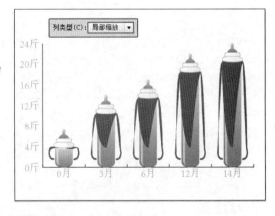

图 8-56 局部缩放效果

8.5 课堂练习:打造彩色热气球

本实例制作的是立体彩色热气球效果,如图 8-57 所示。在该效果中,热气球的立体
效果是通过 3D 中的【绕转】命令来完成的。而热气球外观效果,则是通过符号的创建,
以及用于 3D 效果中的贴图来实现的。在绘制符号对象时,需要根据热气球表面周长来
决定符号对象的宽度。

图 8-57 彩色热气球

操作步骤：

1 创建【颜色模式】为 RGB 的横版空白文档。使用【矩形工具】绘制无描边的矩形对象，如图 8-58 所示。

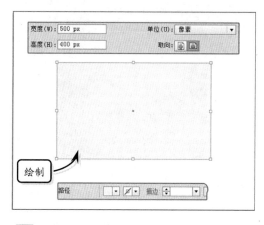

图 8-58 绘制矩形

2 单击【色板】面板底部的【"色板库"菜单】按钮，选择【渐变】|【明亮】命令，打开【明亮】面板，单击【明亮】渐变面板中的【红色】渐变选项，得到渐变矩形效果，如图 8-59 所示。

3 在【渐变】面板中，将中间渐变滑块拖至左侧，将原左侧渐变滑块拖至中间，并设置所在【位置】为 "30%"，如图 8-60 所示。

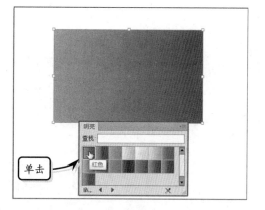

图 8-59 渐变效果

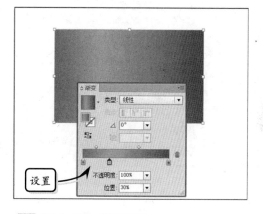

图 8-60 设置渐变

4 选择工具箱中的【选择工具】，按住 Alt 键单击并拖动渐变矩形进行复制，如图 8-61 所示。

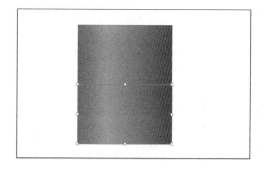

图 8-61 复制效果

5 单击【明亮】面板中的【橙色】渐变选项，并且在【渐变】面板中设置渐变滑块位置，如图 8-62 所示。

第 8 章 符号与图表制作

235

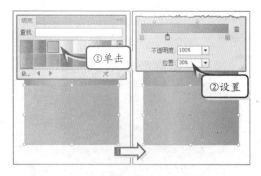

①单击　②设置

图 8-62　设置渐变

6　按 Ctrl+D 快捷键进行对象重制后，单击【明亮】面板中的【金色】渐变选项，并在【渐变】面板中设置渐变滑块位置，如图 8-63 所示。

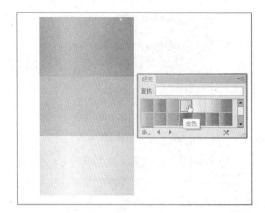

图 8-63　着色效果

7　依此类推，分别制作"黄色"、"黄绿色"、"绿色"和"靛青色"渐变矩形，如图 8-64 所示。

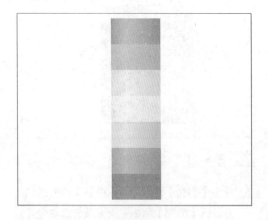

图 8-64　制作效果

8　选中所有渐变矩形，双击工具箱中的【镜像工具】。启用【镜像】对话框中的【水平】选项，单击【复制】按钮，进行镜像并复制对象。然后使用【选择工具】垂直向下移动，直至原对象底部边缘，如图 8-65 所示。

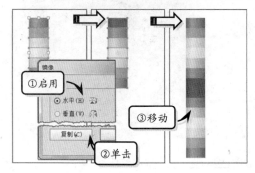

图 8-65　镜像对象

9　选中"靛青色"渐变矩形，并复制两份，将其放置在底部。选中全部渐变矩形后，按住 Alt 键单击并水平向右拖动，进行移动并复制，如图 8-66 所示。

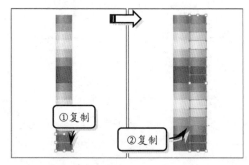

图 8-66　复制效果

10　然后连续按 Ctrl+D 快捷键进行对象重制，得到热气球表面图形对象，如图 8-67 所示。

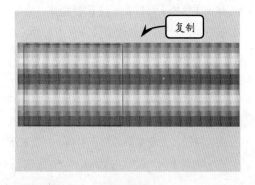

图 8-67　复制效果

11 选中全部图形对象后，将其拖入【符号】面板中，设置【名称】为"热气球表面"，创建符号，如图 8-68 所示。

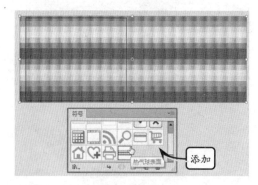

图 8-68　创建符号

12 选择【钢笔工具】，使用尽量少的锚点，建立热气球的轮廓路径，并设置【填色】为"黄绿色"，如图 8-69 所示。

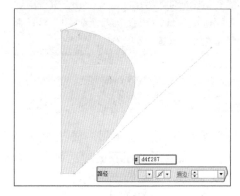

图 8-69　绘制路径

13 然后执行【效果】|3D|【绕转】命令，直接得到立体热气球基本效果，如图 8-70 所示。

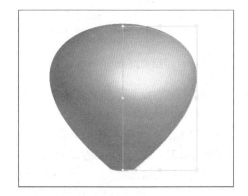

图 8-70　绕转效果

14 在【3D 绕转选项】对话框中，单击【贴图】按钮，打开【贴图】对话框。连续单击【下一个表面】按钮 两次，选择热气球侧面。在【符号】下拉列表中选择"热气球表面"选项，并且单击【缩放以适合】按钮，以及启用【贴图具有明暗调】选项，如图 8-71 所示。

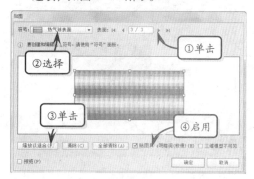

图 8-71　贴图效果

注　意

在为 3D 对象进行贴图时，必须是先选择表面，然后选择符号进行贴图。如果反之，那么就无法在想要的表面中进行贴图。

15 单击【确定】按钮，关闭【贴图】对话框，返回【3D 绕转选项】对话框。单击【更改选项】按钮，在展开的【表面】选项组中，单击【新建光源】按钮，添加新建光源，并设置光源选项，如图 8-72 所示。

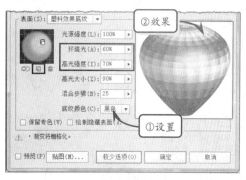

图 8-72　添加光源

16 执行【文件】|【置入】命令，将素材文件"天空.jpg"导入画板中。按住 Shift 键成比

例放大该图像，使其与画板宽度相同，然后右击该图像，选择【排列】I【置于底层】命令，如图 8-73 所示。

图 8-73　排列效果

17 选中热气球对象，向下并向右移动，使其底部对象超出画板，然后复制并缩小该对话框，放置在其左上角区域，并放置在该对象

下方。然后设置缩小后的对象【不透明度】为"50%"，如图 8-74 所示。

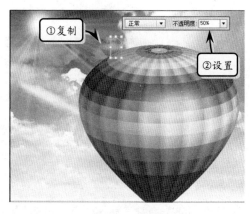

图 8-74　设置【不透明度】选项

注　意

当 3D 立体对象被缩小后，其表面的贴图尺寸是不会改变的。要想贴图尺寸随着 3D 立体对象同时缩小，则必须再次打开【贴图】对话框，单击【缩放以适合】按钮 缩放以适合(F)

8.6　课堂练习：制作婴儿成长记录表

本实例制作的是婴儿成长记录表，记录表可以很清楚地知道一周内婴儿的成长情况。在制作的过程中，主要使用了【柱形图工具】 。而为了使图表更加直观、清晰地显示成长数据的对比结果，这里将柱形图换成了婴儿图形，如图 8-75 所示。

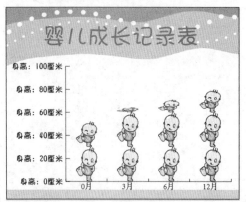

图 8-75　婴儿成长记录表

操作步骤：

1 按 Ctrl+N 快捷键创建空白文档，选择【矩形工具】 绘制无描边的"橙色"矩形，

其宽度与画板相同，如图 8-76 所示。

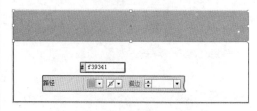

图 8-76　绘制矩形

2 选择【钢笔工具】 绘制波浪图形，宽度与画板相同。其【描边】为"无"，【填色】为"蓝绿色"，如图 8-77 所示。

3 选择【椭圆工具】 ，按住 Shift 键，在画板外部绘制无描边的"白色"正圆点。使用【选择工具】 选中该圆向右水平移动并复制，连续按 Ctrl+D 快捷键进行重制。

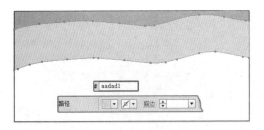

图 8-77 绘制波浪图形

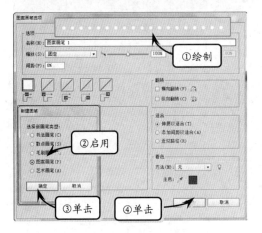

图 8-78 创建画笔样式

4 使用【钢笔工具】✎绘制波浪线条后，单击【画笔】面板中的【图案画笔 1】选项。按照上述方法，绘制直径更小的"白色"圆点，并依次进行复制、移动、重制、建立新画笔样式，然后再次绘制波浪线条后，应用新建的画笔样式，如图 8-79 所示。

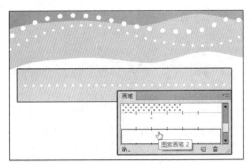

图 8-79 绘制波浪虚线效果

5 在画板底部，使用【矩形工具】▢绘制无描边"浅橙色"矩形。选择【文字工具】T，输入文本"婴儿成长记录表"，并且在【字符】面板中设置【字体】与【字号】选项，如图 8-80 所示。

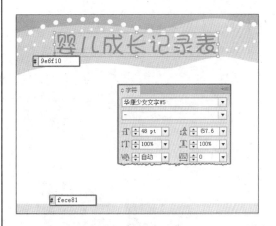

图 8-80 输入并设置文本

6 锁定"图层 1"，新建"图层 2"。双击【柱图形工具】▥，在弹出的【图表类型】面板的【数值轴】选项中，按照身高常识设置各个子选项。然后在画板中单击并拖动光标，创建柱图表，如图 8-81 所示。

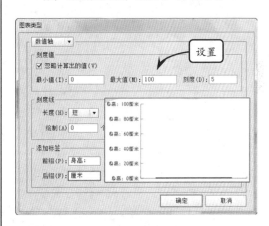

图 8-81 创建柱图表

7 在弹出的【图表数据】对话框中，单击【导入数据】按钮▦，选择素材文件"婴儿成长记录表.txt"，将数据导入其中，如图 8-82 所示。

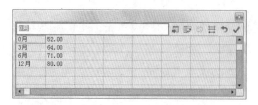

图 8-82　导入数据

8　单击该对话框中的【应用】按钮 ✓，关闭该对话框。画板中的图表将以柱形方式显示导入后的数据，如图 8-83 所示。

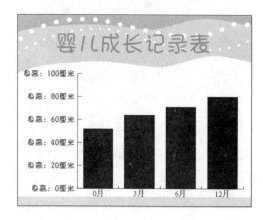

图 8-83　数据图表显示

9　按 Ctrl+O 快捷键打开文件"婴儿.ai"，使用【选择工具】▶ 将婴儿图形对象选中并复制，粘贴至原文档中。执行【对象】|【图表】|【设计】命令，弹出【图表设计】对话框。单击【新建设计】按钮 [新建设计(N)]，将选中的符号添加至该对话框中。然后单击【重命名】按钮 [重命名(R)]，设置该名称为"婴儿"，如图 8-84 所示。

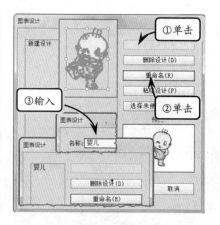

图 8-84　设置【图表设计】

10　删除画板中的婴儿图形后，选中柱形图表。执行【对象】|【图表】|【柱形图】命令，弹出【图表列】对话框。选择【选取列设计】列表中的"婴儿"选项后，分别选择【列类型】为"重复堆叠"，【对于分数】为"缩放设计"，设置【每个设计表示】为 30，完成图表制作，如图 8-85 所示。

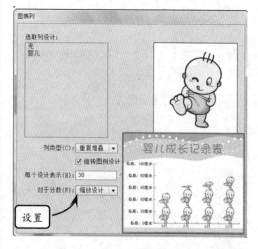

图 8-85　设置【图表列】

8.7　课堂练习：制作成绩统计表

当学校的成绩单出来时，首先是查看每个同学的各科成绩，然后才是查看每科成绩不同同学的排名。在 Illustrator 中能够同时制作出这两种情况的成绩统计表，如图 8-86 所示。并且在制作过程中，还可以为其手工设置不同的颜色，从而使统计表更加显著。

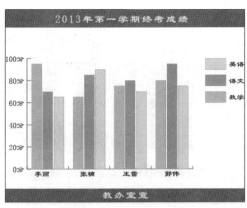
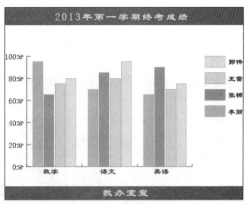

图 8-86 成绩统计表效果

操作步骤：

1 按 Ctrl+N 快捷键新建，新建【颜色模式】为 CMYK 的横版空白文档。选择【矩形工具】▢，在如图 8-87 所示的位置绘制无描边的单色矩形。

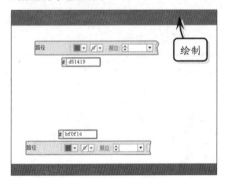

图 8-87 绘制矩形

2 选择【文字工具】T，分别在不同的矩形中间输入文字"2013 年第一学期终考成绩"和"教办室宣"，并在【字符】面板设置相同的文本属性，如图 8-88 所示。

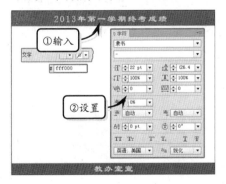

图 8-88 输入并设置文本

3 锁定"图层 1"，新建"图层 2"。选择【柱图形工具】▥，在中间空白区域单击并拖动，建立默认柱形图表，如图 8-89 所示。

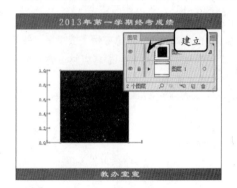

图 8-89 建立默认图表

4 关闭【图表数据】对话框后，执行【对象】|【图表】|【类型】命令，弹出【图表类型】对话框。选择"数值轴"选项后，设置选项参数如图 8-90 所示，关闭该对话框。

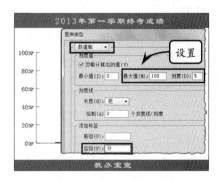

图 8-90 设置图表类型

5 选中该图表后，执行【对象】|【图表】|【数据】命令，重新打开【图表数据】对话框。单击【导入数据】按钮，选择素材文件"终考成绩.txt"，将数据导入其中，如图 8-91 所示。

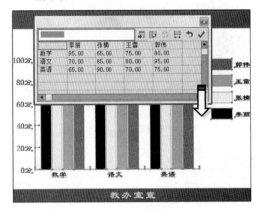

图 8-91 导入现有数据

6 单击该对话框中的【应用】按钮，关闭该对话框。画板中的图表将以柱形方式显示导入后的数据，如图 8-92 所示。

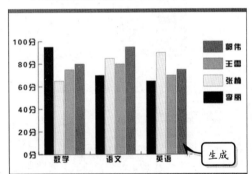

图 8-92 数据图表显示

注 意

在默认情况下，物理是建立任何类型的图表，均为不同程度的灰色进行区分。要想改变其颜色必须进行手工设置，但是应该最后应用这些改变，因为重新生成的图表将会删除它们。

7 执行【对象】|【图表】|【数据】命令，再次打开【图表数据】对话框。单击对话框中的【换位行/列】按钮，更换人名与科目的位置。【应用】按钮，并关闭该对话框，图表发生变化，如图 8-93 所示。

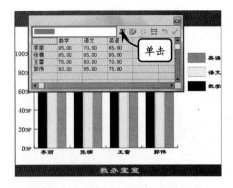

图 8-93 更换人名与科目位置

提 示

如果在记事本文档中无法准确地记录成绩数据，可以在建立图表时，直接在【图表数据】对话框中手工输入成绩数据。

8 选择【直接选择工具】，选择右侧"数学"的"黑色"矩形。在【颜色】面板中切换到 CMYK 模式后，设置颜色参数如图 8-94 所示，改变其填充颜色。

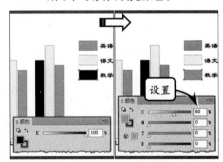

图 8-94 改变填充颜色

9 使用【直接选择工具】，分别选中图表中的"黑色"矩形，在【颜色】面板中，为其设置相同的"蓝色"，如图 8-95 所示。

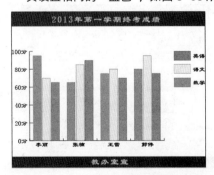

图 8-95 将"黑色"设置为"蓝色"

10 使用上述方法，分别为"语文"和"英语"设置为"洋红"与"浅橙色"，使图表颜色更加丰富，如图 8-96 所示。

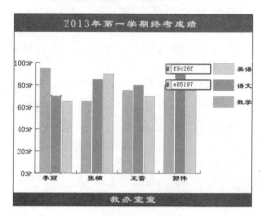

图 8-96　设置填充颜色

11 当执行【对象】|【图表】|【数据】命令，将人名与科目的位置再次替换后，继续将"灰色"矩形更改为"绿色"，如图 8-97 所示。

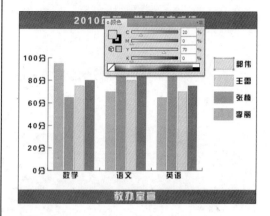

图 8-97　替换图表数据

8.8　思考与练习

一、填空题

1．Illustrator 中的预设符号均在_____面板中。

2．使用_____能够改变符号实例的大小。

3．使用_____能够改变符号实例中的图形显示方向。

4．Illustrator 中的图表工具一共包括_____个。

5．使用_____可创建圆形图表，它的楔形表示所比较的数值的相对比例。

二、选择题

1．创建符号有多种方法，除了将图形对象直接拖入【符号】面板中外，还可以使用_____按钮来置入符号。
　　A.【新建符号】
　　B.【符号选项】
　　C.【置入符号实例】
　　D.【断开符号链接】

2．在使用【符号移位器工具】时，要向前移动符号实例，按住_____键单击并拖动符号实例。

　　A. Ctrl
　　B. Shift
　　C. Alt
　　D. Ctrl+Shift

3．使用_____工具可以为符号添上颜色。
　　A.【符号移位器工具】
　　B.【符号旋转器工具】
　　C.【符号样式器工具】
　　D.【符号着色器工具】

4．如果想使图表开始的角沿对角线向另一个角拖动，按住_____键拖曳可从中心绘制。按住 Shift 键可将图表限制为一个正方形。
　　A. Ctrl
　　B. Alt
　　C. Shift
　　D. Alt+ Shift

5．在【图表类型】对话框的【样式】选项组中，启用_____选项能够为图表添加阴影效果。
　　A. 添加投影
　　B. 第一行在前
　　C. 第一列在前
　　D. 在顶部添加图例

三、问答题

1. 简述普通矢量图形对象转换为符号的操作过程。

2. 如何改变符号的图形显示？

3. 如何创建一个最简单的饼图表效果？

4. 怎么重新编辑图表数据？

5. 能够使用普通的图形对象替换图表中的几何图形吗？怎么操作？

四、上机练习

1．制作背景

背景图形对象的制作，可以通过绘制方法，也可以通过符号的运用，然后结合混合模式将其融为一体。制作方法非常简单，在【符号】面板中，单击【符号库菜单】按钮，选择【传家宝】命令，在该面板中通过单击将"心钻 1"符号置入【符号】面板中。使用【符号喷枪工具】，在画板中单击并拖动，创建符号实例。最后设置符号组对象的【混合模式】为"叠加"，使其与背景融为一体，如图 8-98 所示。

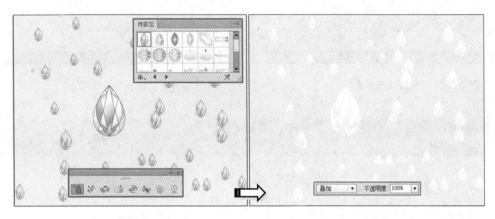

图 8-98 背景效果

2．制作图表

在制作图表时，需要根据不同类型统计数据来选择不同的图表类型进行展示。例如，成绩单的图表显示。只要将成绩单的信息建立在记事本中，然后使用【柱形图工具】在画板中单击

并拖动。在弹出的【图表数据】对话框中单击【导入数据】按钮，选择【导入图表数据】对话框中的文本文件，即可将数据导入其中。完成数据的输入后，单击【应用】按钮，并且关闭该对话框，数据以柱形显示在图表中，如图 8-99 所示。

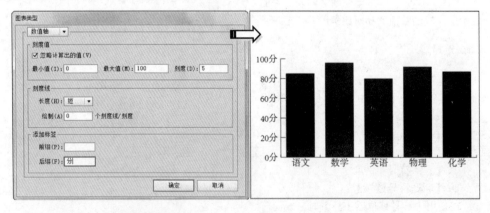

图 8-99 成绩单的图表效果

第 9 章

Illustrator 导出和打印

   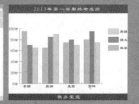

　　虽然 Illustrator 是一款绘制矢量图形的软件,但是为了使该软件中绘制的矢量图形应用于其他不同的软件, 所以 Illustrator 还能够进行各种格式的导出。而 Illustrator 中的打印选项也非常丰富, 能够使绘制的矢量图形得到完美的呈现。

　　在该章节中, 主要介绍打印的各种选项, 以及各种格式文件的导出方式。特别是用于查看 PDF 文件以及 Web 文件。

本章学习要点:

➢ 导出各种格式文件
➢ 创建 PDF 文件
➢ 创建网页文件
➢ 设置打印选项

9.1 导出 Illustrator 文件

Illustrator 中绘制的图形对象,是以 AI 格式进行保存的,而该格式的文件只能在相关的软件中打开并查看。要想使其以普通格式的图片文件显示,必须将其进行导出。其中,AI 格式的文件能够导出为各种图片文件,甚至还能够以动画形式进行查看。

9.1.1 导出图像格式

图像格式包括位图格式和矢量图格式,其中,位图图像格式分为带图层的 PSD 格式、JPEG 格式,以及 TIFF 格式。无论是何种格式的文件,均是通过执行【文件】|【导出】命令,在弹出的【导出】对话框中进行导出的,如图 9-1 所示。

1. 导出 PSD 格式

PSD 格式是标准的 Photoshop 格式,如果文件中包含不能导出到 Photoshop 格式的数据,Illustrator 可通过合并文档中的图层或栅格化文件,保留文件的外观,即使选择了相应的导出选项,图层、子图层、复合形状和可编辑文本也可能无法在 Photoshop 文件中存储。如果想将文件导出为 Photoshop 格式,如图 9-2 所示,那么可以通过设置选项控制生成的文件。

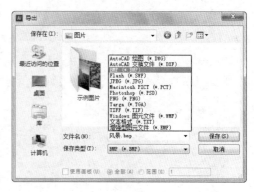

图 9-1 【导出】对话框

❏ **颜色模型** 决定导出文件的颜色模型。
❏ **分辨率** 决定导出文件的分辨率。
❏ **平面化图像** 合并所有图层并将 Illustrator 文件导出为栅格化图像。
❏ **写入图层** 将组、复合形状、嵌套图层和切片导出为单独的、可编辑的 Photoshop 图层。

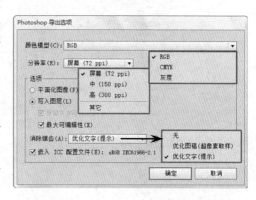

图 9-2 【Photoshop 导出选项】对话框

❏ **保留文本可编辑性** 将图层中的水平和垂直点文字导出为可编辑的 Photoshop 文字。
❏ **消除锯齿** 通过超像素采样消除文件中的锯齿边缘,取消选择此选项有助于栅格化线状图时维持其硬边缘。
❏ **嵌入 ICC 配置文件** 创建色彩受管理的文档。

> **注 意**
>
> Illustrator 无法导出并应用有图形样式、虚线描边或画笔的复合形状。若要想导出该复合形状,则必须将其更改为栅格形状。

2. 导出 JPEG 格式

JPEG 是在 Web 上显示图像的标准格式。如果将文件导出为 JPEG 格式，如图 9-3 所示，则可以设置以下选项。

- □ **品质** 决定 JPEG 文件的品质和大小。
- □ **颜色模型** 决定 JPEG 文件的颜色模型。
- □ **压缩方法** 执行【基线（标准）】命令以使用大多数 Web 浏览器都识别的格式；执行【基线（优化）】命令以获得优化的颜色和稍小的文件大小；执行【连续】命令在图像下载过程中显示一系列越来越详细的扫描。
- □ **分辨率** 决定 JPEG 文件的分辨率。
- □ **消除锯齿** 消除文件中的锯齿边缘。
- □ **图像映射** 为图像映射生成代码。
- □ **嵌入 ICC 配置文件** 在 JPEG 文件中存储 ICC 配置文件。

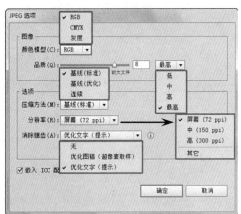

图 9-3 【JPEG 选项】对话框

3. 导出 TIFF 格式

TIFF 是标记图像文件格式，用于在应用程序和计算机平台间交换文件。如果将文件导出为 TIFF 格式时，会显示【导出 TIFF 格式】对话框，如图 9-4 所示，可以为该对话框设置选项。

图 9-4 【TIFF 选项】对话框

- □ **颜色模型** 决定导出文件的颜色模型，其中包括 RGB、CMYK 和灰度三种模型。
- □ **分辨率** 决定栅格化图像的分辨率。分辨率值越大，图像品质越好，文件也越大。
- □ **消除锯齿** 消除文件中的锯齿边缘，取消选择此选项有助于栅格化线状图时维持其硬边缘。
- □ **LZW 压缩** 应用 LZW 压缩是一种不会丢弃图像细节的无损压缩方法。
- □ **嵌入 ICC 配置文件** 创建色彩受管理的文档。

4. 导出 BMP 格式

BMP 标准图像格式，可以指定颜色模型、分辨率和消除锯齿设置用于栅格化文件，以及格式和位深度用于确定图像可包含的颜色总数。将文件导出为 BMP 格式时会显示【删格化】对话框，设置好该选项并确定会弹出【BMP 选项】对话框，如图 9-5 所示。

图 9-5 设置【BMP 选项】对话框

9.1.2 导出 AutoCAD 格式

当将文件要导出为 DXP 或 DWG 格式时，将弹出【DXP/DWG 选项】对话框，如图 9-6 所示，可以设置如下选项。

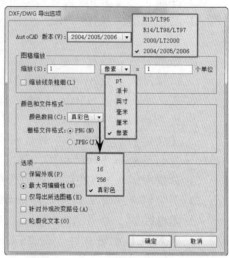

图 9-6 【DXP/DWG 选项】对话框

- ❑ **AutoCAD 版本** 指定支持导出文件最早版本的 AutoCAD。
- ❑ **缩放** 输入缩放单位的值以指定在写入 AutoCAD 文件时 Illustrator 如何解释长度数据。
- ❑ **缩放线条粗细** 将线条粗细连同绘图的其余部分在导出文件中进行缩放。
- ❑ **颜色数目** 确定导出文件的颜色深度。
- ❑ **栅格文件格式** 指定导出过程中栅格化的图像和对象是否以 PNG 或 JPEG 格式存储。
- ❑ **保留外观** 选择此项可以保留外观，而不需要对导出的文件进行编辑。
- ❑ **最 大 可 编 辑 性** 最 大 限 度 地 编 辑 AutoCAD 中的文件。
- ❑ **仅导出所选图稿** 启用该选项能够只导出选中的图稿
- ❑ **针对外观改变路径** 改变 AutoCAD 中的路径以保留原始外观。
- ❑ **轮廓化文本** 导出之前将所有文本转换为路径以保留外观。

> **提 示**
> 只有 PNG 格式才支持透明度，因此需要尽可能最大程度地保留外观。

9.1.3 导出 SWF—Flash 格式

由于 Flash（SWF）文件格式是一种基于矢量的图形文件格式，它用于适合 Web 的可缩放小尺寸图形。由于这种文件格式基于矢量，因此，图稿可以在任何分辨率下保持其图像品质，并且非常适宜创建动画帧。Illustrator 强大的绘图功能，为动画元素提供了保证。它可以导出 SWF 和 GIF 格式文件，再导入 Flash 中进行编辑，制作成动画。

1. 制作图层动画

在 Illustrator 中，绘制完动画元素，应将绘制的元素释放到单独的图层中，每一个图层为动画的一帧或一个动画文件。将图层导出 SWF 帧，可以很容易的动起来。

❑ **释放到图层顺序**

若要在当前的图层或图层组中创建多个单独的图层，每个对象都会位于一个单独的图层中，单击【图层】面板右上角的按钮，选择【释放到图层（顺序）】命令，如图 9-7

所示。

图 9-7　将每个对象单独放到图层中

❏ **释放到图层积累**

若要将图像释放到图层并复制创建一类效果。底层的图像出现在每个图层中，而顶部的对象出现在顶层中。单击【图层】面板右上角的按钮，选择【释放到图层（累积）】命令。创建图层中不仅包含一个对象，如图 9-8 所示。

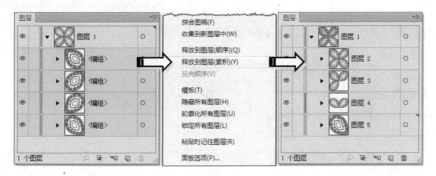

图 9-8　逐个将增加的图像放置到图层中

提 示

使用以上两种方法创建图层数目虽然相同，但制作出来的动画效果却有很大差异。对于重复使用的图像，可以将其定义为【符号】。每次在画板中放置一个符号后，它会与【符号】面板中的符号创建一个链接，以减小动画的大小，在导出后，每个符号仅在 SWF 文件中定义一次。

2. 导出 SWF 动画

Flash 是一个强大的动画编辑软件，但是在绘制矢量图形方面没有在 Illustrator 软件中绘制的精美。而 Illustrator 虽然可以制作动画，但是不能够编辑精美的动画。两者结合，才能创建出更完美的动画。这就需要在 Illustrator 中绘制动画元素，为动画的每一帧创建单独的图层后，然后导出 SWF 格式，导入 Flash 中进行编辑。

执行【文件】|【导出】命令，打开【导出】对话框，在【保存类型】下拉列表框中选择"Flash（*SWF）"作为格式，然后单击【保存】按钮。弹出【SWF 选项】对话框，如图 9-9 所示。在该对话框中，选择"导出为"下拉列表框中的"AI 图层到 SWF 帧"格式，并设置其他动画选项，然后单击【确定】按钮。

在【导出】对话框中，选择不同的导出类型。

- □ **预设** 指定用于导出的预设选项设置文件。
- □ **剪切到画板大小** 导出完整 Illustrator 文档页至 SWF 文件。
- □ **将文本作为轮廓导出** 将文字转换为矢量路径。

通过单击【高级】按钮会弹出高级选项，可以设置图像格式、方法、帧速率等选项。

- □ **图像格式** 决定文件压缩方式。
- □ **JPEG 品质** 指定导出图像中的细节量。
- □ **方法** 指定使用的 JPEG 压缩类型。
- □ **分辨率** 调整位图图像的屏幕分辨率。
- □ **帧速率** 指定在 Flash Player 中播放动画的速率。
- □ **图层顺序** 决定动画的时间线。
- □ **导出静态图层** 指定用作所有导出 SWF 格式的帧中将用作静态内容的一个或多个图层或子图层。

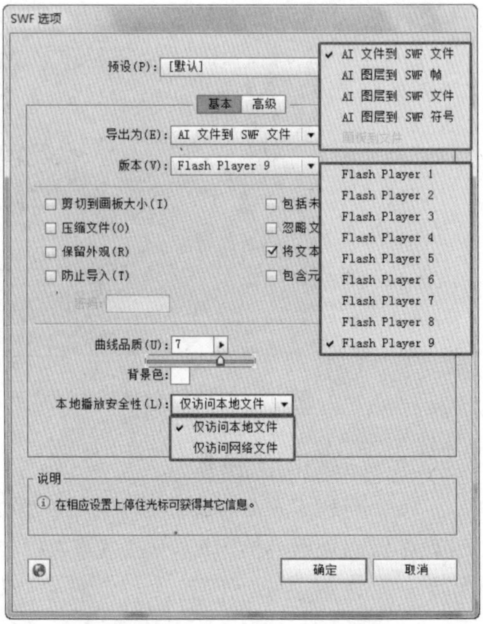

图 9-9 【导出】对话框

技 巧

通过【SWF 选项】对话框中的选项设置，能够导出最简单的动画效果。要想得到较为复杂的动画效果，可以单击该对话框中的【高级】按钮，设置动画的【分辨率】、【帧频】以及【循环】和【动画混合】等选项。

9.2 创建 Web 文件

网页包含许多元素 HTML 文本、位图图像和矢量图等。整个网页图稿制作完成之后，需要上传到网络中，但由于图片太大，会影响网页的打开速度。在 Illustrator 中，可以通过切片工具将其裁切为小尺寸图像，储存为 Web 格式，上传到网络中。

9.2.1 创建切片

切片工具主要用于 Web，是将完整的网页图像划分为若干较小的图像，这些图像可在 Web 页上重新组合。在输出网页时，可以对每块图形进行优化。通过划分图像，可以指定不同的 URL 链接以创建页面导航或制作动态按钮。在保证图像品质的同时能够得到更小的文件，从而缩短图像的下载时间。

切片按照其内容类型以及创建方式进行分类。使用【切片工具】 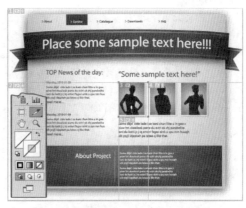 创建的切片,执行切片命令创建的切片。当创建新切片时,将会生成附加自动切片来占据图像的其余区域。

1. 使用【切片工具】创建切片

通过使用【切片工具】 创建切片,是裁切网页图像最常用的方法。在工具箱中选择【切片工具】 后,在画板中单击并且拖动即可创建切片。其中,淡红色为自动切片,如图9-10 所示。

图 9-10　　使用【切片工具】创建切片

2. 从参考线创建切片

从参考线创建切片的前提是,文档中存在参考线。按 Ctrl+R 快捷键显示出标尺,并拉出参考线,设置切片的位置。执行【对象】|【切片】|【从参考线创建（G）】命令,即可根据文档的参考线创建切片,如图 9-11所示。

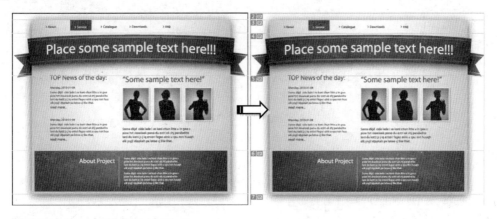

图 9-11　　从参考线创建切片

3. 从所选对象创建切片

选中网页中一个或多个图形对象,执行【对象】|【切片】|【从所选对象创建（S）】命令,根据选中图形最外轮廓划分切片,如图9-12所示。

4. 创建单个切片

选中网页中一个或多个图像,执行【对象】|【切片】|【建立】命令,根据选中的图像,分

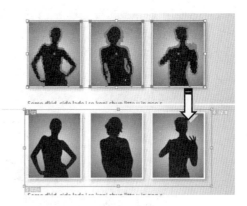

图 9-12　　从所选对象创建切片

别创建单个切片，如图 9-13 所示。

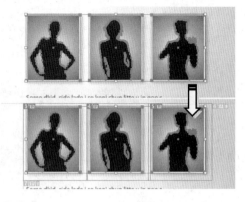

图 9-13　创建单个切片

9.2.2　编辑切片

无论以何种方式创建切片，都可以对其进行编辑。只是不同类型的切片，其编辑方式有所不同。对于切片，可以进行选择、调整、隐藏、删除、锁定等各种操作。

1．选择切片

编辑所有切片之前，首先要选择切片。在 Illustrator 中选择切片，有其专属的工具，那就是【切片选择工具】。选择【切片选择工具】，在画板中单击，即可选中切片，如图 9-14 所示。

图 9-14　选择切片

除使用【切片选择工具】选择切片，还可以通过执行下列操作之一在【图层】面板中选择切片。

- □ 要选择使用【对象】|【切片】|【建立】命令创建的切片，在画板上选择相应的图稿。若将切片捆绑到某个组或图层，在【图层】面板中选择该组或图层旁边的定位图标，如图 9-15 所示。

- □ 要选择使用切片工具、【从所选对象创建】命令或【从参考线创建】命令创建的切片，在【图层】面板中定位该切片。

图 9-15　选择切片

- □ 使用【选择工具】▣，单击切片路径。
- □ 若要选择切片路径线段或切片锚点，请用【直接选择工具】▣，单击任意一个项目。

2．调整切片

如果使用【对象】|【切片】|【建立】命令创建切片，切片的位置和大小将捆绑到它所包含的图稿。因此，如果移动图稿或调整图稿大小，切片边界也会自动进行调整。

如果使用【切片工具】、【从所选对象创建】命令或【从参考线创建】命令创建切片，则可以按下列方式手动调整切片。

- □ **移动切片**　使用【切片选择工具】▣，将切片拖到新位置。按 Shift 键可将移动限制在垂直、水平或 45° 对角线方向上。
- □ **调整切片大小**　使用切【切片选择工具】▣，选择切片，并拖动切片的任一角或边。也可以使用【选择工具】▣和【变换】面板来调整切片的大小。
- □ **要对齐或分布切片**　使用【对齐】面板，通过对齐切片，可以消除不必要的自动切片以生成较小且更有效的 HTML 文件。
- □ **要更改切片的堆叠顺序**　将切片拖到【图层】面板中的新位置，或者选择【对象】|【排列】命令。
- □ **要划分某个切片**　请选择该切片，选中切片，执行【对象】|【切片】|【划分切片】命令，打开【划分切片】对话框。输入数值，可根据数值划分成若干均等的切片，如图 9-16 所示。

可以对用任意方法创建的切片进行复制、组合及调整切片到合适画板大小。

- □ **复制切片**　选中切片，执行【对象】|【切片】|【复制切片】命令，将复制一份与原切片尺寸大小相同的切片。
- □ **组合切片**　选中两个或多个切片，执行【对象】|【切片】|【组合切片】命令，将被组合切片的外边缘连接起来所得到的矩形，即构成组合后的切片的尺寸和位置。如果被组合切片不相邻，或者具有不同的比例或对齐方式，则新切片可能与其他切片重叠，如图 9-17 所示。
- □ **要将所有切片的大小调整到画板边界**　执行【对象】|【切片】|【剪切到画板】命令。

图 9-16　划分切片

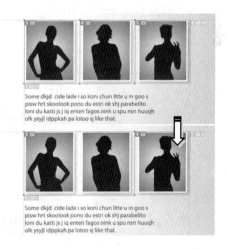

图 9-17　组合切片

超出画板边界的切片会被截断以适合画板大小，画板内部的自动切片会扩展到画板边界；所有图稿保持原样。

3．删除切片

删除切片可以通过从对应图稿删除切片或释放切片来移去这些切片。

- ❏ **要释放某个切片**　选择该切片，然后执行【对象】|【切片】|【释放】命令。
- ❏ **删除切片**　请选择该切片，并按 Delete 键删除。如果切片是通过【对象】|【切片】|【建立】命令创建的，则会同时删除相应的图稿。如果要保留对应的图稿，请释放切片而不要删除切片。
- ❏ **要删除所有切片**　执行【对象】|【切片】|【全部删除】命令。但通过【对象】|【切片】|【建立】命令创建的切片只是释放，而不是将其删除。

4．隐藏和锁定切片

为了方便操作，可以将切片暂时隐藏。通过锁定切片，如调整大小或移动，可以防止您进行意外更改。

- ❏ **隐藏切片**　执行【视图】|【隐藏切片】命令，即可将所有切片隐藏。
- ❏ **显示切片**　执行【视图】|【显示切片】命令，即可将隐藏的切片全部显示出来。
- ❏ **锁定所有切片**　执行【视图】|【锁定切片】命令，切片被锁定，不能选中及更改。
- ❏ **锁定单个切片**　可以在【图层】面板中单击切片的编辑列，将其切片锁定，如图 9-18 所示。

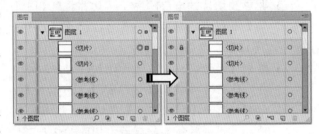

图 9-18　锁定单个切片

- ❏ **要想隐藏切片编号并更改切片线条颜色**　执行【编辑】|【首选项】|【切片】命令，弹出【首选项】对话框。为了切片突出明显，根据图稿整体颜色选择切片线条颜色，如图 9-19 所示。

5．设置切片选项

Illustrator 文档中的切片与生成的网页中的表格单元格相对应。当创建切片后发现，切片本身具有颜色、线条、编号。默认情况下，切片区域可导出为包含于表格单元格中的图像文件。如果希望表格单元格包含 HTML 文本和背景颜色而不是图像文件，则可以将切片类型更改为"无图像"。如果希望将 Illustrator 文

图 9-19　改变切片显示颜色

本转换为 HTML 文本，则可以将切片类型更改为 HTML 文本。

执行【对象】|【切片】|【切片选项】命令，打
开【切片选项】对话框，如图 9-20 所示。它确定了
切片内容如何在生成的网页中显示、如何发挥作用。

网页包含许多元素、HTML、文本、位图图像和
矢量图等，应选择切片类型并设置对应的选项，如图
9-21 所示。

❑ **图像** 如果希望切片区域在生成的网页中为
图像文件，请选择此类型。如果希望图像是
HTML 链接，请输入 URL 和目标框架。还可
以指定当鼠标位于图像上时浏览器的状态区
域中所显示的信息，未显示图像时所显
示的替代文本，以及表单元格的背景
颜色。

❑ **无图像** 如果希望切片区域在生成的
网页中包含 HTML 文本和背景颜色，
请选择此类型。在【在单元格中显示的
文本】文本框中输入所需文本，并使用
标准 HTML 标记设置文本格式。注意
输入的文本不要超过切片区域可以显
示的长度（如果输入了太多的文本，它
将扩展到邻近切片并影响网页的布局。
然而，因为您无法在画板上看到文
本，所以只有用 Web 浏览器查看网
页时，才会变得一目了然）。设置【水
平】和【垂直】选项，更改表格单元
格中文本的对齐方式，如图 9-22
所示。

❑ **HTML 文本** 仅当选择文本对象并
通过【对象】|【切片】|【建立】来
创建切片时，才能使用这种类型。可
以通过生成的网页中基本的格式属
性将 Illustrator 文本转换为 HTML 文
本。若要编辑文本，请更新图稿中的

图 9-20 【切片选项】对话框

图 9-21 切片类型

图 9-22 选择"无图像"类型输出后效果

文本。设置【水平】和【垂直】选项，更改表格单元格中文本的对齐方式，还可
以选择表格单元格的背景颜色。

9.2.3 导出切片图像

在 Illustrator 制作完成整个网页图稿。切片的创建只是完成网页图像的第一步，有种
特殊的储存方式可以将切割后的网页分块保存起来。执行【文件】|【储存为 Web 或设

备所用格式】命令，打开【储存为 Web 格式和设备所用格式】对话框。使用对话框中的优化功能，预览具有不同文件格式和不同文件属性的优化图像，如图 9-23 所示。【储存为 Web 或设备所用格式】对话框中包含多个选项，沿着对话框的左边是用于编辑图像的 4 个工具和两个附加按钮，如表 9-1 所示为该对话框中的工具以及相关功能。

表 9-1　【储存为 Web 或设备所用格式】对话框中的工具名称及功能介绍

名　称	功　能
抓手工具	使用该工具在预览窗口中移动作品
切片选择工具	选择该工具可以用切片进行选择
缩放工具	使用该工具增加或减少图像的放大倍数
吸管工具	使用该工具从图像中制作颜色的标本并选择颜色
吸管颜色	使用【吸管工具】选择的颜色，或者单击该按钮
切换切片可视性	单击该按钮显示或隐藏预览窗口的切片

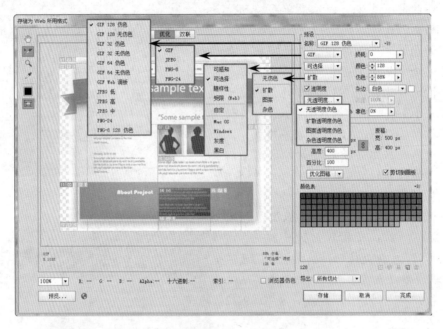

图 9-23　【储存为 Web 格式和设备所用格式】对话框

在【储存为 Web 或设备所用格式】对话中，单击【储存】按钮，弹出【将优化结果储存为】对话框，输入文件名，选择储存类型（HTML 和图像*.html）、设置（默认）和切片（所有切片）。生成一个"图像"文件夹和网页浏览图标，如图 9-24 所示。

图 9-24　生成文件及"图像"文件夹中网页分割后图片

9.3 打印 Illustrator 文件

在 Illustrator 中创作的各种艺术作品，都可以将其打印输出，例如广告宣传单、招贴、小册子等印刷品。要打印文件先要了解关于打印的一些设置，颜色的使用和打印比较复杂的颜色等内容。Illustrator 的打印功能很强大，在其中可以调整颜色，设置页面，还可以添加印刷标记和出血等操作。

9.3.1 认识打印

打印文件前要设置【打印】对话框中的选项，该对话框中的每类选项都是可以指导完成文档的打印过程的。通过执行【文件】|【打印】命令，在【打印】对话框中设置选项，如图 9-25 所示。在该对话框左侧选择该组的名称，其中的很多选项是由启动文档时选择的启动配置文件预设的。

图 9-25 【打印】对话框

- ❏ 设置【常规】选项 设置页面大小和方向，指定要打印的页数，缩放文件，以及选择要打印的图层。
- ❏ 设置【设置】选项 指定如何裁剪文件和更改页面上的文件位置，以及指定如何打印不适合放在单个页面上的文件。
- ❏ 设置【标记和出血】选项 选择印刷标记与创建出血。

□ 设置【输出】选项　设置该选项创建分色。

□ 设置【图形】选项　设置路径、字体、PostScript 文件、渐变、网格和混合的打印选项。

□ 设置【颜色管理】打印选项　选择一套打印颜色配置文件和渲染方法。

□ 设置【高级】选项　控制打印时的矢量文件拼合。

□ 设置【小结】选项　查看和存储打印设置小结。

9.3.2　关于分色

为了重现彩色和连续色调图像，印刷通常将文件分为四个印版，分别用于图像的青色、洋红色、黄色和黑色四种原色，还包括自定油墨。将图像分成两种或多种颜色的过程称为分色，而用来制作印版的胶片则称为分色片。

在 Illustrator 中要进行分色前，要先做以下准备工作。首先设置色彩管理，包括校准监视器和选择一套 Illustrator 颜色设置，对颜色在输出设备上将呈现的外观进行软校样，如果文档为 RGB 模式，执行【文件】|【文档颜色模式】|【CMYK 颜色】命令，以将其转换为 CMYK 模式，如图 9-26 所示。

图 9-26　CMYK 颜色模式

如果要想打印分色，首先执行【文件】|【打印】命令，选择打印机和 PPD 文件，在【打印】对话框左侧的【输出】按钮，执行【分色模式】命令，为分色指定药膜、图像曝光和打印机分辨。设置【打印】对话框中的其他选项，可以指定如何定位、伸缩和裁剪图稿，设置印刷标记和出血，以及为透明图稿选择拼合设置，单击【打印】按钮即可。

【分色模式】命令是 Illustrator 支持两种常用的 PostScript 模式用于创建分色。【药膜和图像曝光】命令，是药膜是指胶片或纸张上的感光层，图像曝光则是指文件是作为正片打印还是作为负片打印。

如果打印期间要在所有印版上打印一个对象，可以将其转换为套版色。将自动为套版色指定套准标记、裁切标记以及页面信息。

提　示

要更改套版色的默认屏显外观（黑色），使用【颜色】面板所指定的颜色将用来表现屏显套版色对象，这些对象在复合图像中总是打印成灰色，而在分色中则总是把各种油墨均打印成同等色调。

9.3.3　设置打印页面

打印页面的设置是很重要的，这决定了打印的效果。在实际工作中可以打印单页文件也可以在多页面上打印文件，还可以调整页面大小和方向。

1．重新定位页面上的文件

在【打印】对话框中的预览框内，可显示页面中的文件打印位置，首先执行【文件】|【打印】命令，在对话框左下角的预览图像中拖动作品，如图 9-27 所示。

如果打印文件在单页面上放不下，可以将文件拼贴在多个页面上，首先执行【文件】|【打印】命令，选择【打印】对话框左侧的【常规】选项，指定打印多少份、如何拼合副本以及按什么顺序打印页面。

如果要打印一定范围的页面，启用【范围】单选按钮。然后用连字符分隔的数字指示相邻的页面范围。

2．更改页面大小和方向

Illustrator 通常使用所选打印机的 PPD 文件定义的默认页面大小，但可以把介质尺寸改为 PPD 文件中所列的任一尺寸，并且可指定纵向还是横向。

想要更改页面大小和方向，首先执行【文件】|【打印】命令，从【大小】下拉列表中选择一种页面大小，单击【取向】按钮 设置页面方向，如图 9-28 所示。可用大小是由当前打印机和 PPD 文件决定的。

> **提　示**
>
> 如果打印机的 PPD 文件允许，可以启用【自定缩放】单选按钮来设置宽度和高度。

为了将一个超大文档放入小于文件实际尺寸的纸张，可以使用【打印】对话框对称或非对称地调整文档的宽度和高度。缩放并不影响文档中页面的大小，只是改变文档打印的比例。

如果不想缩放要打印的内容，启用【不要缩放】单选按钮；如果要自动缩放文件以适合页面，启用【调整到页面大小】单选按钮，缩放百分比由所选 PPD 定义的可成像区域决定；如果要自行调整文件，启用【自定缩放】单选按钮，为宽度或高度输入介于 1～1000 之间的百分数。

9.3.4　印刷标记和出血

为了方便打印文件，在打印前可以为文件添加印刷标记和添加出血线设置，打开【打印】对话框，通过【标记和出血】选项设置各个参数，如图 9-29 所示。

图 9-29　设置【标记和出血】选项

1. 添加印刷标记

为打印准备文件时，打印设备需要几种标记来精确套准文件元素并校验正确的颜色。可以在文件中添加以下几种印刷标记：

- **裁切标记**　水平和垂直细线，用来划定对页面进行修边的位置，裁切标记还有助于各分色相互对齐。
- **套准标记**　页面范围外的小标，用于对齐彩色文档中的各分色。
- **颜色条**　彩色小方块，表示 CMYK 油墨和色调灰度。
- **页面信息**　为胶片标上文件名、输出时间和日期、所用线网数、分色网线角度以及各个版的颜色，这些标签位于文件上方。

添加标记首先执行【文件】|【打印】命令，选择【打印】对话框左侧的【标记和出血】选项，选择印刷标记的种类。

提 示

如果启用【裁切标记】复选框，可指定裁切标记粗细以及裁切标记相对于文件的位移。

2. 添加出血

出血是指文件落在打印边框，可以把出血作为允差范围包括到文件中，以保证在页面切边后仍可把油墨打印到页边缘，只有创建了出血边的文件，才可以使用 Illustrator 指定出血量。

出血的默认值是 18 点，如果增加出血量，Illustrator 会打印更多位于裁切标记之外的文件。不过，裁切标记仍会定义同样大小的打印边框，出血大小取决于其用途。

添加出血。首先执行【文件】|【打印】命令，选择【标记和出血】选项，在【顶】、【左】、【底】和【右】的参数栏设置相应的数值，以指定出血标记的位置，单击【链接】

按钮 ⑧ 可使这些值都相同。

9.3.5 画板与裁剪标记

在【画板选项】对话框中可以对所要打印的作品进行裁剪，通过对【画板工具】的设置，裁剪出所需要的区域。

1. 设置画板选项

在工具箱中双击【画板工具】按钮 ⬚，弹出【画板选项】对话框，设置该对话框中的【宽度】和【高度】选项后，启用【显示】选项组中的选项，能够得到如图 9-30 所示的效果。

❏ **预设**　指定画板尺寸。

❏ **宽度和高度**　指定画板大小。

❏ **约束比例**　手动调整画板的大小时，将画板的长宽比保持不变。

图 9-30　【画板选项】对话框

❏ **显示中心标记**　在画板中心显示一个点。

❏ **显示十字线**　显示通过画板每条边中心的十字线。

❏ **显示视频安全区域**　显示参考线，这些参考线表示位于可查看的视频区域内的区域。

❏ **标尺像素长宽比**　指定用于标尺的像素长宽比。

❏ **渐隐画板之外的区域**　当【画板工具】处于现用状态时，显示的画板之外的区域比裁剪区域内的区域暗。

❏ **拖动时更新**　在拖动画板以调整其大小时，使画板之外的区域变暗。

2. 编辑画板

画板设置文件中印刷标记位置，并定义可导出的边界，不仅可以定义单个画板，也可以定义其他画板。还可以对画板进行删除、移动等编辑。

❏ **定义单个画板**　要使用预设裁剪区域，首先双击【画板工具】 ⬚，在【画板选项】对话框中选择画板大小预设，拖动画板以将其放在所需的位置。

❏ **定义并查看其他画板**　要创建新的画板，按住 Alt 键并拖动，每个画板的左上角有一个唯一的编号。要查看所有画板，按住 Alt 键。

❏ **删除画板**　如果要删除现有的画板，单击【控制】面板中的【删除】按钮。

❏ **编辑或移动画板**　要编辑画板，将指针放在画板的边缘或角上，当光标变为双向箭头时，拖动画板以进行调整；如果想要移动画板，将指针放在画板的中间，当光标变为四向箭头时，拖动该画板。

3. 裁剪标记

除了指定如何裁剪用于导出的文件外，还可以在绘图区中创建和使用多组裁剪标记。裁剪标记指示了所需的打印纸张剪切位置，需要围绕页面上的几个对象创建标记时，裁剪标记是非常有用的。

裁剪标记与画板区别在于：画板指定文件的可打印边界，而裁剪标记不会影响打印区域；每次只能创建一个画板，但可以创建并显示多个裁剪标记；画板由可见但不能打印的标记指示，而裁剪标记则要用套版黑色打印出来。

创建裁剪标记首先选择一个或多个对象，接着执行【效果】|【裁剪标记】命令，如图 9-31 所示。若要想删除裁剪标记，则先选择裁剪标记，然后按下 Delete 键即可。

◯ 图 9-31　为对象添加标记

提　示

还可以使用日式裁剪标记，执行【编辑】|【首选项】|【常规】命令，选择【使用日式裁剪标记】复选框确定即可。日式裁剪标记使用双实线，它以可视方式将默认出血值定义为 3 毫米。

9.3.6　打印渐变网格对象和混合模式

Illustrator 中的【打印】命令，除了可以打印简单的文件，也可以打印比较复杂的颜色，例如打印一些有渐变网格的或者是混合模式的文件。

如果想在打印过程中栅格化渐变和网格，首先执行【文件】|【打印】命令，选择【打印】对话框左侧的【图形】选项，并启用【兼容渐变和渐变网格打印】复选框，如图 9-32 所示。这时，会降低无渐变问题打印机的打印速度。

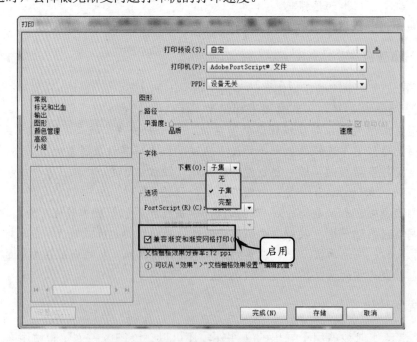

◯ 图 9-32　打印过程中栅格化渐变和网格

打印文件时可能会发现，当配合使用所选网频时，打印机分辨率允许的灰度等级数不足，较高的网频会减少打印机的可用灰度等级。

打印机分辨率是以每英寸产生的墨点数来计算的。当使用桌面激光打印机尤其是照排机时，还必须考虑网频，网频是打印灰度图像或分色文件所使用的每英寸半色调网点数，网频又叫网屏刻度或线网，以半色调网屏中的每英寸线数度量。

在 Illustrator 中使用默认的打印机分辨率和网频时打印效果最快最好，但有些情况下可能需要更改打印机分辨率和网线频率，首先执行【文件】|【打印】命令，选择一种 PostScript 打印机，在【打印】对话框左侧的【输出】命令，选择一个网频和打印机分辨率组合。

在 Illustrator 中根据渐变颜色间的变色率来计算渐变中的阶数，阶数决定着无色带出现的最大混合长度。

要计算渐变的最大混合长度，首先选择【度量工具】▭，并在【渐变】面板中单击起点和终点，将【信息】面板中显示的距离记在纸上，这一距离表示渐变即混色的长度。接着用此公式计算混合阶数：阶数=256 个灰度等级×变色率，用较高色值减去较低色值即可得出变色率。

9.3.7 打印复杂的长路径

要打印的 Illustrator 文件如果含有过长或过于复杂的路径，可能无法打印，打印机可能会发出极限检验报错消息。为简化复杂的长路径，可将其分割成两条或多条单独的路径，还可以更改用于模拟曲线的线段数，并调整打印机分辨率。

❏ **更改用于打印矢量对象的线段数**

PostScript 解译器将文件中的曲线定义为小的直线段，根据打印机及其所含内存量不同，一条曲线可能会过于复杂而使 PostScript 解译器无法栅格化。

> **提 示**
>
> 线段越小，曲线越精确，随着线段数的增加，曲线的复杂程度也随之增加。

想要更改用于打印矢量对象的线段数，首先执行【文件】|【打印】命令，选择一台 PostScript 打印机，接着选择【打印】对话框左侧的【图形】选项，禁用【自动】复选框，在【平滑度】命令中拖动滑块来设置曲线的精度。

❏ **分隔打印路径**

文件分隔路径后，可以将文件视为不同的对象，要在分割路径之后更改文件，必须分别处理各分立形状，或者把路径重新连接起来，把图像作为单一形状来处理。

如果要分割一条描边路径，使用【剪刀工具】✂；要分割一条复合路径，执行【对象】|【复合路径】|【释放】命令，以移去该复合路径，然后用【剪刀工具】✂将路径剪成若干段，再将这些段重新定义为复合路径；要分割一个蒙版，执行【对象】|【剪切蒙版】|【释放】命令以移去蒙版，然后用【剪刀工具】✂将路径剪成若干段，再将这些段重新定义为蒙版。

> **提 示**
>
> 如果要重新连接分割的路径，选择组成原对象的所有路径，然后配合在【路径查找器】面板中单击【合并】按钮▭将路径重新连接，并将一个锚点放在分割路径重新连接的各接合处。

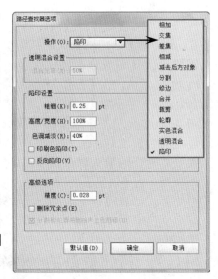

9.3.8 陷印

在打印中，陷印是很重要的主题之一，颜色产生分色时，陷印解决了对齐问题。陷印有两种：一种是外扩陷印，其中较浅色的对象重叠较深色的背景，看起来像是扩展到背景中；另一种是内缩陷印，其中较浅色的背景重叠陷入背景中的较深色的对象，看起来像是挤压或缩小该对象。

在 Illustrator 中，可以通过选择路径的描边或者填充，并将它设置到另一条路径的描边和填充，来完成陷印。

想要创建陷印文件，将文件转换为 CMYK 模式，选择两个或两个以上的对象，执行【效果】|【路径查找器】|【陷印】命令，显示【路径查找器】对话框，如图 9-33 所示。路径查找器效果通常应用于组、图层或者文字对象。

图 9-33 设置【陷印】命令的选项

- ❏ **粗细**　是指定一个介于 0.01 和 5000 磅之间的描边宽度值。
- ❏ **高度/宽度**　是把水平线上的陷印指定为垂直线上陷印的一个百分数。
- ❏ **色调减淡**　是减小被陷印的较浅颜色的色调值，较深的颜色保持在 100%。
- ❏ **印刷色陷印**　是将专色陷印转换为等价的印刷色。
- ❏ **反向陷印**　是将较深的颜色陷印到较浅的颜色中。
- ❏ **精度**　影响对象路径的计算精度。
- ❏ **删除冗余点**　是删除不必要的点。

提　示

要确保用于陷印的任何描边宽度是所需陷印的两倍，因为描边的一半实际上叠印了不同的颜色。

陷印除了可以处理简单的文件，实际上大多数插图中包含具有其自己特殊陷印所需的多个重叠对象。

在 Illustrator 中可以使用复杂的陷印，其中包含以下不同的技术：一是为陷印对象创建不同的图层；二是在【描边】面板中单击【圆角连接】按钮 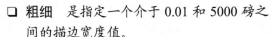和端点用于所有陷印描边；三是通过用重叠渐变进行填充的描边层次来陷印它们。

9.4　创建 Adobe PDF 文件

便携文档格式（PDF）是一种通用的文件格式，这种文件格式保留在各种应用程序和平台上创建的字体、图像和版面。Adobe PDF 是对全球使用的电子文档和表单进行安全可靠的分发和交换的标准。Adobe PDF 文件小而完整，任何使用免费 Adobe Reader® 软件的人都可以对其进行共享、查看和打印。

9.4.1 PDF 兼容性级别

从 Illustrator 中创建不同类型的 PDF 文件，并且可以通过设置 PDF 选项来创建多页 PDF、包含图层的 PDF 和 PDF/X 兼容的文件，也可以执行【文件】|【存储为】命令，选择 Adobe PDF 文件格式来创建。

Adobe PDF 选项分为多种多样的类别，更改任何选项将使预设名称更改为自定。【存储 Adobe PDF】对话框左侧列出了各种类别，如图 9-34 所示。

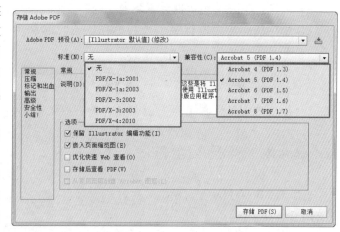

图 9-34 【存储 Adobe PDF】对话框

在创建 PDF 文件时，需要确定使用哪个 PDF 版本，另存为 PDF 或者编辑 PDF 预设时，可通过切换到不同的预设或选择兼容性选项来改变 PDF 版本。

除非指定需要向下兼容，一般都使用最新的版本，最新的版本包括所有最新的特性和功能。但是，如果要创建将在较大范围内分发的文档，考虑选取 Acrobat 5，以确保所有用户都能查看和打印文档。

9.4.2 PDF 的压缩和缩减像素采样选项

在 Adobe PDF 中存储文件时，可以压缩文本和线状图，并且压缩和缩减像素取样位图图像。根据选择的设置，压缩和缩减像素取样可显著减小 PDF 文件大小，并且损失很少或不损失细节和精度。选择【存储 Adobe PDF】设置选项，如图 9-35 所示。

在不同颜色模式的图像【压缩】选项组中，下拉列表中的选项是相同的，列表选项的作用如下。而压缩决定使用的压缩类型，其中包括 ZIP 压缩、JPEG 压缩、JPEG2000 和 CCITT

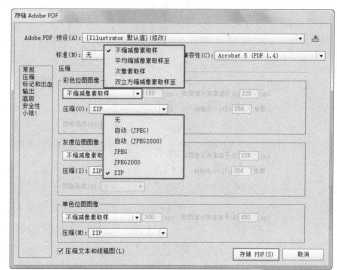

图 9-35 设置 PDF 压缩选项

和行程压缩。

❏ **不缩减像素取样**　缩减像素取样指减少图像中像素的数量。如果在 Web 上使用 PDF 文件，使用缩减像素取样以允许更高压缩；如果计划以高分辨率打印 PDF 文件，不要使用缩减像素取样。

❏ **平均缩减像素取样至**　平均采样区域的像素并以指定分辨率下的平均像素颜色替换整个区域。

❏ **双立方缩减像素取样至**　使用加权平均决定像素颜色，通常比简单平均缩减像素取样效果好。

❏ **次像素取样**　在采样区域中央选择一个像素，并以该像素颜色替换整个区域。

9.4.3　PDF 安全性

　　【存储 Adobe PDF】对话框中的选项，与【打印】对话框中的选项部分相同。但是前者特有的是选项除了 PDF 的兼容性外，还包括 PDF 的安全性。在该对话框左侧列表中，选择【安全性】选项后，即可在对话框右侧显示相关的选项，如图 9-36 所示。通过该选项的设置，能够为 PDF 文件的打开与编辑添加密码。

　　当创建 PDF 或应用口令保护 PDF 时，可以选择以下选项。根据【兼容性】选项的设置，

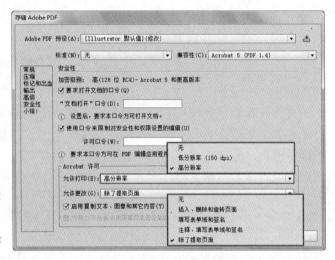

图 9-36　设置安全性选项

这些选项会有所不同。安全性选项不可用于 PDF/X 标准或预设。

❏ **许可口令**　指定要求更改许可设置的口令。如果选择前面的选项，则此选项可用。

❏ **允许打印**　指定允许用户用于 PDF 文档的打印级别。

　➤ **无**　禁止用户打印文档。

　➤ **低分辨率（150 dpi）**　允许用户以不高于 150 dpi 的分辨率进行打印。打印速度可能较慢，因为每个页面都作为位图图像打印。只有在【兼容性】选项设置为 Acrobat 5（PDF1.4）或更高版本时，本选项才可用。

　➤ **高分辨率**　允许用户以任何分辨率进行打印，并将高品质的矢量输出定向到 PostScript 打印机和支持高品质打印高级功能的其他打印机。

❏ **允许更改**　定义允许在 PDF 文档中执行的编辑操作。

　➤ **无**　禁止用户对【允许更改】菜单中列出的文档进行任何更改，例如，填写表单域和添加注释。

　➤ **插入、删除和旋转页面**　允许用户插入、删除和旋转页面，以及创建书签和

缩览图。

> **填写表单域和签名** 允许用户填写表单并添加数字签名。此选项不允许用户添加注释或创建表单域。

> **注释、填写表单域和签名** 允许用户添加注释和数字签名，并填写表单。此选项不允许用户移动页面对象或创建表单域。

> **除了提取页面** 允许用户编辑文档、创建并填写表单域、添加注释以及添加数字签名。

❏ **启用复制文本、图像和其他内容** 允许用户选择和复制 PDF 的内容。

❏ **为视力不佳者启用屏幕阅读器设备的文本辅助工具** 允许视力不佳的用户用屏幕阅读器阅读文档，但是不允许他们复制或提取文档的内容。

❏ **启用纯文本元数据** 允许用户复制和从 PDF 提取内容。只有在【兼容性】设置为 Acrobat 6 或更高版本时，此选项才可用。

9.5 课堂练习：制作婴儿姿态动画

本实例制作的是婴儿自动展示动画效果，如图 9-37 所示。在制作过程中，要想按照想要的显示顺序，必须注意图形对象的前后顺序。而适合的释放图层命令，才能够使动画按照所希望的动作流程进行展示。而为了使动画文件能够播放，在导出过程中，还需要选择正确的导出文件类型。

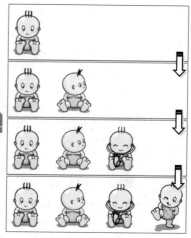

图 9-37　婴儿姿态动画

操作步骤：

1 按 Ctrl+O 快捷键，打开文件"婴儿.ai"。在【图层】面板中查看，婴儿图像对象是以编组的形式显示的，如图 9-38 所示。

图 9-38　打开文件

2 选择工具箱中的【选择工具】，分别单击不同的婴儿图像对象，按照想要的显示位置进行排列。然后分别单击【对齐】面板中的【垂直居中对齐】按钮与【水平居中分布】按钮，如图 9-39 所示。

图 9-39　排列对象

3 在【图层】面板中，按照图形对象从左至右的显示顺序，由下至上排列"编组"项目的显示，以方便后续动画的显示顺序，如

图 9-40 所示。

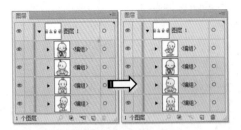

图 9-40 排列项目顺序

4 单击【图层】面板中的"图层 1",选择该面板关联菜单中的【释放到图层（累积）】命令，即可将路径对象以累积的方式放置在不同的图层中，如图 9-41 所示。

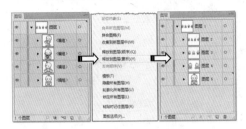

图 9-41 将图形释放到图层中

5 执行【文件】|【导出】命令，在弹出的【导

出】对话框中，选择【保存类型】为"Flash（*.SWF）"。单击【保存】按钮，弹出【SWF选项】对话框。选择【导出为】选项为"AI图层到 SWF 帧"，单击【高级】按钮 高级 ，启用【循环】选项，单击【确定】按钮，完成动画制作，如图 9-42 所示。

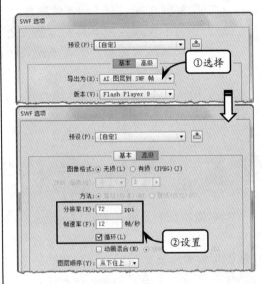

图 9-42 设置 SWF 选项

9.6 课堂练习：制作 PDF 文件

在工作过程中，对于 AI 作品的查看与打印，除了使用 Illustrator 外，还可以使用 PDF。PDF 在印刷出版工作流程中非常高效，通过 PDF 可以对 AI 作品进行查看、编辑、组织和校样，并且还可以为 PDF 的打开设置密码，提高其安全性，如图 9-43 所示。

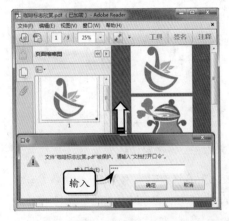

图 9-43 通过输入密码打开 PDF

操作步骤：

1 在 Illustrator 中，按 Ctrl+O 快捷键打开准备好的 AI 作品文件。发现其中包括多个画板，如图 9-44 所示。

2 执行【文件】|【存储为】命令（快捷键Ctrl+Shift+S），在弹出的【存储为】对话框中，设置【保存类型】为"Adobe PDF（*.PDF）"。打开【存储 Adobe PDF】对话框，启用【存储后查看 PDF】选项，如图9-45 所示。

图 9-44 打开 AI 文档

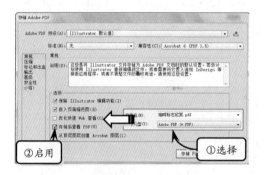

图 9-45 选择保存类型

3. 选择左侧的【安全性】选项，在右侧【安全性】选项组中启用【要求打开文档的口令】选项。在文本框中输入口令 123，单击【存储 PDF】按钮，会先弹出【确认文档打开口令】对话框。在文本框中再次输入口令进行确认，如图 9-46 所示。

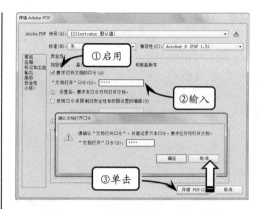

图 9-46 设置口令

4. 关闭【存储 Adobe PDF】对话框后，即可生成 PDF 文件。在打开 PDF 文件之前，会弹出【口令】对话框，在文本框中输入设置的口令后，打开 PDF 文件。在其中可以进行逐一查看，放大、打印等各项操作，如图 9-47 所示。

图 9-47 查看 PDF

9.7 思考与练习

一、填空题

1. 导出 Illustrator 文件的图像格式包括 3 种，分别为_____、JPEG 格式、TIFF 格式和 BMP 格式。

2. 为了重现彩色和连续色调图像，通常将图稿分为四个印版，分别用于图像的青色、洋红色、_____和黑色四种原色。

3. _____主要用于 Web，是将完整的网页图像划分为若干较小的图像，这些图像可在 Web 页上重新组合。

4. 添加印刷标记，在文件中可以添加以下印刷标记，分别为裁切标记、_____、颜色条和页面信息。

5. _____是一种通用的文件格式，这种文件格式保留在各种应用程序和平台上创建的字体、图像和版面。

二、选择题

1. 使用_____能够选中创建好的切片。

A．【选择工具】 ⬚
B．【直接选择工具】 ⬚
C．【切片选择工具】 ⬚
D．【切片工具】 ⬚

2．只有_____格式才支持透明度，需要尽可能最大程度地保留外观。

A．JPEG
B．PNG
C．PSD
D．PDF

3．如果打印机的 PPD 文件允许，可以启用_____单选按钮，设置宽度和高度。

A．【自定缩放】
B．【调整到页面大小】
C．【不要缩放】
D．【全部页面】

4．选择【画板工具】后，按住_____键可以复制画板。

A．Shift
B．Alt
C．Ctrl
D．Alt+Shift

5．【存储 Adobe PDF】对话框中的_____选项，可以设置 PDF 的打开密码。

A．常规
B．输出
C．高级
D．安全性

三、问答题

1．在 Illustrator 中如何制作简单的动画并导出？

2．切片的创建包括几种方法？分别是什么？

3．概括一下 Illustrator 打印的优势和广泛性。

4．在【打印】对话框中，可以设置哪些选项？

5．如果要想设置 PDF 一般选项，包括几选项，其中都有哪些？

四、上机练习

1．制作简单动画

Illustrator 中的动画非常简单，只要将要展示的图形对象在【图层】面板中依次排列，并选

择该面板关联菜单中的【释放到图层（累积）】命令，如图 9-48 所示。

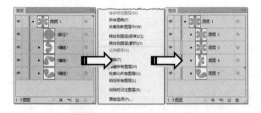

图 9-48 编辑图层

然后执行【文件】|【导出】命令，弹出【导出】对话框。在该对话框中选择【保存类型】为"Flash（*.SWF）"，单击【保存】按钮。弹出【SWF 选项】对话框，选择【导出为】下拉列表中的"AI 图层到 SWF 帧"选项，如图 9-49 所示。

图 9-49 设置 SWF 选项

最后单击【确定】按钮后，即可在文件夹中打开动画文件"制作简单动画.swf"，查看动画效果，如图 9-50 所示。

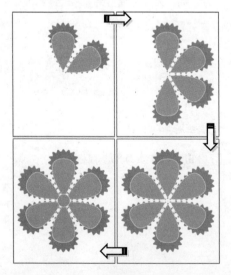

图 9-50 动画过程

2. 导出透明图像

在 Illustrator 中将创作好的文件导出
PSD 格式，导入 Photoshop 中进行修改是
很常用的。下面介绍如何将文件导出 PSD
格式，首先执行【文件】|【导出】命令，
接着单击【使用 Adobe 对话框】按钮，从
【格式】下拉列表中选择 PSD 格式，单击
导出按钮即可，如图 9-51 所示，可以在
【Photoshop 导出选项】对话框中设置选项。

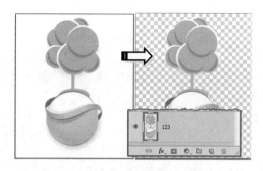

图 9-51 将文件导出 PSD 格式

第 10 章

综合实例

   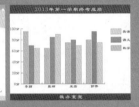

通过对 Illustrator CS6 各方面的学习与了解，掌握各种绘图工具的使用方法，以及相关面板的使用技巧。如果搭配美术技法，即可创作出各种广告、海报以及插画等各种设计作品。

在该章节中，安排了不同行业、不同质感的手绘作品，每一个实例都综合了 Illustrator CS6 的各种技术，使其更加熟练地操作 Illustrator CS6。

本章学习要点：

➢ VI 设计
➢ 装饰画
➢ 产品造型设计

10.1　VI 设计应用

标志是表明事物特征的记号，在 VI 设计中标志是尤为重要的，标志的设计代表着企业的形象和经营理念。下面将要制作的是关于饮料企业的标志，如图 10-1 所示。通过对酒瓶的修饰和对文字的变形来体现企业不拘一格的企业理念，又通过绿色的主题色调来体现企业崇尚自然与绿色的主题风格。

本实例是以变形的酒瓶和文字为基础形状，使用了绿色的渐变色来体现，通过使用渐变工具和钢笔工具来体现本实例的主题效果。

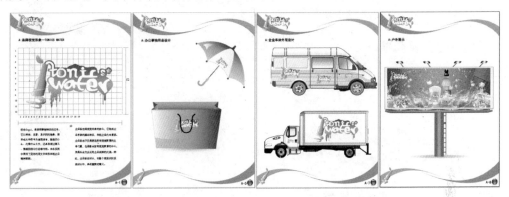

图 10-1　VI 设计

10.1.1　标志制作过程

1 新建一个文档大小为 A4 的文档，使用【钢笔工具】绘制路径，设置描边为"黑色"进行绘制，如图 10-2 所示。

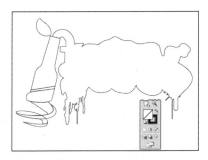

图 10-2　绘制路径效果

提　示

在绘制的过程中，绘制的路径效果会到其他效果后面，按 Shift+Ctrl+[快捷键，想要的效果会到图层的最前方，如果按 Shift+Ctrl+]快捷键的话，会在图层的最后方。

2 选择酒瓶路径，打开【渐变】面板，设置渐变颜色，绘制线性渐变，如图 10-3 所示。

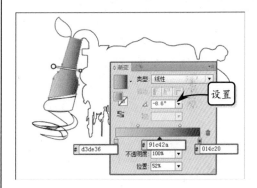

图 10-3　酒瓶渐变效果

3 选择瓶子下方路径，使用【吸管工具】在酒瓶上单击，修改角度，得到渐变效果，如图 10-4 所示。

4 继续选择拐角路径，打开【渐变】面板绘制渐变，修改角度，如图 10-5 所示。

5 选择文字背景路径，继续绘制渐变，设置渐变颜色，移动渐变滑块至合适位置，如图

10-6 所示。

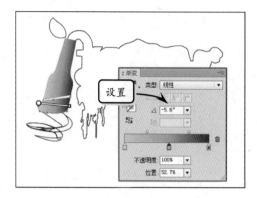

图 10-4　吸管效果

图 10-5　渐变效果

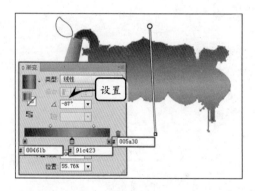

图 10-6　绘制渐变效果

6　采用刚才的方法继续对树叶进行绘制，如图 10-7 所示。

7　继续选择中间图层，绘制线性渐变，移动渐变滑块，如图 10-8 所示。

8　继续选择中间拐弯处路径，绘制线性渐变，修改角度和渐变滑块，如图 10-9 所示。

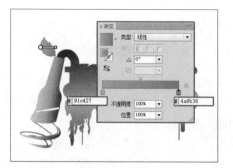

图 10-7　树叶效果

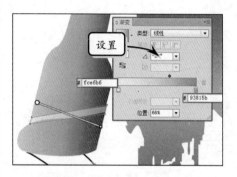

图 10-8　中间渐变效果

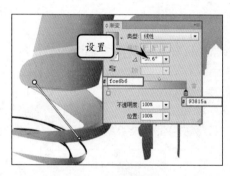

图 10-9　渐变效果

9　继续选择底部拐弯路径，采用上述方法绘制渐变，如图 10-10 所示。

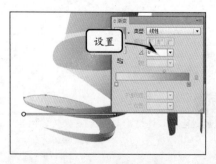

图 10-10　底部渐变效果

在绘制渐变的过程中，修改渐变的角度，多拖动几次，直到达到最满意的效果为止。

10 选择【文字工具】T输入文字，设置文字颜色为白色，输入完成之后，执行【对象】|【扩展】命令，得到文字路径选区，如图10-11所示。

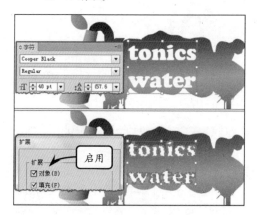

图 10-11 文字效果

11 选择文字，使用【直接选择工具】，更改路径的节点，得到变形文字效果，如图10-12所示。

图 10-12 变形文字效果

在绘制渐变的过程中，在【渐变】面板上，移动渐变滑块的位置，使其绘制渐变的效果不会出现太大的过渡，从而显示效果会更加地自然。

12 继续使用【钢笔工具】绘制内部装饰路

径，并分别填充颜色，如图10-13所示。

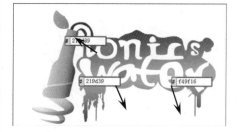

图 10-13 装饰效果

13 在工具栏中选择【星形工具】，在右上角绘制装饰花纹，并绘制线性渐变，如图10-14所示。

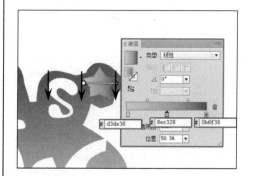

图 10-14 装饰效果

在绘制透明渐变的过程中，可以选择需要添加渐变的路径，使用【吸管工具】在绘制完成的透明渐变上单击，只需更改角度即可。

14 选择酒瓶，在上方继续使用【钢笔工具】绘制路径，并填充"白色"到透明渐变，如图10-15所示。

图 10-15 透明渐变效果

15 采用上述方法继续绘制下方透明渐变，移动渐变滑块，如图 10-16 所示。

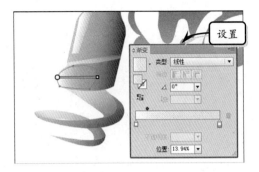

图 10-16 渐变效果

16 继续采用上述方法绘制透明渐变，单击【渐变】面板上的【反向渐变】，如图 10-17 所示。

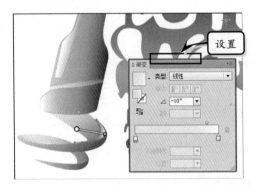

图 10-17 反向渐变效果

17 继续按照刚才的方法绘制其他装饰渐变效果，如图 10-18 所示。

图 10-18 装饰渐变效果

18 在树叶上方绘制路径，填充线性透明渐变，并采用刚才的方法绘制另一半透明效果，如

图 10-19 所示。

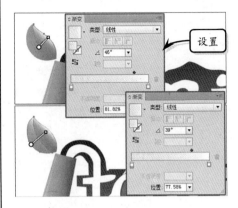

图 10-19 树叶渐变效果

10.1.2 制作 VI 基础部分

1 使用【矩形工具】在画布上新建一个矩形，继续使用【钢笔工具】绘制模版装饰花纹路径，并导入素材"编号.ai"，将标志放置合适位置，如图 10-20 所示。

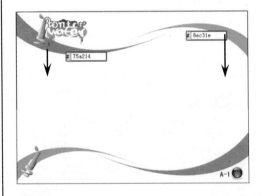

图 10-20 绘制模版

提 示

当绘制完成标志图形对象后，可以将其进行编组以方便后期操作。

2 在工具栏中找到【矩形网格工具】，在模版中间单击，设置参数，如图 10-21 所示。

3 将标志放置网格上方，添加文字，继续使用钢笔绘制直线，放置合适位置，如图 10-22 所示。

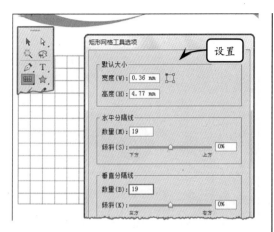

图 10-21　网格效果

图 10-22　添加文字效果

4 继续在网格的下方添加文字,意为所做标志的创意,在这里使用的文字是宋体,如图10-23 所示。

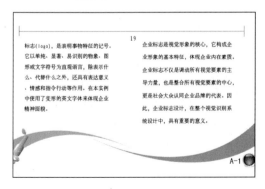

图 10-23　添加创意文字

5 按 Alt 键复制上方所做的效果,放置在"画板 2"中并删除标志,将标准色块放置上方,

修改文字,如图 10-24 所示。

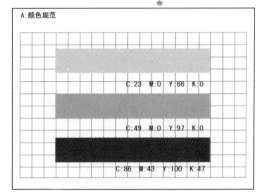

图 10-24　标准颜色效果

6 继续在标准颜色下方输入对于使用颜色的创意文字,如图 10-25 所示。

图 10-25　标准色创意文字

7 继续按 Alt 复制模版,多复制几个,修改名称为办公事物用品设计,使用【圆角矩形工具】 绘制路径,并绘制径向渐变,将标志放置最上方,如图 10-26 所示。

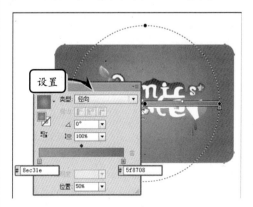

图 10-26　名片效果

8 继续采用刚才的方法绘制名片正面效果,如

图 10-27 所示。

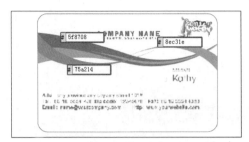

图 10-27 名片正面效果

9 继续采用刚才的方法绘制信封和笔效果，如图 10-28 所示。

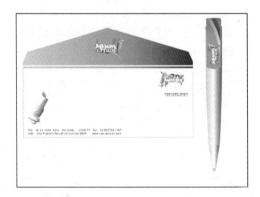

图 10-28 信封和笔效果

10 采用上述方法，继续绘制信纸效果，将所做的办公事物用品设计，放置合适位置，如图 10-29 所示。

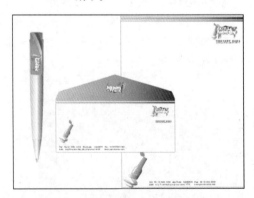

图 10-29 信纸效果

11 继续使用钢笔绘制纸杯展开图和底部，将标志放置合适位置，并填充颜色，如图 10-30 所示。

12 继续使用【钢笔工具】 绘制纸杯路径，

并填充线性渐变，如图 10-31 所示。

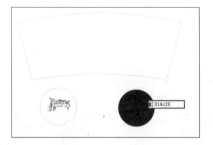

图 10-30 纸杯展开图

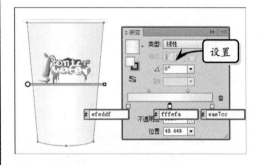

图 10-31 纸杯渐变效果

13 在纸杯下方使用【椭圆工具】 绘制椭圆，并填充"白色"，使用【网格工具】 在中间位置单击，设置颜色为"浅灰色"，如图 10-32 所示。

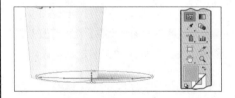

图 10-32 阴影效果

14 采用上述方法继续绘制其他杯子效果，并导入素材"啤酒杯.ai"，如图 10-33 所示。

图 10-33 其他杯子效果

15 使用【钢笔工具】绘制雨伞路径，并在伞面填充渐变颜色，然后将标志放置合适位置，如图 10-34 所示。

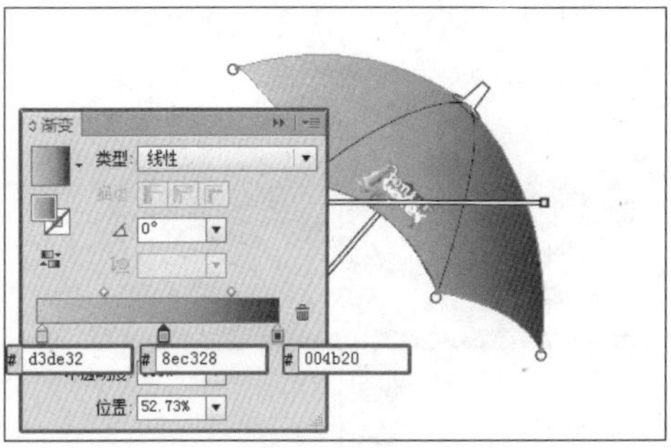

图 10-34 雨伞渐变效果

16 按照上述方法，绘制伞面中间渐变效果，如图 10-35 所示。

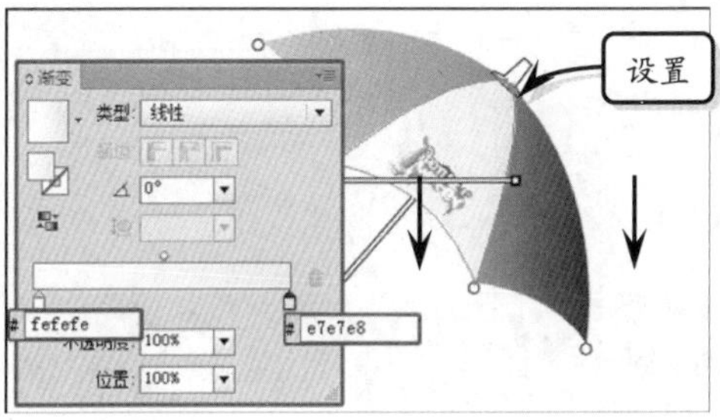

图 10-35 渐变效果

17 继续选择雨伞路径，填充颜色，使用钢笔绘制路径，并填充“白色”到透明渐变，如图 10-36 所示。

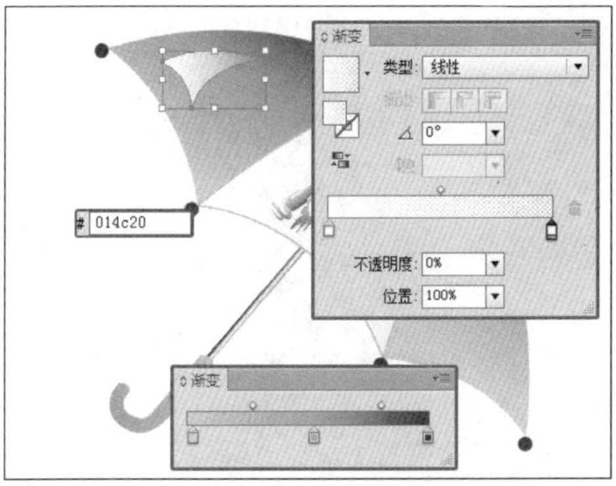

图 10-36 透明渐变效果

18 采用上述方法绘制纸袋效果，放置合适位置，如图 10-37 所示。

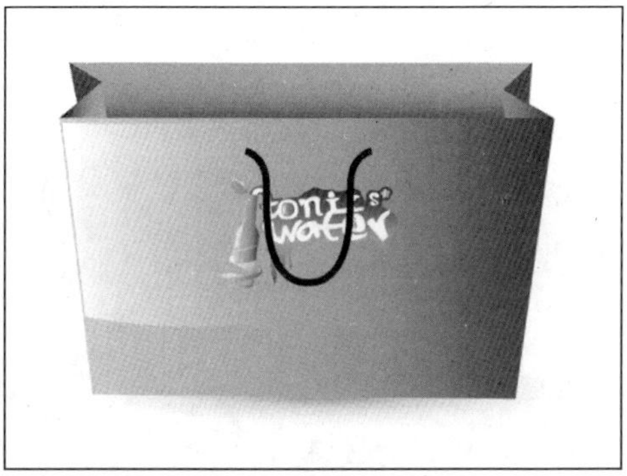

图 10-37 纸袋效果

提 示

按 Shift 键绘制出网格之后，使用【直接选择工具】将多余的部分删除。继续使用该工具，将多出的竖线选中之后，移至合适位置。

19 使用【钢笔工具】绘制服装路径，并填充颜色，如图 10-38 所示。

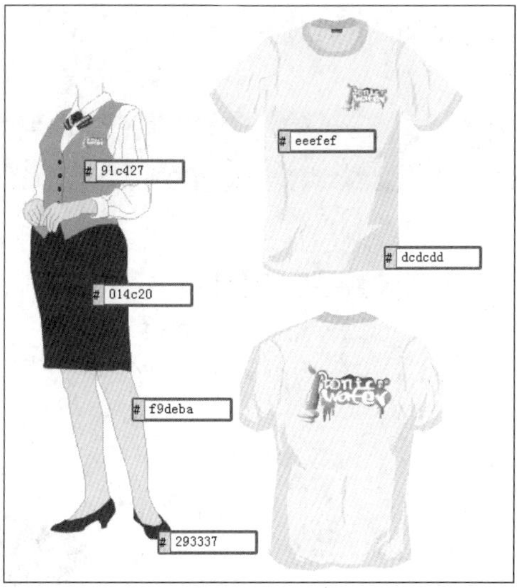

图 10-38 服装效果

10.1.3 制作 VI 应用部分

1 采用上述方法，继续绘制汽车路径，并分别使用【渐变工具】填充渐变，如图 10-39 所示。

2 按照上述方法，继续绘制货车效果，并放置合适位置，添加标志效果，如图 10-40 所示。

图 10-39　汽车效果

图 10-40　货车效果

3 使用【钢笔工具】 ✐绘制户外展示效果，并使用【渐变工具】 ▥进行填充渐变，导入素材 "户外广告.jpg"，得到户外展示效果，如图 10-41 所示。

图 10-41　户外展示效果

10.2　时尚杂志的装饰画

　　该实例绘制的是一幅时尚杂志的装饰画，画面内容为了表现现代女性时尚、柔美的特点，采用淡紫色为主色调，以表现一种浪漫、温馨的情感，最终效果如图 10-42 所示。

　　在绘制的过程中，人物形象主要使用【钢笔工具】 ✐配合渐变等功能实现，背景使用【色板】面板中的图案填充而成，并使用剪切蒙版命令为超出文档以外内容进行剪切。

图 10-42　装饰画效果

10.2.1 绘制背景

1 按 Ctrl + N 快捷键，在弹出的【新建文档】
对话框中，选择【新建文档配置文件】为
Web。然后设置【宽度】和【高度】选项，
如图 10-43 所示，创建空白文档。

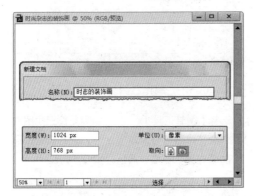

图 10-43 新建文档

2 选择【矩形工具】，设置【填色】为"粉
红色"。绘制与画板尺寸相同的无描边矩形，
如图 10-44 所示。

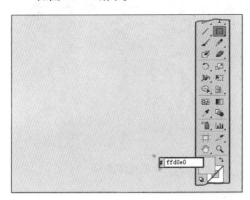

图 10-44 绘制单色矩形

3 原位置复制矩形对象后选中，单击【色板】
面板中的【"色板库"菜单】按钮，选择【图
案】|【装饰】|【装饰旧版】命令，在该面板
中单击【网格上网格颜色】色块，将单色转
换为图案进行填充，如图 10-45 所示。

4 选中该矩形对象，打开【透明度】面板。设
置【混合模式】为"叠加"，【不透明度】为
30%，使图案与单色融合，如图 10-46 所示。

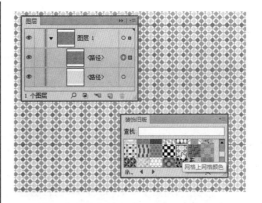

图 10-45 复制矩形并填充图案

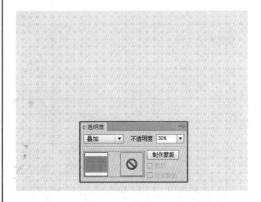

图 10-46 设置矩形对象混合效果

5 选择【椭圆工具】，在画板右上角区域绘
制不同尺寸的正圆对象，并且设置不同的填
充颜色。然后设置【不透明度】为 15%，如
图 10-47 所示。

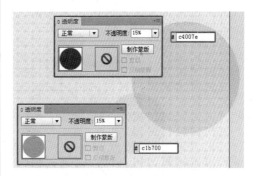

图 10-47 绘制并设置圆形对象

6 选择【钢笔工具】，绘制变形树叶对象。
在下方区域绘制椭圆对象后，将两种选中。
单击【路径查找器】面板中的【差集】按钮，
建立复合路径，如图 10-48 所示。

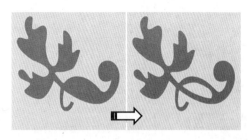

图 10-48　建立复合路径

7　使用【选择工具】，按住 Alt 键不放，单击并拖动该对象进行复制。然后通过调整大小、方向和位置，将其放置在画板左侧，如图 10-49 所示。

图 10-49　复制并编辑对象

8　执行【窗口】|【色板库】|【图案】|【自然】|【自然_叶子】命令，打开【自然_叶子】面板。同时选中叶子对象后，单击【热带叶子颜色】色块，为其添加图案效果，如图 10-50 所示。

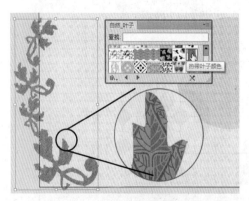

图 10-50　填充图案

9　按 Ctrl + G 快捷键，将选中的复合路径编组后，使用相同的操作方法，制作右侧的装饰图案，如图 10-51 所示。

图 10-51　制作右侧装饰图案

10　选择【钢笔工具】，绘制圆角倒三角图形作为花瓣后，绘制花芯图形。分别设置图形的填充颜色和描边颜色，如图 10-52 所示。

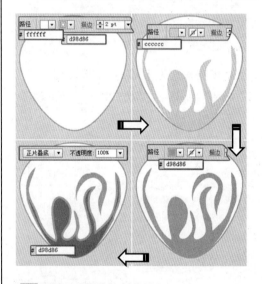

图 10-52　绘制花瓣图形

提　示

在绘制花芯图形时，上方两层为相同形状、相同颜色、不同尺寸的图形。只是设置上方图形对象的【混合模式】选项，使其呈现深色效果。

11　复制花瓣图形并将其放置在顶部，禁用描边颜色后，执行【窗口】|【色板库】|【图案】|【基本图形】|【基本图形_纹理】命令。单击【不规则点刻】色块后，降低该图形的【不透明度】参数，如图 10-53 所示。

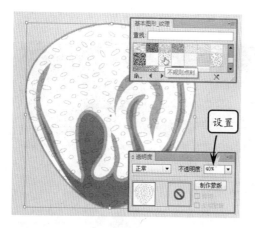

图 10-53　填充图案

12　将花瓣和花芯图形同时选中后进行编组。选择【旋转工具】后，确定旋转中心点位置后，按住 Alt 键单击并拖动编组对象，进行复制与旋转。然后按 Ctrl + D 快捷键三次进行重制，如图 10-54 所示。

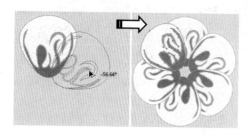

图 10-54　复制与旋转编组对象

13　将旋转后的花瓣同时选中后，按 Ctrl + G 快捷键进行编组。将该对象进行多次复制后，分别调整其大小与位置，效果如图 10-55 所示。

图 10-55　复制并编辑花朵图形

14　在所有项目最上方绘制任意颜色的矩形对象，其尺寸与画板相同。锁定底部的两个矩形对象后，扩选所有对象并进行编组。单击【图层】面板底部的【建立/释放剪切蒙板】按钮，建立剪切蒙版，隐藏画板以外的所有图形对象，如图 10-56 所示。

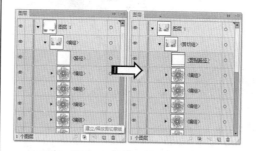

图 10-56　创建剪切蒙版

10.2.2　绘制人物头部

1　选择【钢笔工具】，分别设置【填色】为 #f0b692，【描边】为#bb56f3。然后绘制人物头部轮廓图形，如图 10-57 所示。

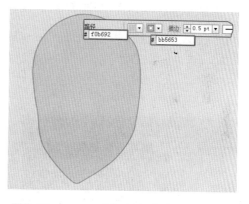

图 10-57　绘制人物头部图形

2　根据头部的角度，使用【钢笔工具】，分别绘制人物头发图形。并设置上方图形的【填色】为"黑色"，下方图形的【填色】为"浅粉色"，如图 10-58 所示。

3　使用【钢笔工具】，在刘海下方绘制眉毛。并且在【渐变】面板中设置渐变颜色，注意渐变颜色方向，如图 10-59 所示。

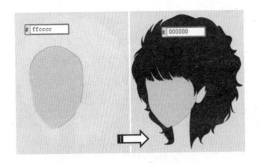

图 10-58 绘制头发图形

注 意

要想使眉毛与脸部相融合，必须降低眉毛的
【不透明度】参数。

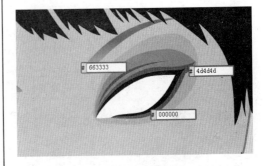

图 10-61 绘制眼眶

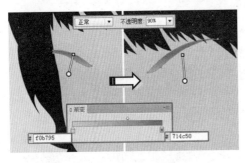

图 10-59 绘制渐变眉毛图形

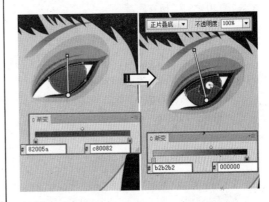

图 10-62 绘制眼球

4 使用【钢笔工具】，绘制右侧眼睛轮廓图
形，并且分别设置填充颜色为 R220、G116、
B111 和 R102、G52、B93，以及降低【不
透明度】参数，如图 10-60 所示。

7 使用同样的方法，制作出人物的左眼。要根
据人物右眼的走向，确定左眼球的位置，并
且调整头发与眼睛图形的上下顺序，如图
10-63 所示。

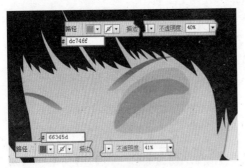

图 10-60 绘制眼睛轮廓图形

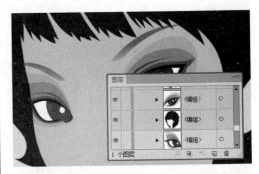

图 10-63 绘制左眼

5 使用相同绘制工具，绘制右侧眼睛的眼眶图
形对象，并且分别设置不同的填充颜色参数，
如图 10-61 所示。

6 使用【椭圆工具】，绘制眼球并填充渐变
颜色。然后为眼睛添加黑眼球等细节图形，

8 选择【钢笔工具】，在左眼右下角区域绘
制人物的鼻子图形，并分别填充单色和渐变
颜色，设置【混合模式】选项，如图 10-64
所示。

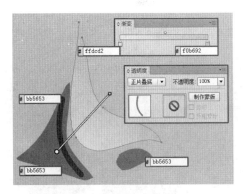

图 10-64　绘制鼻子图形

当绘制图形对象完成后，要将该图形的所有对象编组，并且将其锁定。这样既可以清晰地查看效果，也能够在不影响效果的情况下进行操作。

9 在鼻子下方偏右位置，使用【钢笔工具】 绘制人物的嘴唇图形，并填充颜色。如图 10-65 所示，注意嘴唇高光的绘制。

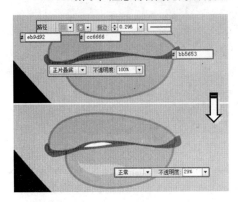

图 10-65　绘制嘴唇图形

10 分别在眼睛下方，按照脸颊形状绘制图形。使用【渐变工具】 添加径向渐变效果后，呈现腮红效果，如图 10-66 所示。

图 10-66　绘制腮红图形

11 在右侧脸颊边缘，使用【钢笔工具】 绘制耳朵图形，并分别填充单色。完成后进行编组，将其放置在头部图形下方，如图 10-67 所示。

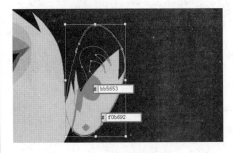

图 10-67　绘制耳朵图形

12 在耳垂位置，使用【椭圆工具】 并结合【钢笔工具】 ，绘制耳环图形。然后分别填充单色和渐变颜色，如图 10-68 所示。

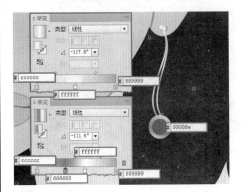

图 10-68　绘制耳环图形

在绘制耳环图形对象时，要注意耳钉与耳链的上下关系。

10.2.3　绘制人物上衣

1 选择【钢笔工具】 ，分别绘制上衣的左侧和右侧。然后填充相同的渐变颜色，但是设置不同的方向与范围，如图 10-69 所示。

在绘制上衣图形对象时，要先绘制右侧上衣图形对象，这样才能够使左侧上衣显示在右侧上衣上方。

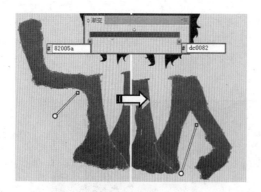

图 10-69　绘制上衣图形

2　按照人物肢体的走向，使用【铅笔工具】 🖊
绘制上衣褶皱效果。进行扩展后，设置【混
合模式】为"正片叠底"，如图 10-70 所示。

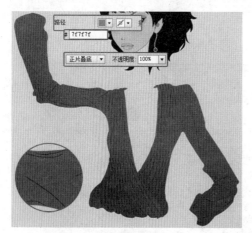

图 10-70　绘制褶皱图形

3　复制上衣轮廓图形，打开【艺术纹理】符号
面板，选择【大点刻】符号。使用【符号喷
枪工具】🔳在左侧上衣范围单击。然后同时
选中这两个对象，执行【对象】|【复合路径】
|【建立】命令，并设置【混合模式】和【不
透明度】选项。使用相同方法，制作右侧上
衣纹理，如图 10-71 所示。

注　意

在建立符号实例后，进行复合路径之前，必须
将符号实例与符号断开，形成普通路径对象，
这样才能够与其他路径对象进行复合路径。

4　选择【钢笔工具】 🖊，分别在袖口位置绘制
袖口图形。效果如图 10-72 所示，注意袖口
阴影效果。

图 10-71　制作上衣纹理

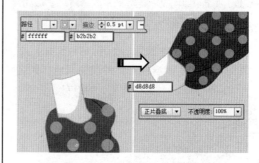

图 10-72　绘制袖口图形

5　使用【钢笔工具】 🖊，在左袖口位置绘制左
手图形，以及左手阴影图形，并且分别填充
不同的颜色，如图 10-73 所示。

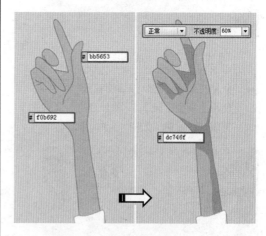

图 10-73　绘制左手图形

6　使用上述方法，绘制右手掐腰图形。效果如
图 10-74 所示，注意手部关节线条的绘制。

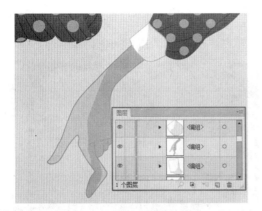

图 10-74　绘制右手图形

7 使用【钢笔工具】 ✐，依次绘制人物颈部图形，以及内衬衣图形。并且分别进行填充颜色，如图 10-75 所示。

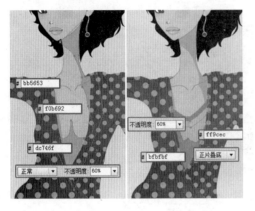

图 10-75　绘制颈部与内衬衣图形

8 选择【椭圆工具】 ⬭，绘制正圆图形后，降低其【不透明度】参数。使用【钢笔工具】 ✐，绘制复杂边缘的圆形图形后，填充径向渐变颜色，形成珍珠图形，如图 10-76 所示。

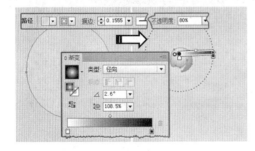

图 10-76　绘制珍珠图形

9 使用【钢笔工具】 ✐，在颈部绘制白色项链

轮廓后，将编组后的珍珠图形复制多份，调整大小后放置在项链轮廓上，如图 10-77 所示。

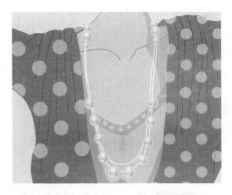

图 10-77　制作珍珠项链图形

10 使用【钢笔工具】 ✐，在左手位置绘制手镯图形，并在边缘添加渐变效果。接着绘制手镯明暗部分图形，如图 10-78 所示。

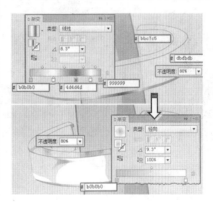

图 10-78　绘制手镯图形

11 使用【钢笔工具】 ✐绘制白色星形图形，降低其【不透明度】参数。在星形图形上绘制直径为 1 毫米的白色正圆，如图 10-79 所示。

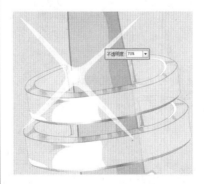

图 10-79　绘制手镯闪光点

12 将绘制的闪光点图形进行编组后复制两份，放置在项链左侧的珍珠图形区域，形成项链闪光点效果，如图 10-80 所示。

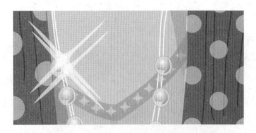

图 10-80　复制闪光点图形

13 使用【钢笔工具】，在人物左手中间绘制手机轮廓图形，并填充黑色。在黑色图形上绘制图形并添加渐变效果，参照图 10-81 所示。

图 10-81　绘制手机壳

14 使用【钢笔工具】，在手机左侧绘制图形，并填充渐变颜色，作为机身的高光部分，如图 10-82 所示。

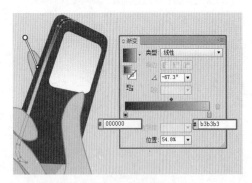

图 10-82　绘制机身高光

15 使用【钢笔工具】，绘制键盘底色图形并填充渐变。继续绘制按钮图形，填充"黑色"到"白色"的渐变，如图 10-83 所示。

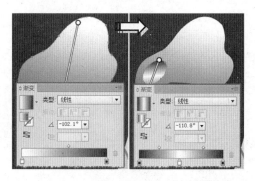

图 10-83　绘制手机键盘及按钮底色

16 使用【椭圆工具】，绘制两个不同填充属性的椭圆，完成按钮的制作，如图 10-84 所示。将绘制的按钮群组复制另一边。

图 10-84　绘制按钮

17 在按钮下方绘制黑色图形对象后，使用【椭圆工具】绘制椭圆图形，并且填充渐变颜色，如图 10-85 所示。

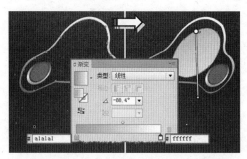

图 10-85　绘制椭圆图形

18 复制并缩小椭圆图形，在【渐变】面板中改变其渐变【角度】和【方向】选项，如图 10-86 所示。

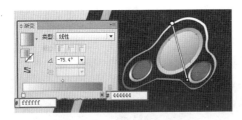

图 10-86 　复制并编辑椭圆

19 使用【钢笔工具】 ，沿小圆的左上方绘制月牙图形，并填充渐变颜色，效果如图 10-87 所示。

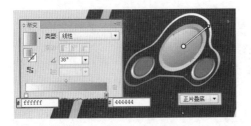

图 10-87 　绘制月牙图形

20 绘制椭圆，然后在椭圆上绘制四个不同角度的三角形图形，作为手机的上、下、左、右键，如图 10-88 所示。

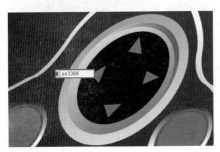

图 10-88 　绘制方向健

21 将绘制手机的所有图形进行编组，并且使其置于拇指图形的下方，如图 10-89 所示。

图 10-89 　图形编组

10.2.4 绘制人物裙子

1 使用【钢笔工具】 ，绘制人物腰部图形，并填充"黑色"。然后使用【椭圆工具】 ，绘制多个圆形对象，并且不规则地分布在黑色图形中，如图 10-90 所示。

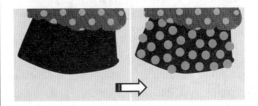

图 10-90 　绘制腰部图形

2 将绘制完成的图形组合，使用【钢笔工具】 ，在超出腰部底色轮廓的位置绘制图形。同时单击【路径查找器】面板中的【减去顶层】按钮 ，删除多余图形，如图 10-91 所示。

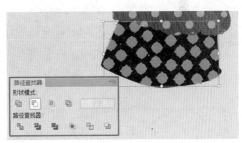

图 10-91 　裁剪图形

3 使用【钢笔工具】 ，绘制腰带底色图形并填充白色。绘制暗部图形填充颜色并设置其参数，如图 10-92 所示。

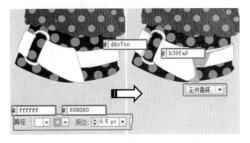

图 10-92 　绘制腰带明暗部分图形

4 使用【钢笔工具】 ，在腰带区域绘制装饰图形，并分别设置填充颜色。然后将其放置在阴影图形下方，如图 10-93 所示。

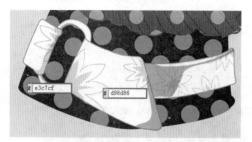

图 10-93　绘制腰带花纹

5　使用【钢笔工具】，绘制裙子轮廓图形，并填充渐变。然后将其放置在腰部图形下方，如图 10-94 所示。

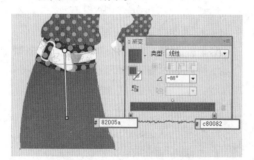

图 10-94　绘制裙子轮廓图形

6　选择【钢笔工具】，绘制裙子暗部图形以及褶皱图形，并分别设置其参数，效果如图 10-95 所示。

图 10-95　绘制裙子暗部图形

7　选择【钢笔工具】，绘制"白色"花瓣图形后，继续绘制花芯图形。并且分别设置不同的颜色以及【不透明度】参数，如图 10-96 所示。

8　将花朵图形编组后，复制多份并进行缩小，放置在裙子不同位置。将裙子外围的花朵图形剪切后进行编组，并将其放置在褶皱和阴影图形下方，如图 10-97 所示。

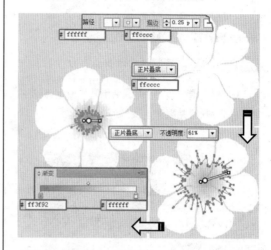

图 10-96　绘制花朵

图 10-97　编辑花瓣图形

9　完成裙子图形绘制后，显示右侧手部图形，形成掐腰效果。将人物所有图形选中并编组，将放置在"图层 1"中，并且显示在花朵图形下方，如图 10-98 所示。

图 10-98　调整图形

⑩ 在画板右上角空白区域，使用【文字工具】
【Ｔ】，分别输入装饰性文字。然后分别设置不
同的颜色、【不透明度】参数以及填充图案，
如图 10-99 所示。

图 10-99 输入并设置文字

10.3 照相机造型设计

　　本实例是一个照相机的手绘产品造型，如图 10-100 所示。使用写实的绘画方法把简
单大方的外观和精致的焦距镜头表现得淋漓尽致，按钮和螺丝钉的细节表现使得照相机
在整体效果上更加逼真、实用。

　　在制作过程中，主要使用【钢笔工具】 绘制相机的整体轮廓线，并使用【渐变工
具】 来表现相机的质感部分，使用【混合工具】 来制作相机多个零件的过渡部分，
使得照相机在整体上更具有质感。

图 10-100 最终效果图

10.3.1 绘制机身

1️⃣ 新建一个文档，设置大小为 A4，取向为横

向 ，使用【钢笔工具】 绘制机身轮廓，
如图 10-101 所示。

2️⃣ 使用【钢笔工具】 绘制机身表面，并使
用【渐变工具】 添加渐变效果，如图

10-102 所示。

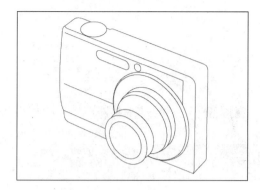

图 10-101　绘制机身

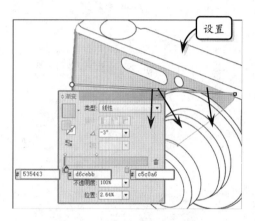

图 10-102　绘制机身表面颜色

3 使用【钢笔工具】 ✐绘制机身侧面轮廓，然后在【渐变】面板中设置参数，如图10-103 所示。

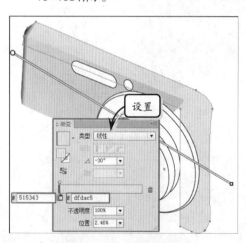

图 10-103　绘制机身侧面

技　巧

为了更加方便绘制相机的细节部分，我们可以隐藏掉暂时不需要刻画的部分。

4 使用【钢笔工具】 ✐绘制过渡颜色的轮廓，然后在【渐变】面板中设置参数，如图10-104 所示。

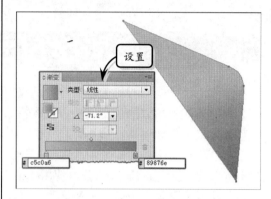

图 10-104　绘制渐变色块

5 再复制一个渐变色块并后移一层，然后填充白色，如图 10-105 所示。

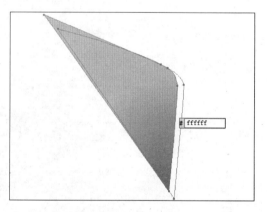

图 10-105　复制渐变色块

6 双击【混合工具】 🔲，在弹出对话框中设置参数，然后同时选择这两个对象，执行【对象】|【混合】|【建立】命令，如图 10-106所示。

7 将绘制的混合对象放在合适的位置，并使用相同的方法绘制另一个混合对象，如图10-107 所示。

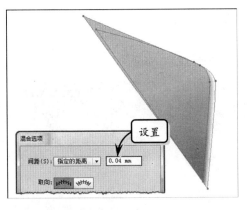

图 10-106 建立混合

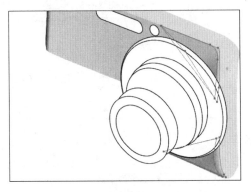

图 10-107 绘制混合对象

8 使用【钢笔工具】绘制下机身的轮廓并创建渐变网格，然后使用【网格工具】调整网格点的颜色，如图 10-108 所示。

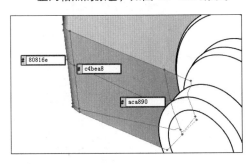

图 10-108 绘制下机身

9 使用【圆角矩形工具】绘制一个圆角矩形，旋转角度并填充颜色，然后复制一个圆角矩形，在【渐变】面板中调整参数，如图 10-109 所示。

10 将两个圆角矩形对齐叠加，打开【透明度】面

板，单击右上方的小三角，在弹出菜单中选择"建立不透明蒙版"选项，如图 10-110 所示。

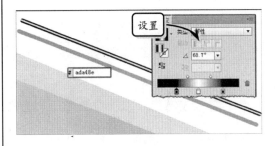

图 10-109 绘制圆角矩形

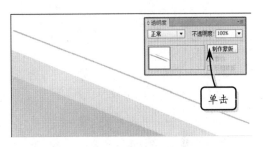

图 10-110 建立不透明蒙版

11 将绘制好的圆角矩形放在合适的位置并绘制另一条矩形，如图 10-111 所示。

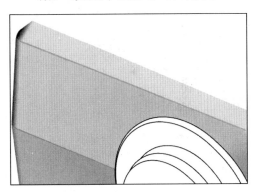

图 10-111 绘制矩形

12 使用【钢笔工具】绘制机身的侧面轮廓，然后在【渐变】面板中设置参数，如图 10-112 所示。

13 使用【钢笔工具】绘制另一轮廓线，然后在【渐变】面板中设置参数，如图 10-113 所示。

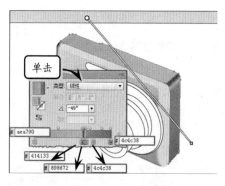

图 10-112 绘制机身侧面

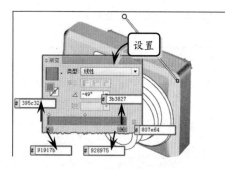

图 10-113 绘制渐变色块

14 使用【钢笔工具】 绘制上侧面阴影轮廓并填充颜色，如图 10-114 所示。

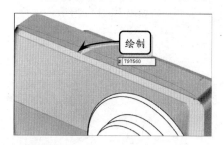

图 10-114 绘制上侧面阴影

15 使用上述方法绘制一根渐变图形，如图 10-115 所示。

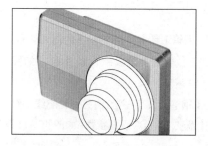

图 10-115 绘制渐变图形

16 使用【椭圆工具】 绘制两个椭圆，并各自在【渐变】面板中设置参数，如图 10-116 所示。

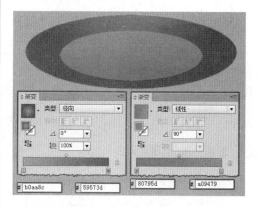

图 10-116 绘制小螺丝钉

17 使用上述方法绘制其他小螺丝钉，如图 10-117 所示。

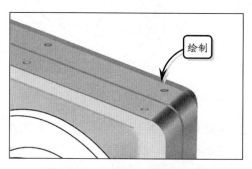

图 10-117 绘制其他小螺丝钉

18 使用【钢笔工具】 和【渐变工具】 绘制多个螺丝钉，如图 10-118 所示。

图 10-118 绘制螺丝钉

19 使用【钢笔工具】 和【渐变工具】 绘

制一个不规则渐变条，如图 10-119 所示。

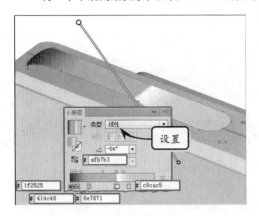

图 10-119　绘制不规则渐变条

20 使用上述方法绘制其他部分，如图 10-120
所示。

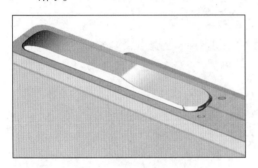

图 10-120　绘制按钮的其它部分

21 使用【椭圆工具】⬤ 和【渐变工具】▣ 绘
制椭圆，如图 10-121 所示。

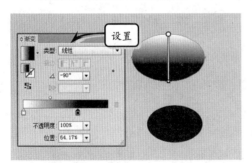

图 10-121　绘制椭圆

22 使用相同方法绘制其他 3 个图形，如图
10-122 所示。

23 使用【钢笔工具】✎ 和【渐变工具】▣ 绘
制相机的按键，如图 10-123 所示。

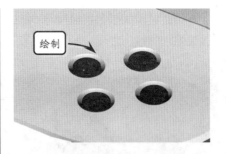

图 10-122　绘制相机孔

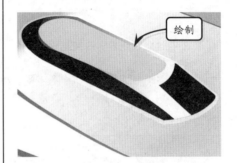

图 10-123　绘制按键

24 使用【钢笔工具】✎ 和【渐变工具】▣ 绘
制圆按钮侧面金属，如图 10-124 所示。

图 10-124　绘制相机圆按钮侧面

25 使用【椭圆工具】⬤ 绘制一个椭圆并创建
渐变网格，然后使用【网格工具】▦ 调整
网格点颜色，如图 10-125 所示。

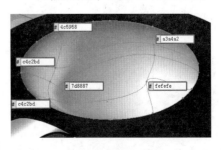

图 10-125　绘制椭圆按钮上部金属

26 使用上述方法绘制椭圆按钮的其他金属部分，如图 10-126 所示。

绘制

图 10-126 绘制按钮其它金属部分

27 使用【钢笔工具】 绘制 2 个图形，然后执行【对象】|【混合】|【建立】命令，如图 10-127 所示。

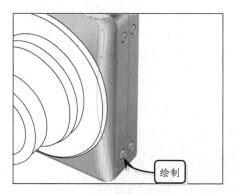

绘制

图 10-127 绘制过渡颜色

10.3.2 绘制镜头

1 使用【椭圆工具】 和【钢笔工具】 绘制椭圆和一个不规则图形，然后在【渐变】面板中调整参数，如图 10-128 所示。

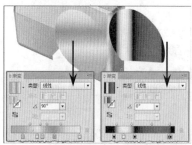

图 10-128 绘制渐变色块

2 使用相同的方法绘制多个渐变的椭圆并放在合适的位置，如图 10-129 所示。

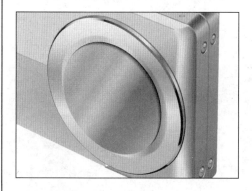

图 10-129 绘制焦距

提 示

因为焦距一般是用金属制作的，所以在表现质感方面要多绘制些高光和暗部。

3 使用【钢笔工具】 绘制焦距上的高光轮廓并填充渐变颜色，如图 10-130 所示。

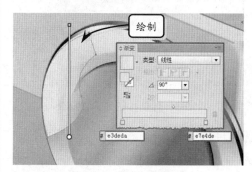

绘制

e3deda   # e7e4de

图 10-130 绘制高光

4 使用上述方法，绘制其他高光和暗部颜色，如图 10-131 所示。

绘制

图 10-131 绘制其他高光和暗部

5 使用【椭圆工具】 ◯ 绘制一个椭圆，然后在【渐变】面板中设置参数，如图 10-132 所示。

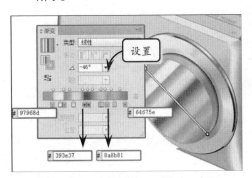

图 10-132　绘制镜头金属

6 绘制一个渐变椭圆叠加在上个渐变椭圆上方，如图 10-133 所示。

图 10-133　绘制渐变椭圆

7 再绘制一个渐变椭圆叠加在上个渐变椭圆上方，如图 10-134 所示。

图 10-134　绘制镜头部分，

8 使用上述方法绘制镜头的其他部分，如图 10-135 所示。

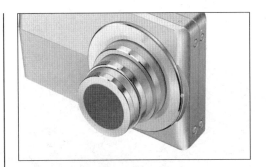

图 10-135　绘制镜头

9 使用【钢笔工具】 ✐ 和【渐变工具】 ■ 绘制镜头部分，如图 10-136 所示。

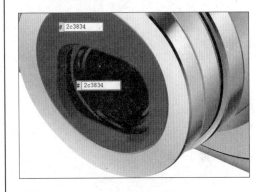

图 10-136　绘制镜头部分

10 使用相同方法，绘制镜片部分，如图 10-137 所示。

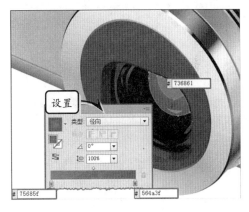

图 10-137　绘制镜片

11 使用【钢笔工具】 ✐ 和【渐变工具】 ■ 绘制闪光灯，如图 10-138 所示。

12 使用【圆角矩形工具】 ◻ 绘制一个椭圆，并在【渐变】面板中添加渐变效果，如图

10-139 所示。

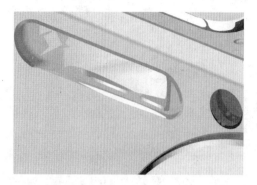

图 10-138　绘制闪光灯

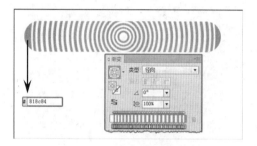

图 10-139　绘制渐变圆角矩形

13　使用【自由变换工具】 调整图像的角度，然后在【透明度】面板中调整参数，如图 10-140 所示。

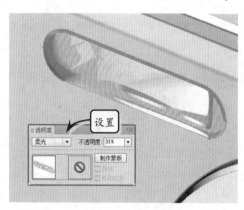

图 10-140　绘制闪光灯镜片

14　使用【椭圆工具】 绘制椭圆，打开【渐变】面板，调整参数，如图 10-141 所示。

15　打开【透明度】面板，设置【混合模式】为"滤色"，如图 10-142 所示。

16　使用【钢笔工具】 ，绘制标记轮廓并填

充颜色，如图 10-143 所示。

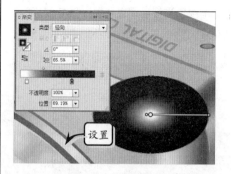

图 10-141　绘制渐变椭圆

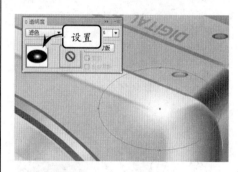

图 10-142　绘制相机高光

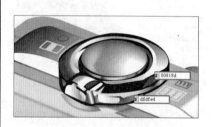

图 10-143　绘制标记符号

17　输入字体，然后在字体上单击右键，在弹出菜单中选择【创建轮廓】命令，如图 10-144 所示。

图 10-144　输入字体

18 使用【直接选择工具】 ![k] 调整字体的形状，然后使用【钢笔工具】 ![pen] 绘制字体背景形状并填充颜色，如图 10-145 所示。

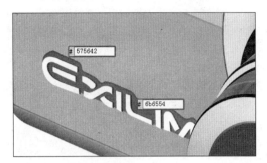

图 10-145 修饰字体

19 使用上述方法，绘制其它字体。然后绘制一个渐变色块，并在【透明度】面板中建立不透明蒙版，如图 10-146 所示。

图 10-146 绘制背景